清華大學 计算机系列教材

徐华 编著

数据挖掘：方法与应用（第2版）

清华大学出版社
北 京

内容简介

本书主要根据作者近几年在清华大学面向研究生和本科生开设的“数据挖掘：方法与应用”课程的教学实践与积累，参考近几年国外著名大学相关课程的教学体系编写而成。本书系统地介绍数据挖掘的基本概念和基本原理方法；结合一些典型的应用实例展示用数据挖掘的思维方法求解问题的一般性模式与思路。

本书可作为有一定数据结构、数据库和程序设计基础的研究生或本科生开展数据挖掘知识学习和研究的入门性教材与参考读物。

图书在版编目(CIP)数据

数据挖掘：方法与应用/徐华编著. —2 版. —北京：清华大学出版社，2022.4
清华大学计算机系列教材
ISBN 978-7-302-60144-9

Ⅰ.①数… Ⅱ.①徐… Ⅲ.①数据采集－高等学校－教材 Ⅳ.①TP274

中国版本图书馆 CIP 数据核字(2022)第 025843 号

责任编辑：白立军
封面设计：常雪影
责任校对：徐俊伟
责任印制：朱雨萌

出版发行：清华大学出版社
网　　址：http://www.tup.com.cn，http://www.wqbook.com
地　　址：北京清华大学学研大厦 A 座　　**邮　　编**：100084
社 总 机：010-83470000　　**邮　　购**：010-83470235
投稿与读者服务：010-62776969，c-service@tup.tsinghua.edu.cn
质量反馈：010-62772015，zhiliang@tup.tsinghua.edu.cn
课件下载：http://www.tup.com.cn，010-83470236
印 装 者：三河市铭诚印务有限公司
经　　销：全国新华书店
开　　本：185mm×260mm　　**印　　张**：14.25　　**字　　数**：346 千字
版　　次：2014 年 10 月第 1 版　2022 年 4 月第 2 版　　**印　　次**：2022 年 4 月第 1 次印刷
定　　价：45.00 元

产品编号：094448-01

序

“清华大学计算机系列教材”已经出版发行了50余种，包括计算机科学与技术专业的基础数学、专业技术基础和专业等课程的教材，覆盖了计算机科学与技术专业本科生和研究生的主要教学内容。这是一批至今发行数量很大并赢得广大读者赞誉的书籍，是近年来出版的大学计算机专业教材中影响比较大的一批精品。

本系列教材的作者都是我熟悉的教授与同事，他们长期在第一线担任相关课程的教学工作，是一批很受本科生和研究生欢迎的任课教师。编写高质量的计算机专业本科生（和研究生）教材，不仅需要作者具备丰富的教学经验和科研实践，还需要对相关领域科技发展前沿的正确把握和了解。正因为本系列教材的作者们具备了这些条件，才有了这批高质量优秀教材的产生。可以说，教材是他们长期辛勤工作的结晶。本系列教材出版发行以来，从其发行的数量、读者的反映、已经获得的国家级与省部级的奖励，以及在各个高等院校教学中所发挥的作用上，都可以看出本系列教材所产生的社会影响与效益。

计算机学科发展异常迅速，内容更新很快。作为教材，一方面要反映本领域基础性、普遍性的知识，保持内容的相对稳定性；另一方面，又需要紧跟科技的发展，及时地调整和更新内容。本系列教材都能按照自身的需要及时地做到这一点。如王爱英教授等编著的《计算机组成与结构》已出版了第5版，戴梅萼教授等编著的《微型计算机技术及应用》已经出版了第4版，严蔚敏教授的《数据结构》也出版了3版，使教材既保持了稳定性，又达到了先进性的要求。

本系列教材内容丰富，体系结构严谨，概念清晰，易学易懂，符合学生的认知规律，适合教学与自学，深受广大读者的欢迎。系列教材中多数配有丰富的习题集、习题解答、上机及实验指导和电子教案，便于学生理论联系实际地学习相关课程。

随着我国进一步的开放，我们需要扩大国际交流，加强学习国外的先进经验。在大学教材建设上，我们也应该注意学习和引进国外的先进教材。但是，“清华大学计算机系列教材”的出版发行实践以及它所取得的效果告诉我们，在当前形势下，编写符合国情的具有自主版权的高质量教材仍具有重大意义和价值。它与国外原版教材不仅不矛盾，而且是相辅相成的。本系列教材的出版还表明，针对某一学科培养的要求，在教育部等上级部门的指导下，有计划地组织任课教师编写系列教材，还能促进对该学科科学、合理的教学体系和内容的研究。

我希望我国今后有更多、更好的优秀教材出版。

清华大学计算机系教授，中国科学院院士

张钹

第2版前言

“数据挖掘：方法与应用”课程是清华大学计算机系面向清华大学全校非信息类工科专业学生所开设的公选课程。自从2011年春季学期开设课程以来，课程内容、教学体系和作业考核方式等方面的教学改革工作一直在进行探索。课程教学团队陆续完成了如下几大方面的教学改革探索。

首先，教学团队根据早期的教学体例，在2014年编著出版了课程的配套教材——《数据挖掘：方法与应用》。

其次，教学团队根据课程教学案例的展示情况，在2017年精选了一批有代表性的跨专业背景的优秀课程作业案例并结集出版教学参考书——《数据挖掘：方法与应用——应用案例》。至此，课程系列化的教材初步形成。2020年上述系列化教材获得“清华大学优秀教材二等奖”。

第三，在课件体例的编排和内容扩展方面，第1版教学课件于2014年初步成型，其中，中文版课件通过配套图书向外界共享。从2019年开始利用连续三年的教学实践，逐步扩充了最新的教学内容，并形成新版的教学课件，特别扩充了数据挖掘中的数据获取、深度学习和数据可视化等方面的专题性内容，使整体教学课件内容的体系更加丰富和完善。

第四，在课程作业环节的探索方面，课程从2019年开始探索将工业界的实际数据挖掘任务以高难度挑战作业的形式引入到课程的教学环节，让课堂上学有余力的学生进一步提升分析问题和解决问题的能力。该项教学改革方面的探索也获得“清华大学教育教学改革项目”的支持。

第五，在课程教学内容的改革创新上，特别是课程的高级专题讲授环节，多次邀请了工业界在行业数据挖掘领域卓有建树的企业CTO进行行业数据挖掘案例的分享，以扩展同学们在数据挖掘领域的视野，加深对于面对问题分析的洞察力，效果显著。

随着时代和行业应用的发展，对于“数据挖掘”课程提出了更多、更新、更高的教学要求。为了应对这样的变化，《数据挖掘：方法与应用》(第2版)在原书的基础上进行了如下内容的扩展。

首先，新补充了“数据获取”章节。由于传统的数据挖掘工作都是假设数据已经准备好的前提下而开展的，但在实际应用研发工作中，数据获取仍然是一个工程技术上面临的重大挑战。为了克服由于数据不足而带来的问题，本书结合数据挖掘领域近几年研发的进展情况，概述了数据获取的主要方法和相关的技术手段，以作为未来深入开展数据获取的引导性内容。

其次，新补充了“深度学习”章节。近年来，以深度学习为代表的数据驱动类型的机器学习方法得到了各方面的广泛应用。相比于传统的机器学习方法，深度学习方法能够学习出有效的分类特征，并获得更高的分类精度。基于此，本书第2版中补充了“深度学习”一章，作为学习“深度学习”方法的综述性引导。

第三，新补充了“数据可视化”章节。数据挖掘的目的是为了发现数据中隐藏的有价值的知识，而以往发现的知识常常表现为一种抽象形式，决策者很难有直观的理解。为此，数据挖掘领域常常会采用数据可视化的方法来直观地呈现数据挖掘与分析的结果。基于此，本书第 2 版中补充“数据可视化”一章内容，以此起到学习“数据可视化”方法与技术的引领目的。

在上述内容扩展的基础上，形成了今天《数据挖掘：方法与应用》(第 2 版)呈现在各位读者面前，希望能对新发展和新应用背景下开展“数据挖掘”教学和相关实践工作起到导引的作用。

另外，本书第 1 版、第 2 版和配套案例教材的相关共享资料(课件、代码、数据集等)将在开源共享社区 github 和清华大学出版社官网 www.tup.com.cn 同步发布，并即时更新。欢迎各位读者留言与反馈，或发邮件至 bailj@tup.tsinghua.edu.cn。

本书第 2 版成稿之际，感谢 2020 年春季、2021 年春季课程助教余文梦、吴至婧同学为本书内容整理付出的巨大努力；感谢赵少杰、陈小飞同学为相关材料收集、文献调研和书稿排版做出的贡献。

作　者

2021 年 7 月 6 日

第1版前言

近年来，随着计算机硬件资源成本的持续下降，软件开发技术的不断进步，基于不同领域的大数据(Big Data)研究与应用性研发工作正在如火如荼地开展起来。作为大数据挖掘、分析与处理的关键方法与技术之一，“数据挖掘”正在被不同的专业领域所关注，“数据挖掘”也逐渐演变成一门具有通用性和基础性的数据处理方法与技术。正是在这样的大环境背景之下，作者于2011年春季学期开始开设了面向清华大学非计算机专业学生的专业课程“数据挖掘：方法与应用”。开设这门课程的主要目的是为了让不同专业领域的学生能够掌握数据挖掘的基本概念、基本方法和基本算法实现技术，能够针对不同专业领域的数据挖掘与分析问题，开展相应的数据挖掘与分析工作。

参照国外相关大学的教材、课件和应用实例，本书内容的编排顺序主体上是按照一个典型的知识发现过程进行编排的，分别是基本概念、数据预处理、数据仓库构建、关联规则挖掘与相关性分析、聚类分析(无监督的学习分类)、分类方法(有监督的学习分类)。在相关方法与算法讲解的基础之上，进一步展示用本书所介绍的数据挖掘与相关知识开展的一个快速消费品领域消费者调查问卷的挖掘与分析实例，以及在此基础上所构建的一个消费者皮肤状况预测模型。

作为面向非计算机专业学生的课程，本书以介绍概念和讲解方法的主要思想为主。对于有进一步深入学习需求的学生，建议进一步研读高级机器学习、高级数据挖掘等知识内容相关的书籍。在课程教学计划安排上，建议理论方法讲解安排32学时，同时安排16学时的课程实践与讨论环节，以进一步增强学生在数据挖掘与分析方面的应用实战能力，提升未来对于本专业领域数据挖掘与分析的能力。

由于作者水平所限，本书在编写过程中纰漏和疏忽之处在所难免，望读者不吝指正。

徐　华

2014年初春于清华园

关于教学计划编排的建议

采用本书作为教材时，视学生具体情况、教学目标及课时总量的不同，授课教师可从以下两种典型的学时分配方案中选择其一。

教学内容			教学方案与学时分配	
			方案 A	方案 B
部分	章	节		
一、引言	第 1 章　绪论	1.1～1.8	3	3
二、基本方法	第 2 章　数据获取	2.1～2.7	3	
	第 3 章　数据预处理	3.1～3.7	3	3
	第 4 章　数据仓库	4.1～4.8	3	3
	第 5 章　相关性与关联规则	5.1～5.6	3	3
	第 6 章　分类和预测	6.1～6.10	3	4
	第 7 章　深度学习	7.1～7.5	2	
	第 8 章　聚类分析	8.1～8.9	3	4
	第 9 章　数据可视化	9.1～9.5	2	
	第 10 章　数据挖掘应用	10.1～10.6	2	3
三、应用与讨论	讨论课 1	文献调研讨论课	1	3
	讨论课 2	课程设计方案讨论课		3
	讨论课 3	课程成果展示讨论课	2	3

本书所有相关教学资料均向公众开放，包括勘误表、插图、讲义等。

目　　录

第1章 绪　论

1.1 应用背景

自20世纪80年代以来,随着信息技术的高速发展,特别是大型商业数据库的普及应用,各个单位、各个行业都积累了一定规模或超大规模(海量)的数据信息。这些数据信息往往以一定的形式存储在各种类型的商业数据库或者文件系统中。近年来,随着社会生活与商业应用的发展,很多公司和个人都迫切希望能从所拥有的海量数据中发现对其生活、工作等有帮助的潜在信息或者规律,即希望能够从已有的数据中发现一些"知识"。

另一方面,互联网的普及与发展使得互联网也成为当今社会一个重要的数据源。我国的网页数量已经从2006年的45亿网页规模迅速膨胀为2020年的3155亿网页规模。这些页面中包含了丰富的信息内容,从这些海量数据中发现目前工作所需的有用信息或者知识已经成为人们的普遍需求。尽管在互联网上有像谷歌、百度、搜狗等这样一些搜索引擎工具,但这些网络信息的搜索工具主要在信息的物理层面上辅助人们做好相关的信息检索工作,并不能根据用户的需求从被检索信息中发现或者获取潜在的知识。中国移动互联网接入流量变化如图1.1所示。

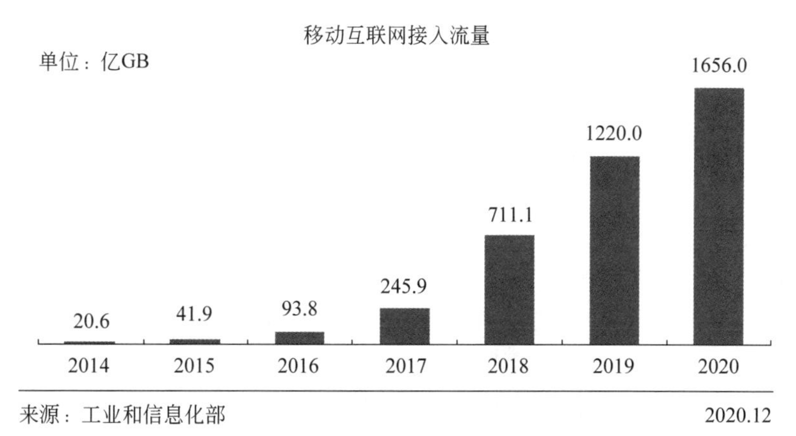

图1.1 中国移动互联网接入流量变化图

面向以上对于数据分析的需求,一门跨越数据库技术、信息检索技术、算法、统计学和机器学习等领域的新兴研究领域——"数据挖掘"应运而生。数据挖掘就是指从当前数据集中发现并获取有用信息的过程。数据挖掘是伴随着数据库技术的出现而出现的,同时它的发展为商业应用和科学研究所驱动。

下面探讨推动数据挖掘方法与技术发展的几个关键因素。首先介绍商业上驱动数据挖掘技术发展的原动力;其次介绍科学研究上驱动数据挖掘技术发展的潜在需求;最后介绍和讨论数据挖掘技术与数据库技术的并行发展历程。

1.1.1 商业上的驱动

当前，商业领域是数据挖掘技术重要的应用领域之一。其数据主要来自于电子商务数据、Web数据、商场或者零售连锁店的销售数据、金融与信用卡数据、各类交易数据等。电子商务数据主要包括与发生电子商务行为相关的所有数据，例如网络书店上的电子商务数据，包括图书的销售数据、图书的库存数据、图书的进货数据、购书人的相关信息、购书人对于图书的浏览日志信息以及图书检索信息等。Web数据主要指从各大网站页面上获得的新闻、评论等相关数据信息。金融数据主要指银行的所有交易数据。信用卡数据主要包括持卡人持卡消费的所有交易数据。交易数据主要包括商业领域的各类交易数据，如股票交易、期货交易等相关的数据。

推动数据挖掘技术在商业领域研发与应用的一个直接原因是商用计算机等基础硬件设施的价格越来越便宜，同时计算机的运算能力越来越强，即性价比越来越高。计算机等基础设备性能价格比的提升，使得对于商业领域的海量信息处理成本大幅度降低，数据挖掘成为可能。

推动数据挖掘技术在商业领域研发与应用的另外一个原因来自于商业领域强大的竞争压力。例如，在金融业务领域，当前国外各大金融机构为了给客户提供完善优质的金融业务服务，往往会采用数据挖掘方法进行客户关系的管理，即首先对客户类型进行区分，其次对客户的消费习惯进行分析，最后根据用户的消费习惯为客户推荐相应的金融服务。由于采用数据分析与挖掘技术给各大金融机构带来巨大的效益，美国各大商业银行均构建了面向自身业务内容的数据挖掘与分析系统。

1.1.2 科学研究上的驱动

数据挖掘与分析研究工作发展的另外一个直接驱动力来自于科学研究工作的需求。在实际的科学实验中，很多大型的实验仪器设备或者实验系统会以很高的生成速度产生并存储大量的数据，这样的数据产生与存储的速度往往是每小时GB量级的。典型的科学实验系统包括卫星的远程传感数据、天文望远镜的太空扫描数据、微阵列产生的基因表达式数据、科学仿真产生的T级别的仿真实验数据、石油探测上的地质数据、气象卫星的云图数据等。针对上述规模的数据，传统的技术很难实现对于此类源数据的分析与挖掘工作。海量信息所研究的数据挖掘(即大数据挖掘与分析方法)方法与技术能够适用于超大规模数据的应用挖掘与分析工作。数据挖掘技术可以帮助不同领域的科学家实现数据的分类与划分、完成科学的假设性验证等方面的工作。

1.1.3 数据挖掘伴随着数据库技术而出现

数据挖掘技术是伴随着数据库技术的发展而兴起的。回顾数据库技术的发展历程，其发展主要可以分为如下几个阶段。

(1) 20世纪60年代，随着电子计算机的出现，应用的发展需要使用计算机对不同业务领域的数据进行收集，因此"数据库(Database)"这一特殊的文件系统应运而生。数据库是"按照数据结构来组织、存储和管理数据的仓库"。管理数据库的系统通常称为数据库管理系统(Database Management System，DBMS)。随着数据库应用的普及，基于计算机和数据库技术的信息管理系统也应运而生，它主要面向不同业务领域对于数据管理的需要，利用数据库技术实现对于信息的管理。伴随着网络技术的兴起，网络化的数据库管理系统（Network DBMS）也得到了深入研究与发展。

（2）随着数据库技术的发展，1970年美国IBM公司圣何塞（San Jose）研究室的研究员E. F. Codd首次提出了数据库系统的关系模型，开创了数据库的关系方法和关系数据理论的研究，为数据库技术奠定了理论基础。由于E. F. Codd的杰出工作，他于1981年获得ACM图灵奖（国际计算机领域的最高奖）。关系模型由关系数据结构、关系操作集合和关系完整性约束三部分组成。关系数据库是支持关系模型的数据库系统。

（3）20世纪80年代以来，各大数据库系统软件商新推出的数据库管理系统（DBMS）几乎都支持关系模型，非关系型系统的产品也大都加上了关系接口。数据库领域当前的研究工作也都是以关系方法为基础。在此期间，一些更高级的先进数据模型被提出，例如扩展的关系数据模型（Extended Relational Data Model）、面向对象模型（Object Oriented Model）和归约模型（Reduction Model）等被提出，相应地，数据库技术也获得了持续发展。在这一发展阶段，数据库技术另一个重要的进步是出现了面向应用的数据管理系统，例如面向空间探索、科学研究和工程等应用的数据库管理系统。

（4）20世纪90年代以来，随着数据库技术的应用普及，人们开始关注从数据库中发现和获取隐含的知识，于是对于数据挖掘方法的研究取得了较深入的进展，特别是数据仓库（Data Warehouse）概念的提出。相关领域专家又深入研究了多媒体数据库（Multimedia Databases）和基于Web信息的数据库（Web Database）。

（5）进入21世纪以来，数据挖掘技术又在应用的深度和广度上获得了进一步的拓展，特别是在数据流的管理与挖掘上取得了重要的研究进展。在包括金融、生物、医药、产品研发等多个领域，数据挖掘技术获得了广泛的应用，在取得一定经济效益的同时，也使相关企业的核心竞争力获得了显著提升。近年来，随着Web技术的广泛应用，针对Web内容的数据挖掘研究也获得了快速进展。

1.2 什么是数据挖掘

自20世纪90年代以来，随着数据库技术应用的普及，数据挖掘（Data Mining）技术已经引起了学术界、产业界的极大关注，其主要原因是当前各个单位已经存储了超大规模，即海量规模的数据。未来，这些数据的实际价值能够真正发挥。由于数据分析和管理工作的应用需要，需将这些数据转换成有用的信息和知识，即从传统的数据统计向数据挖掘与分析进行转换。另外，通过数据挖掘技术获取的信息和知识还可以广泛应用于各个行业领域，包括市场开拓与分析、商务管理、生产控制、工程设计和科学探索等方面。

1.2.1 基本描述

“数据挖掘”也称为从数据中发现知识，具体来讲就是从大规模海量数据中抽取人们所感兴趣的非平凡的、隐含的、事先未知的和具有潜在用途的模式或者知识。回顾数据挖掘研究的历程，不同的名称都被赋予了数据挖掘的含义，包括从数据库中发现知识（Knowledge Discovery in Database，KDD）、知识抽取（Knowledge Extraction）、数据/模式分析（Data/

Pattern Analysis)、数据考古(Data Archeology)、数据捕捞(Data Dredging)、信息收获(Information Harvesting)和商业智能(Business Intelligence)等概念都被赋予了数据挖掘的含义。

在解释数据挖掘的概念时,有一点需要特别强调：并非所有与数据库相关的操作与分析都属于数据挖掘研究的范畴。例如,对于数据库简单的搜索与查询处理操作并不属于数据挖掘研究的内容;对于基于数据库已有的数据所构建的归纳式专家系统也不属于数据挖掘的范畴。

1.2.2 知识发现

从一组大规模或者海量数据中发现和挖掘新的具有潜在用途的模式或者知识的过程也被称为知识发现。如图1.2所示,一个典型的知识发现过程包括如下几个主要步骤：首先将存放在数据库中的数据经过数据清洗、数据抽取、数据转换、数据集成等预处理过程存入数据仓库中;其次,将清洗过的数据再次经数据抽取或者集成等过程,获得任务相关数据;第三,在此基础上进一步进行数据挖掘过程,获得潜在的有价值的模式或者规律;最后,进行模式评估,评估所获得知识的有效性,以此最终获得相关知识。

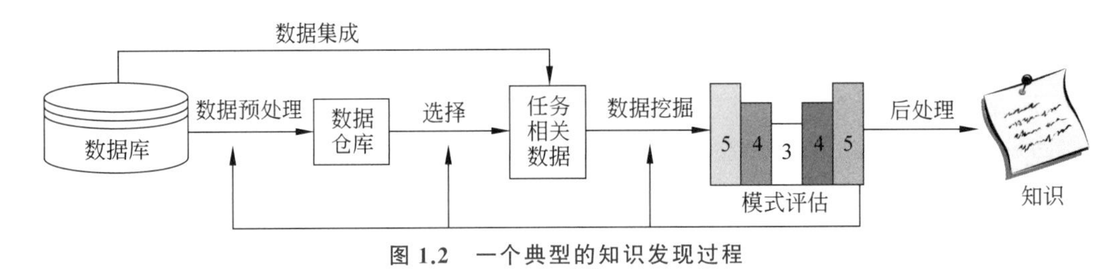

图1.2 一个典型的知识发现过程

1. 数据挖掘与知识发现

从严格意义上讲,数据挖掘与知识发现是有区别的。数据库中的知识发现,主要是指发现数据中有用的信息和模式的过程。而数据挖掘是指在知识发现过程中使用相关的算法抽取有用的信息或者模式的过程。

2. 数据挖掘与商业智能

在商业领域,往往将对于商业数据的智能分析与挖掘的过程称为商业智能。图1.3中,一个典型的商业智能过程自底向上分别在5个层次开展相关的商业智能分析工作。最底层是数据源,主要包括论文、文件、网络文档、科学实验、数据库系统等来自不同源头的数据信息,这一层次的工作主要面向数据库分析师;第二层次为数据预处理、数据集成,并形成相应的数据仓库,这一层次的工作主要面向数据工程师;第三层次对经过预处理的数据进行统计汇总、综合查询和生成报告等工作,这一层次的工作主要面向数据分析师;第四层次对有用的信息进行数据挖掘工作,这一层次的工作主要也面向数据分析师;第五层次将数据挖掘的结果以一定的形式展现出来,用到了数据的科学计算和可视化技术,这一层次的工作主要面向商业分析师;第六层次是决策层,主要是根据发现的知识进行商业上的决策,这一层次的工作主要面向商业领域的决策者。

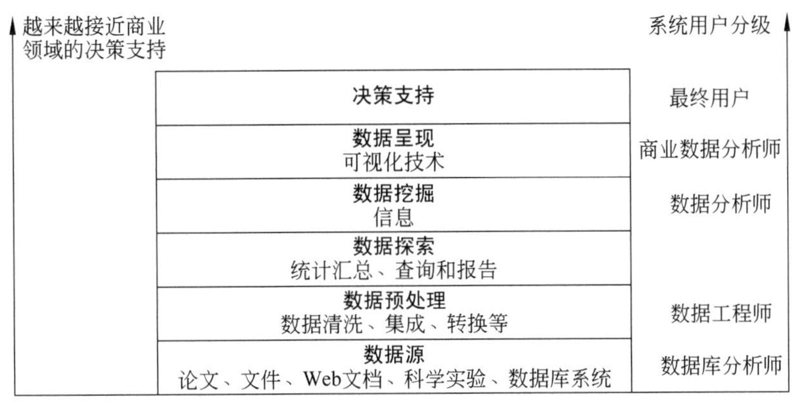

图 1.3　数据挖掘在商业智能实现过程中的关系图

1.3　数据挖掘的主要技术

1. 数据挖掘融合了多学科领域的知识

数据挖掘技术利用了来自如下一些领域的方法和技术：

(1) 来自数据库技术的关系数据模型、结构化查询语言(SQL)、关联规则算法、数据仓库、扩展性技术等；

(2) 计算机算法相关的数据结构、算法分析与设计的理论方法；

(3) 信息检索相关的相似度度量、分层聚类、信息检索系统、近似检索、Web 搜索引擎等；

(4) 来自统计学的贝叶斯理论、回归分析、最大期望估计算法、k-均值算法、时间序列分析等；

(5) 来自机器学习的神经网络、决策树、支持向量机等算法。

近年来，数据挖掘也吸纳了来自其他研究领域的思想方法，这些领域包括最优化、进化计算、信息论、信号处理和科学计算可视化。相关领域的研究工作对数据挖掘应用的实施也起到了重要的支撑作用。

2. 传统的数据统计分析方法与数据挖掘

在谈到数据挖掘方法与技术的时候，很多研究者会问为何不采用传统数据统计的分析方法来获得相关的知识。我们知道，数据挖掘技术是伴随着数据库技术的发展而出现的，数据库中的数据，即数据挖掘分析的对象具有如下几个方面的特征。

(1) 海量数据。

数据挖掘所处理的数据规模往往要求能够扩展到处理以 TB 为计数单位的数据，数据规模是传统数据统计分析方法所面临的一大挑战。

(2) 高维数据。

存储在数据库中的数据往往是具有成千上万维度规模的数据，传统的数据分析方法处理如此高维度的信息将面临很大的困难。

（3）高复杂性的数据。

当前数据库中所存储的数据往往是具有高复杂度的数据，这些数据具有如下的特点：规模巨大，随着时间而不断的累积增长。如下是在日常工作中几类典型的高复杂度数据：

① 数据流与传感数据；

② 时间序列数据、随时间而变化的数据序列；

③ 结构化数据、图、社会关系网络、多链接关系数据；

④ 异构数据库、法律数据；

⑤ 空间数据、时空描述数据、多媒体数据、Web 数据；

⑥ 软件程序、科学仿真数据等。

（4）新的复杂数据应用。

近年来，随着计算机技术和网络技术的发展，新的数据挖掘的应用需求不断涌现。例如对于人口调查问卷的分析、日用化工产品性能的分析等。随着应用的发展，新的应用需求不断涌现，这些崭新的应用需求往往是传统数据统计分析方法所不能处理的。

根据当前在现实工作中数据挖掘所解决的问题，利用数据挖掘技术可以实现如下几个方面的功能。

1）多维概念的描述：特征抽取与识别

在现实生活中描述或者陈述一个事物或者人物时，常常会用这类事物或者人物的某个特征来对其进行描述，以区别于其他被描述的对象或者特征。例如描述一个人时，常常用这个人物的姓名、性别、年龄、身高、体重等特征来描述。特征的识别与抽取就是通过规范化、总结和对比的方式抽取被分析对象的特征。

2）频繁模式、相关性、关联规则与随机性

与随机性出现的事物和现象相比，数据挖掘就是从大量随机的被分析对象数据中获取规律性的频繁发生的关联模式与规律信息。经典的数据挖掘分析案例——啤酒与尿布案例就说明了这一点。20 世纪 90 年代，国际上一些大型的超市利用数据挖掘技术分析了客户购买商品的搭配情况时，发现了一个很有意思的现象，购买啤酒的男士往往也会同时购买小孩的纸尿布。针对这一有意思的现象，超市随即在商品摆放上将啤酒与小孩的纸尿布放在一起，从而明显提升了两种商品的销售数量。从上述利用数据挖掘方法开展商业数据的分析过程中可以看出，数据挖掘就是要从大量随机发生的事件中抽取频繁的具有相关性的规律，使之服务于商业决策和日常生活。

3）分类与预测

数据挖掘相关的研究工作中常常还力图构建一个模型或者描述函数来刻画或者区分不同的类型与概念，以实现对于未来潜在的预测需求。例如在实际工作中，往往会根据气候的类型来对相关国家进行分类，分为热带国家、温带国家和寒带国家。实际生活中，会根据小汽车的排量对小汽车进行分类，分为小排量汽车、大排量汽车等类型。

在实际应用数据挖掘技术解决相关问题的过程中，常常会采用分类技术与方法解决对未知的结果或者未知量化特征的预测。

4）聚类分析

在具体的分类类型信息未知的情况下，往往会采用聚类方法对数据进行分类。聚类方法的主要思想是将被分类的数据聚集成多组新类型。例如，在对房屋进行聚类时，往往是根据房屋的具体位置信息将房屋根据分布情况进行聚类。

通过聚类分析手段，可以实现最小化同类对象之间的差异性；同时最大化不同类型对象之间的差异性。聚类分析是利用数据挖掘技术，将被分析对象从未知向已知过渡的一种有效手段。

5）离群点（奇异值）分析

在分析和挖掘数据时，离群点（奇异值）往往是一类普遍会遇到的现象。离群点是指被分析的数据对象中不符合常规规律的数据点。大多数情况下，离群点往往会被视为噪声或者异常数据；而在某些情况下，离群点常常可以用于故障检测或者小概率事件的分析工作。所以对离群点的分析在特殊问题处理方面具有重要的意义。

6）趋势与演化分析

趋势与演化分析主要包括如下几个方面的内容。首先，对于数据的变化趋势与偏离分析也是数据挖掘领域一个重要的研究与分析内容，在此经常会采用统计学上的回归分析方法来解决相关的问题。其次是对于序列模式的挖掘与分析，例如在分析有关数码相机评论相关的数据时，常常会联想到与数码相机相关的存储信息等序列模式信息。第三是周期性的分析，主要分析周期性的变化规律。最后是基于相似程度的分析工作。

7）其他模式与统计性的分析

根据被分析问题的不同，在数据挖掘的研究中常常还会针对问题的特点、需求和被研究问题的情况开展其他方面的模式、规律的统计性分析工作。

1.4 数据挖掘的主要研究内容

1. 数据挖掘的分类

根据上面所讨论的数据挖掘的主要功能，按照具体的研发工作任务，可以将数据挖掘所讨论的内容分为两大任务类型：描述型的数据挖掘任务和预测型的数据挖掘任务。描述型数据挖掘主要是根据数据仓库中的数据，分析其中隐含的规律性描述，例如频繁模式挖掘、关联规则的挖掘等都属于描述性数据挖掘的范畴。预测型数据挖掘主要是根据数据仓库中的数据，开展对于未知规律和知识的预测研究，例如分类、聚类等方面的研究工作就属于预测型的研究。

国内外很多学者还从其他角度对数据挖掘所研究的内容进行了分类。例如，根据被挖掘数据的内容进行分类、根据所发现的知识内容进行分类、根据所采用的数据挖掘技术进行分类或根据应用的类型进行分类。

2. 数据挖掘的十大经典算法

数据挖掘技术发展至今，人们提出了各种面向不同应用问题的挖掘与分析算法。2006

年12月，中国香港召开的数据挖掘领域权威国际学术会议ICDM上评选出了十大数据挖掘算法。该评选工作主要分为三个步骤：首先，在2006年9月ICDM的组织者要求ACM KDD创新奖获得者和IEEE ICDM研究贡献奖获得者分别推荐10个数据挖掘领域最负盛名的算法，本阶段共推荐出18个候选算法；其次，评选活动的组织者在2006年10月份使用谷歌的学术搜索功能来证实本次提名的权威性；第三，ICDM2006的组织者组织了KDD2006、ICDM2006、SDM2006相关获奖者对18个候选算法进行投票，选出了10个最负盛名的数据挖掘算法，而且投票结果与ICDM2006参会者的投票结果一致。下面分别介绍领域专家筛选出的十大数据挖掘算法。

1）第一名：决策树分类器C4.5（分类算法）

针对数据挖掘领域的分类问题，决策树提供了一种基于规则的经典分类方法。一个典型的决策树主要包括如下组成部分：决策结点、分支和叶子。决策树只有一个根结点，根结点是整个决策过程的开始。决策树的内部结点（非叶子结点）表示在一个分类属性上的决策测试。每个分支要么是一个新的决策结点，要么是树的叶子（即决策树的结束）。在沿着决策树从根结点到叶子结点的遍历过程中，每个结点的决策结果会导致遍历过程走向不同的分支，最后会终止于某一个叶子结点。这个遍历过程就是利用决策树进行分类的过程，它本质上是依次利用被分类对象的几个属性变量来判断其所属的类别（即所对应的叶子）。

2）第二名：k-均值算法（聚类算法）

k-均值（k-Means）算法是一类经典的聚类算法。它本质上是一种利用局部原型目标函数进行自动聚集并达到分类目的的方法。它以数据点到原型的某种距离作为优化目标（优化的评价指标），利用函数求极值的方法得到迭代运算的调整规则。k-均值算法以欧氏距离作为相似度测度，计算对应于某一初始聚类中心向量的最优分类结果，使得评价指标最小。

3）第三名：支持向量机（分类算法）

作为一种典型的统计分类方法，支持向量机（Support Vector Machine，SVM）通过一个非线性映射，把样本空间映射到一个高维乃至无穷维的特征空间中（Hilbert空间），使得在原来的样本空间中非线性可分的问题转化为在特征空间中的线性可分的问题。升维和线性化是其主要的分类思想。为了克服由于升维所带来的“维数灾难”等问题，SVM方法应用核函数展开定理，无需预知非线性映射的显式表达。由于是在高维特征空间中建立线性学习模型，所以几乎不增加计算的复杂性，而且在某种程度上避免了“维数灾难”。从而解决了对于在低维样本空间无法线性分类的问题，在高维特征空间中通过一个线性超平面实现线性划分。

4）第四名：Apriori算法（频繁模式分析算法）

作为一种经典的频繁模式分析算法，Apriori算法是一种最有影响力的挖掘布尔关联规则的频繁项集挖掘算法。其核心是基于两阶段频繁项集思想的递推算法。

首先，由分析程序通过数据库扫描的方式分析出所有频繁项，要求这些频繁项在数据库中出现的频繁程度不低于事先设定的最小支持度条件。其次，在此基础上，由所生成的频繁项产生强关联规则，所产生的规则必须满足最小支持度和最小置信度的约束条件。由频繁项集产生期望的规则，而且产生只包含集合项的所有规则。

5）第五名：最大期望估计算法（聚类算法）

在统计计算中，最大期望（Expectation-Maximization，EM）算法是在概率模型中寻找参数最大似然估计或者最大后验估计的算法，其中的概率模型依赖于无法观测的隐藏变量（Latent Variable）。最大期望算法经常用于解决数据挖掘领域的数据聚类（Data Clustering）问题。最大期望估计算法主要分为两个交替计算的步骤：第一步是计算期望值，利用对隐藏变量的现有估计值计算其最大似然估计值；第二步是期望的最大化在第一步计算工作的基础上求得最大似然值来计算参数的值。第二步上找到的参数估计值被用于下一周期第一步的计算中，这个过程不断交替进行。

6）第六名：PageRank 算法（排序算法）

PageRank 算法是 Google（谷歌）排名运算法则（排名公式）的一部分，是谷歌用于搜索引擎中划分被检索到的网页"等级/重要性"的一种方法，是谷歌用来衡量一个网站质量的唯一标准。在糅合了诸如多种网页特征（如网页标题标签、网页关键字标签等）之后，谷歌搜索引擎通过该算法来调整结果，使那些更具"等级/重要性"的网页在搜索结果中的排名获得提升，从而提高搜索结果的相关性和质量。

7）第七名：AdaBoost 算法（集成弱分类器）

AdaBoost 是一种集成多个弱分类器实现分类功能的迭代算法与集成框架，其核心思想是在有监督的机器学习分类任务中，基于同一个训练集训练不同的分类器（弱分类器），然后把这些弱分类器集成在一起，构成一个强分类器。AdaBoost 算法评估每个训练样本的分类结果是否正确和总体分类的准确率来确定每个弱分类器的权值。给每个弱分类器赋予新的权值，将每次训练得到的强分类器最后结果融合在一起，获得最终的分类结果。

8）第八名：k-近邻分类算法（分类算法）

k-近邻（k-Nearest Neighbor，KNN）分类算法是一个相对成熟的机器学习算法。该算法的主要实现思路是：如果一个样本在特征空间中的 k 个最相似（特征空间中距离上最邻近）的样本中的大多数都属于某一个类别，则该样本也属于这个类别。KNN 算法选择的邻居都是已经正确分类的对象。该方法在分类决策上只依据最邻近的一个或者几个样本的类别来决定待分样本所属的类别。

9）第九名：朴素贝叶斯算法（分类算法）

贝叶斯分类是一系列分类算法的总称，这类算法均以贝叶斯定理为基础，故统称为贝叶斯分类。朴素贝叶斯算法（Naive Bayesian）是其中应用最为广泛的分类算法之一。朴素贝叶斯分类器基于一个简单的假设：被分类对象的各个属性之间相互条件独立。在现实世界中，被分类对象属性之间很难满足条件独立性，针对这样的实际情况，又出现了许多其他类型的贝叶斯分类算法——贝叶斯置信网络等分类算法。

10）第十名：分类与回归树算法（聚类算法）

分类与回归树（Classification And Regression Tree，CART）算法采用一种基于决策树模型的分类方法。该算法将当前的样本集根据被分类对象测试属性的"基尼"（Gini）系数值分为两个子样本集，使得生成的决策树每个非叶子结点都有两个分支。CART 算法使用后剪枝策略简化决策树的规模，并运行到不能再生成新的分支为止，从而得到一棵较大的决策树。在此基础上，对这棵大树进行剪枝。

1.5 数据挖掘面临的主要问题

数据挖掘技术发展至今，主要在如下三个方面存在着一些问题：挖掘方法、用户交互性和数据挖掘的应用及其社会影响。

1. 挖掘方法面临的问题

（1）在实际使用数据挖掘方法发现知识时，通常会希望所采用的挖掘方法能够实现从不同类型的数据中挖掘不同种类的知识。例如，这些数据包括生物信息数据、流数据和Web数据等。然而，在现实生活中所采用的数据挖掘方法往往只针对特定类型的数据和有限种类的知识开展挖掘工作，所以挖掘方法的泛化能力的研究是数据挖掘所面临的一个重要挑战。

（2）数据挖掘的对象往往是大规模海量数据，挖掘算法的性能也是数据挖掘过程中常常引起关注的重要问题之一。挖掘算法的性能主要包括算法效率和扩展能力。如何使挖掘算法的性能得到提升以适应实际应用工作，是数据挖掘算法在实用性方面面临的重要问题之一。

（3）描述性数据挖掘任务中需要对所分析的频繁模式或者规律进行相应的模式评估。而在实际应用问题中，模式评估需要依赖不同专业领域用户对于模式的兴趣度。如何根据用户的兴趣度对所挖掘的模式进行有效的评估，也是挖掘方法研究中的一个重要问题。

（4）数据挖掘工作服务的对象往往是具有不同专业背景的用户。在挖掘方法中如何融合相关的背景知识使挖掘工作更有针对性，也是挖掘方法研究的一个重要问题。

（5）在挖掘方法的使用过程中，往往被挖掘对象都是带有噪声和不完全的数据，如何根据不同应用领域的知识，使挖掘方法依然能够对噪声和不完全的数据进行挖掘，也是当前挖掘方法研究的一个热点。

（6）近年来，随着并行计算技术的成熟和云计算技术平台的构建，未来对于海量数据的挖掘方法往往要求能够具有并行化、分布式和增量性的特点。并行化就是要求挖掘算法能够并行运行；分布式就是要求挖掘算法能够物理地分布在不同计算机上运行；增量化就是要求挖掘算法能够在已有挖掘分析结果之上增量式地运行。

（7）挖掘算法要能够主动集成所发现的知识，即实现知识的融合。

2. 用户交互性面临的问题

（1）在用户交互性问题上，需要提出一种面向数据挖掘的查询语言以实现即时数据挖掘。

（2）需要针对用户的数据挖掘结果的表示和可视化呈现技术，以一种直观方式呈现挖掘的结果，即开展面向数据挖掘技术的计算可视化方法研究。

（3）用户往往需要在多个抽象层次实现交互式挖掘，即要求整个数据挖掘过程具有可交互性。

3. 应用与社会影响

（1）在应用方面，迫切需要开展面向领域的数据挖掘，并实现常人无法感知和不可见的数据挖掘。

（2）在数据挖掘的应用过程中还需要加强对于数据安全性、完整性和隐私性的保护。

1.6 数据挖掘相关的资料

本书仅是针对高等院校理工类专业的本科生和硕士研究生学习数据挖掘知识的基础性教材。如果需要了解和深入学习有关数据挖掘这项研究工作的最新进展，可参考数据挖掘领域的相关国际学术组织的会议、期刊，以及学术界的学术资源共享平台。

在国际学术活动方面，人工智能领域的顶级国际学术会议"国际人工智能联合会议"(IJCAI)从1989年创立了数据库中的知识发现研讨会，而1991—1994年该研讨会上的相关研究成果也已于1996年汇总成《知识发现与数据挖掘的进展》一书出版。1995年开始，数据挖掘领域有了自己的专门性的国际学术会议——"数据库中的知识发现与数据挖掘国际会议"(KDD)。伴随着数据挖掘研究工作的深入，1997年创办了学术期刊"数据挖掘与知识发现"，进一步推动了数据挖掘领域的研究工作。1998年ACM成立了知识发现与数据挖掘兴趣组(ACM SIGKDD)，并吸纳国际会议KDD成为ACM领域的数据挖掘年会，也就是今天的顶级学术会议ACM SIGKDD，同时出版了"SIGKDD探索"这一学术刊物。在同一时期，1997年亚太地区知识发现与数据挖掘国际会议(PAKDD)创办，1997年知识发现原理与实践欧洲会议(PKDD)创办，2001年SIAM协会的数据挖掘学术会议(SIAM-Data Mining)创办，国际电子电气工程师学会(IEEE)的数据挖掘国际会议(ICDM)也同时创办。2007年ACM开始出版"ACM知识发现与数据挖掘学报"。上述国际交流的学术会议与学术刊物的创办极大地推动了数据挖掘领域的各项研究工作。为了加强国内外学者的交流与合作，中国计算机学会(CCF)针对计算机学科不同研究领域会议与期刊的状况，设立了会议与期刊列表，以推动国内相关方向的研究工作。其中与数据挖掘相关的A类会议与期刊列表如下。

（1）数据挖掘相关CCF A类学术会议。

① ACM Conference on Management of Data

② ACM Knowledge Discovery and Data Mining

③ IEEE International Conference on Data Engineering

④ International Conference on Research on Development in Information Retrieval

⑤ International Conference on Very Large Data Bases

（2）数据挖掘相关的CCF A类学术期刊。

① ACM Transactions on Database Systems

② ACM Transactions on Information Systems

③ IEEE Transactions on Knowledge and Data Engineering

④ The VLDB Journal

为了推动数据挖掘研究工作，国际上很多知名的研究机构利用互联网共享很多数据挖掘研究工作的资源，主要包括数据集和公共开源的算法包。代表性的共享资源主要包括：

（1）开源共享社区。

① Github：https://github.com/

② Kaggle：https://www.kaggle.com/

③ Code Ocean：https://codeocean.com/

（2）共享数据集。

① UCI 数据集：http://kdd.ics.uci.edu/

② 卡耐基梅隆大学（CMU）数据集：

http://lib.stat.cmu.edu/datasets/

http://www.cs.cmu.edu/afs/cs.cmu.edu/project/theo-20/www/data/

③ 时序数据集：http://www.stat.wisc.edu/~reinsel/bjr-data/

④ 金融数据集：https://data.worldbank.org/

⑤ 癌症基因数据集：http://www.broadinstitute.org/cgi-bin/cancer/datasets.cgi

⑥ 综合数据集：http://www.cs.nyu.edu/~roweis/data.html

⑦ 数据集列表：http://www.kdnuggets.com/datasets/index.html

（3）共享的算法软件包。

① UCI 机器学习网站：http://archive.ics.uci.edu/ml/

② Weka 官方网站：http://www.cs.waikato.ac.nz/ml/weka/

③ Sklearn 机器学习网站：https://scikit-learn.org/

④ SVM 代码：http://www.csie.ntu.edu.tw/~cjlin/libsvm/

⑤ LingPipe 官方网站：http://alias-i.com/lingpipe/

（4）代表性的政府数据共享平台。

① 美国政府开放数据：http://data.gov

② 中国地方政府开放数据：北京　https://data.beijing.gov.cn
上海　https://data.sh.gov.cn

近年来，MATLAB、StatSoft 等商用软件也提供了经典的数据挖掘算法。同时，微软公司研发的数据库管理系统 SQL Server 中也提供了包含数据挖掘功能的 Data Analysis 分析工具模块。

1.7　本书的总体章节安排

本书是针对高等院校理工类专业的本科生和硕士研究生学习数据挖掘知识的基础性教材。本教材的总体章节结构安排如下。

第 2 章“数据获取”。这一章首先介绍相关背景知识；其次分别介绍数据采集、数据标注的相关技术；然后介绍如何提升已有的数据和模型；最后提供数据采集技术的选择指南。

第 3 章“数据预处理”。这一章首先介绍数据与属性的基本概念；其次讨论数据的描述性汇总的几个主要衡量指标；最后介绍数据清洗、数据集成、数据转换、数据归约，以及数据离散化与概念分层方法等数据预处理的基本方法与技术。

第4章"数据仓库"。这一章首先回顾数据库的基本概念,并介绍数据仓库的概念;其次介绍一种多维度的数据模型,即数据立方体;最后在此基础上介绍数据仓库的基本架构、数据仓库的实现技术,并讨论基于数据仓库进行数据挖掘的基本方法。

第5章"相关性与关联规则"。这一章中首先介绍频繁模式与关联规则的基本概念;其次,讨论几种高效的和可扩展的频繁模式挖掘算法和不同类型的关联规则挖掘算法;第三,探讨从关联规则挖掘到相关性分析的迁移策略;最后介绍基于约束的关联规则挖掘方法。

第6章"分类和预测"。这一章中首先介绍分类与预测的基本概念;其次讨论数据挖掘领域分类问题中主要的研究问题;然后分别介绍决策树、贝叶斯分类器、神经元网络、支持向量机、关联分类方法等基本的有监督机器学习分类模型;最后讨论有关分类器的评价指标,并介绍集成多个弱分类器构建强分类器的策略。

第7章"深度学习"。这一章首先介绍卷积神经网络的基本概念、使用技巧以及典型的网络结构及其应用;然后介绍循环神经网络的基础模型及其两类改进模型,以及典型的结构和应用;最后总结分析现阶段主流的深度学习框架。

第8章"聚类分析"。这一章主要介绍无监督机器学习分类模型。首先介绍聚类的基本概念;其次介绍聚类分析中可能涉及的几种属性数据类型及其相似度的计算方法;然后分别介绍如下几类典型的聚类方法——基于划分的聚类方法、层次化聚类方法、基于密度的聚类方法、网格化的聚类方法和基于模型的聚类方法;最后讨论数据挖掘领域的另一个重要问题——离群点(奇异值,outlier)的分析问题。

第9章"数据可视化"。这一章首先介绍数据可视化的Card参考模型;然后介绍数据可视化的基本设计准则;最后介绍了四种常见数据的可视化方法,包括统计数据、文本数据、网络关系数据和时空数据。

第10章"数据挖掘应用"。这一章列举了一个基于消费者调查问卷和消费者皮肤指标数据,构建一个真实的消费者皮肤状况预测系统的应用实例,以此详细阐述如何应用数据挖掘与分析技术来解决一个应用问题。

1.8 小　　结

作为数据库技术发展的必然结果,数据挖掘技术已经得到了广泛的研究与应用。数据挖掘就是从海量数据中发现有价值的知识。一个典型的知识发现过程包括数据清洗、数据集成、数据选择、数据转换、数据挖掘、模式评估和知识表示。数据挖掘工作可以在不同的数据仓库上展开。数据挖掘可以完成数据的特征抽取、特征识别、关联分析、分类、聚类、离群点分析和趋势分析等。随着应用的发展,当前数据挖掘领域有诸多问题迫切需要解决。本书的后续章节将针对知识发现过程的各个关键步骤环节进行介绍。

参考文献

[1] CHAKRABARTI S. Mining the Web: Statistical Analysis of Hypertex and Semi-Structured Data

[M]. San Mateo：Morgan Kaufmann，2002.

[2] HART P E，STORK D G，DUDA R O. Pattern classification[M]. Hoboken：John wiley & Sons，2000.

[3] DASU T，JOHNSON T. Exploratory data mining and data cleaning[M]. Hoboken：John Wiley & Sons，2003.

[4] FAYYAD U M，PIATETSKY G-SHAPIRO，P. Smyth，et al. Advances in knowledge discovery and data mining[C]. American Association for Artificial Intelligence，1996.

[5] FAYYAD U，GRINSTEIN G，WIERSE A. Information visualization in data mining and knowledge discovery[M]. San Mateo，Morgan Kaufmann，2002.

[6] HAN J，KAMBER M. Data Mining：Concepts and Techniques[M]. 2nd ed. San Mateo：Morgan Kaufmann,2006.

[7] HAND D J，H MANNILA，SMYTHV P. Principles of Data Mining[M]，Boston：MIT Press，2001.

[8] HASTIE T，TIBSHIRANI R，FRIEDMAN J. The Elements of Statistical Learning：Data Mining，Inference，Prediction[M]. Berlin：Springer-Verlag，2001.

[9] LIU B. Web Data Mining [M]. Berlin：Springer-Verlag，2006.

[10] MITCHELL T M. Machine Learning[M]. New York：McGraw Hill，1997.

[11] PIATETSKY-SHAPIRO G，FRAWLEY W J. Knowledge Discovery in Databases[M]. Boston：MIT Press，1991.

[12] TAN P N，STEINBACH M，KUMAR V. Introduction to datamining[M]. Hoboken：John Wiley & Sons，2005.

[13] WEISS S M，INDURKHYA N. Predictive data mining：a practical guide[M]. San Mateo：Morgan Kaufmann，1998.

第2章 数据获取

2.1 引　言

数据获取是机器学习领域的重要研究内容之一，也是大数据技术发展的关键因素之一。在互联网行业迅速发展的今天，端到端机器学习的大部分时间都花费在数据准备工作之上，包括获取、清洗、分析、可视化和特征工程等，数据获取已成为机器学习领域的重大挑战之一。一方面，随着大数据技术的广泛应用，一些新的应用（数据挖掘、模式识别等方面的应用）不一定有足够的标注数据。例如，机器翻译或对象检测等传统应用需要数十年积累的海量训练数据，而一些新应用在开始阶段几乎没有可用的训练数据。另一方面，随着深度神经网络的流行，深度学习对训练数据的需求也越来越大。虽然深度学习技术可以自动生成特征，但仍需要大量的高质量训练数据才能使深度神经网络表现良好的性能。

本章关于数据获取内容的探讨主要安排如下几个方面的内容：2.2 节介绍数据获取的背景知识，引出本章所介绍的方法脉络；2.3 节介绍数据采集相关研究，包括数据发现、数据增强和数据生成三方面技术；2.4 节介绍数据标注相关技术，包括利用现有标签、基于众包技术和使用弱监督方法；2.5 节介绍当获取和标记新数据不是最佳选择时，如何提升已有数据和模型的能力。最后，2.6 节提供数据获取技术的选择指南，以及基于当前研究格局的未来挑战。

2.2 背景介绍

大数据时代迫切需要准确且可扩展的数据获取技术。从数据管理的角度来看，数据获取主要有三种方式。第一，在共享和搜索新数据的前提下，使用数据获取技术发现、扩充或生成新数据。第二，一旦数据可用，则使用多种数据标记技术标记单个示例。第三，不同于前述构造新数据思路，可改进现有数据质量或改进现有已训练好的模型。这三种方法互不干扰，可以一起使用，例如，可以在改进现有数据集的同时搜索和标记更多数据。除此之外，不仅是机器学习社区（包括自然语言处理和计算机视觉领域），数据管理社区（包括数据科学和数据分析领域）也在研究数据获取技术。

图 2.1 展示了数据获取领域整体工作体系的概览。传统角度上，机器学习社区一直将数据获取任务视为重点研究内容。例如，在经典的半监督学习问题中，模型仅在少量标记数据和大量未标记数据上完成训练。然而，由于需要大量训练数据，因此如何获取大数据集、如何大规模进行数据标注以及如何提升现有数据的质量等相关的数据管理问题也尤为重要。因此，要充分研究数据获取技术，需要从机器学习和数据管理的两个角度共同考虑，图 2.2 为使用数据获取所涉及子任务的体系结构图。从左上角开始，先判断是否有足够的数据，接着引出获取数据、数据标注或改进现有数据和模型的特定技术。注意，各种方法可以一起执行，

如自学习和众包的数据标记技术。此外，诸如“自学的标签是否足够?”的问题难以回答，需要根据具体任务和数据进行判断。

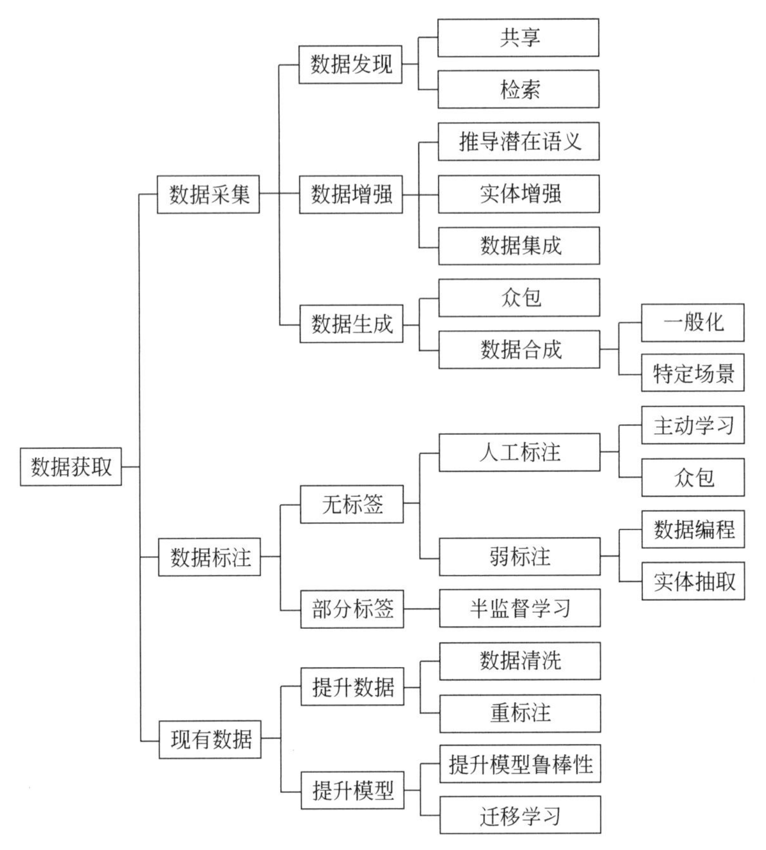

图 2.1　数据获取领域整体工作体系示意图

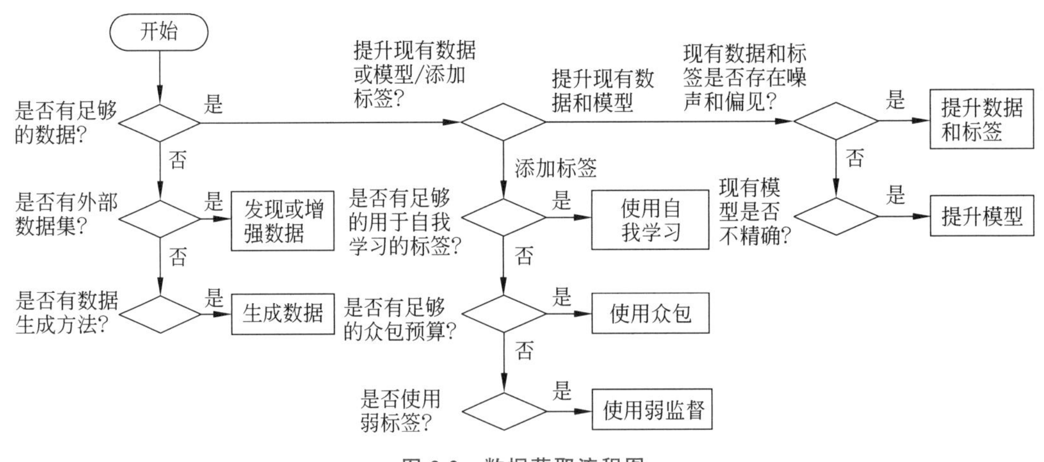

图 2.2　数据获取流程图

2.3 数据采集

数据采集目的在于找到可用于训练机器学习模型的数据集，这里主要包括数据发现、数据增强和数据生成等三个方面的相关技术。随着 Web 技术和企业数据湖上的可用数据越来越多，数据发现变得越来越重要。扩展更多的外部数据来增强现有数据集，此类增强方法可以视为数据发现的补充方法。最后，当没有可用的现有数据时，可采用众包或合成的方法生成新数据。表 2.1 对各类相关技术进行了详细的分类。

表 2.1 数据采集方法的分类示意图

内容	方法	技术
数据发现	数据共享	协同分析
		基于 Web 的技术
		协同分析和 Web 结合
	数据检索	基于数据湖
		基于 Web 的技术
数据增强	—	推导潜在语义
		实体增强
		数据集成
数据生成	众包	数据收集
		数据预处理
	合成数据	生成对抗网络
		面向特定场景生成数据

2.3.1 数据发现

数据发现包括两个重要步骤：数据共享和数据检索。数据共享指生成的数据可以在构建数据索引之后通过一定的渠道进行发布，以达到在互联网上进行共享的目的。当前很多第三方的互联网开放社区、平台会共享很多这方面的数据资源。其次，数据检索指根据给定机器学习任务搜索对应的数据集，其中关键挑战在于如何扩展搜索以及如何判断数据集是否适合给定的学习任务。

1）数据共享

数据共享系统是为共享数据而设计的系统平台，并侧重于协作分析以及能够在互联网上使用 Web 技术进行发布。例如，DataHub 是一个典型的侧重于协作分析的数据共享系统，实现了在不同版本数据集的环境中进行数据托管、共享、组合和分析。DataHub 包括两个组件：受 Git 启发的数据集版本控制系统和一个基于它的托管平台，并提供数据搜索、数据清理、数据集成和数据可视化服务。Google Fusion Tables 侧重于在 Web 上发布，并且提供基于云的数据管理和集成服务。用户能够上传结构化数据（例如电子表格），使用可视化分析、过滤和聚合数据等工具。其他用户能够在 Web 上检索并抓取在 Fusion Tables 上发布的数据集。

最近，也有数据共享系统将对于数据的协作分析和融合 Web 技术的共享同时考虑在内。例如，Kaggle① 支持在 Web 上共享数据集，以及为在数据集上训练的模型举办数据科学竞赛。目前，Kaggle 拥有数千个来自竞赛的公共数据集和代码片段。与 DataHub 和 Fusion Tables 相比，Kaggle 数据集与竞赛相结合，因此更容易用于机器学习。

2）数据检索

数据发现的另一个重要步骤是数据检索，这里主要介绍基于数据湖和基于 Web 两类用于搜索数据集的方法。基于数据湖的搜索方法能够在企业环境中检索和分析数据集，能够让研究团队或个人不需要为特定的机器学习任务重新生成数据集，具有重要的商业价值。IBM 公司曾经使用了系统化的数据整理策略，包括创建、填充、维护和管理数据湖。谷歌数据搜索（GOODS）对谷歌内部的数百亿个数据集的元数据②进行编目，并为数据搜索编制索引，让数据湖更具可扩展性。上述搜索方法仅支持简单的关键字查询，DATA CIVILIZER、DATARAMAN、AURUM 等系统通过链接图、设置数据发现模块等方法来实现表达性查询。除此之外，利用 Web 包含大量结构化数据的特点，基于 Web 的搜索方法能自动提取有用的数据集。例如，WebTables 提取所有维基百科信息。Google Dataset Search③ 服务能够搜索 Web 上数以千计的数据存储库。

2.3.2 数据增强

数据增强利用外部数据扩充和增强现有数据集。在机器学习中，一种常见的数据增强方法是从数据中导出潜在语义。例如，在自然语言处理领域中，根据词向量模型（Word2vec，GloVe，Doc2Vec 等）和隐含主题模型（LDA 等）生成的词嵌入、实体或知识嵌入导出相关语义。除此之外，还可以采用实体增强技术收集更多信息，以进一步丰富现有实体信息（数据）。同时，可以结合数据集成和整合技术，使用新获得的数据集扩展现有数据集。

2.3.3 数据生成

当没有可用于训练的现有数据集时，需要从头构建新数据集。可采用众包等手动构建方法，或数据合成等自动化构建方法。

1）众包

众包指通过收集数据和预处理数据两个步骤生成新数据。众包方法首先在众包平台发布具体任务，并招募大众志愿者完成对应数据工作内容，以此收集到足够的数据。接着对数据进行预处理，包括数据管理、实体解析和连接数据集等操作，使其能用于对应的机器学习任务。在众包过程中，如何控制众包的数据质量也是一个重要的挑战。

2）数据合成

由于自动化方法的低成本和灵活性，自动化合成数据和标签越来越多地用于机器学习，

---

① Kaggle：https://www.kaggle.com/.

② “元数据”关于数据的描述信息。

③ Google Dataset Search：https://www.blog.google/products/search/making-it-easier-discover-datasets/.

例如生成对抗网络和面向特定应用程序的自动化生成技术。生成对抗网络(GAN)的关键方法是训练两个相互竞争的神经网络,主要包括生成网络和判别网络。生成网络学习从潜在空间映射到数据分布,判别网络从生成网络产生的候选者中区分真实分布。GAN 可用于生成合成关系数据,例如,MEDGAN 基于真实患者记录信息生成具有高维离散变量特征的合成患者记录。近年来,越来越多的学者开始研究面向特定应用的生成技术,如合成图像的自动生成、合成文本数据的自动生成等,他们使用人类定义的策略对原始数据进行变更得到自动合成的新数据。

2.4 数据标注

数据标注的目的在于标记单个示例,主要包括以下三类方法:①利用现有标签,即利用任何已经存在的标签;②基于众包技术,即使用众包技术标记单个示例;③使用弱监督学习的方法,即在较低成本的前提条件下,生成不太完美的标签(弱标签)。

2.4.1 利用现有标签

机器学习中的一个常见设置是拥有少量标记数据(人工标记的成本高昂)以及大量未标记数据。此处专注于介绍自标记技术,即使用半监督学习技术通过已有的标记数据预测未标记数据来生成更多标签,主流的方法主要分为以下三种类型。

1) 分类算法

使用已有的标记数据训练分类模型,该模型为每一条未标注数据返回多个可能的类型标签之一。例如,先使用已有的标记示例数据训练分类模型,然后将该分类模型应用于所有未标记的数据,将最可信的预测添加到标记示例中。重复这个过程,直到所有未标记的示例都被标记。

2) 回归算法

使用标记数据训练分类模型,该分类模型为每个示例返回对应的实数(往往是属于某一类型的概率)。例如,协同训练回归器使用两个具有不同距离度量的 k-近邻回归器。回归器 1 在每轮迭代中标记被回归器 2 最可靠标记的未标记数据,接着使用两个回归器的平均回归作为示例的最终预测。

3) 基于图标签传播的算法

从有限标记示例集开始,在图结构中基于示例的相似性推断剩余示例的标签。例如,如果一个图像被标记为狗,那么图结构中的相似图像也有一定的概率被标记为狗,且距离越远,标签传播的概率越低。

2.4.2 基于众包技术

数据标注的最准确方法是手动标注每一条实例。众包技术预先提供有关如何标注标签的说明,接着集合大量标注工人共同完成任务。由于工人不一定是标注专家且标注能力差异可能很大,因此需要减少任何工人可能具有的偏见,并汇总标记结果,同时解决它们之间的任何歧义,以确保高质量的数据标签。常见的解决方案是使用多个工人重复标记同一示例,再进行多数投票。

但是，众包的时间金钱开销巨大，而主动学习可用于仔细选择重要的示例进行标记，从而最大限度地降低成本。主动学习侧重于选择最“有趣”的未标记示例提供给工人进行标记，其关键挑战是在预算有限的情况下选择合适的示例进行提问。这里介绍常见的主动学习技术。

1）不确定采样

选择模型预测最不确定的未标记示例作为下一个需要标注的示例。例如，如果模型是一个二元分类器，不确定性采样会选择概率最接近 0.5 的样本作为下一个需要标注的示例。

2）决策理论方法

利用某些目标函数来判断需要标注的示例。例如，选择使模型准确度最大化的示例，或选择减少泛化误差的示例。

3）回归主动学习

主动学习技术也可以扩展到回归问题。例如，对于不确定性抽样，可以计算预测的方差并选择方差最大的示例。

4）自我学习和主动学习结合

上述介绍的各种数据标记技术是相辅相成的，可以一起使用。例如，半监督学习找到具有最高置信度的预测并将它们添加到标记示例中，再使用主动学习找到具有最低置信度的预测手动标注标签。

2.4.3 使用弱监督学习的方法

当有大量数据并且手动标记的成本不可接受时，可以使用弱监督技术，即半自动生成大量标签。这些弱标签不如手动标签准确，但足以让训练模型获得相当高的准确性。随着大规模数据标记变得越来越重要，尤其是对于深度学习应用来说，可以使用数据编程使用多个标记函数而不是单个标记生成大量弱标签。由于单个标记函数本身不够准确或无法为所有示例生成标签，而将多个标记函数组合成一个生成模型，能够生成大量具有合理质量的弱标签。另一种生成弱标签的方法是使用事实提取。知识库包含从各种来源中提取的事实，事实可以描述实体的属性。将事实看作正标记的例子，并将其作远程监督的种子标签，生成弱标签。

2.5 提升已有数据和模型

当获取和标记新数据不是最佳选择时，提升已有数据和模型成为可选方案。在许多现实场景中，应用程序太新颖或太重要，可能很难找到新数据集；或者简单地添加更多数据已经不能再显著提高模型的准确性。在这种情况下，重新标记或清理现有数据能更快地提高准确性。或者，可以使模型训练对噪声和偏差更加鲁棒，或者可以使用迁移学习技术从现有模型训练模型。在以下部分中，我们将探索提升现有数据和提升现有模型的技术。

2.5.1 提升已有数据

在机器学习的实际场景中，数据可能嘈杂且标签不正确，例如某些值可能超出范围或错误地使用了不同的度量单位。因此可以通过传统数据清理、模型不公平缓解（其目标是消除导致模型公平的数据偏差)等数据清理方法提升数据质量。此外,高质量的数据标签同样重要。在模型训练过程中,如果数据标签不准确,模型精度会稳定在某个状态,且不随数据规模增大而增高。此时使用高素质的标记工人进行重复再标记,则有利于提高模型准确性。

2.5.2 提升已有模型

除改进数据外,还可以改进模型训练本身,常见的方法有提升模型对噪声和偏差的鲁棒性、使用迁移学习。在机器学习过程中,简单丢弃嘈杂的标签会导致训练数据减少,这对复杂模型来说是不可取的。因此,需要在使用噪声标签的情况下,通过对噪声建模、分辨对抗样本等方法使模型更鲁棒。当没有足够的训练数据或时间从零开始训练模型时,也可以采用迁移学习,即从训练良好的现有模型(称为源任务)开始,逐步训练新模型(称为目标任务)。例如,AlexNet 和 VGGNet 可作为初始模型,用于解决不同但相关的计算机视觉任务。

2.6 技术选择指南

在机器学习和深度学习应用场景中,可同时采用上述介绍的多种数据采集技术。对一般任务而言,很难判断是否有足够的数据和标签。例如,即使数据集很小或标签很少,只要数据的分布易于学习,半监督学习等自动方法将优于主动学习等手动方法。同时,还需要权衡数据标记的准确性和可扩展性,如手动标记准确率高但可扩展性低。因此进行数据采集技术选择时,需要根据具体情况选择合适的技术。

2.7 小　结

随着大数据时代的到来,以及机器学习和深度学习的广泛应用,获取大量数据和标注数据格外重要。机器学习、自然语言处理和计算机视觉等领域对该问题有深入的研究,主要包括以半监督学习和主动学习等为代表的数据自动标注技术;数据管理社区也在数据获取、数据标记和现有数据改进等众多子问题中做出了巨大贡献。本章主要从数据获取、数据标注、提升现有数据和模型三方面简单介绍了数据获取领域的相关内容,并讨论了何时使用哪种技术的指南。未来,我们预计大数据和人工智能的融合不仅会发生在数据获取方面,还会发生在数据挖掘、机器学习等领域的各个方面。

参考文献

[1] ROH Y, HEO G, WHANG S E. A survey on data collection for machine learning: a big data-AI integration perspective[J]. IEEE Transactions on Knowledge and Data Engineering, 2019.

[2] GOODFELLOW I, BENGIO Y, COURVILLE A. Deep learning, adaptive computation and machine learning[M]. New York: MIT Press, 2016.

[3] POLYZOTIS N, ROY S, WHANG S E, et al. Data management challenges in production machine learning[C]. Proceedings of the 2017 ACM International Conference on Management of Data. 2017:

1723-1726.

[4] HALEVY A Y, KORN F, NOY N F, et al. Managing Google's data lake: an overview of the Goodssystem[J]. IEEE Data Eng. Bull., 2016, 39(3): 5-14.

[5] BHARDWAJ A, BHATTACHERJEE S, CHAVAN A, et al.Datahub: Collaborative data science & dataset version management at scale[J]. arXiv preprint arXiv:1409.0798, 2014.

[6] GONZALEZ H, HALEVY A, JENSEN C S, et al. Google fusion tables: data management, integration and collaboration in the cloud[C]. Proceedings of the 1st ACM symposium on Cloud computing. 2010: 175-180.

[7] TERRIZZANO I G, SCHWARZ P M, ROTH M, et al. Data Wrangling: The ChallengingYourney from the Wild to the Lake[C]. CIDR. 2015.

[8] HALEVY A, KORN F, NOY N F, et al. Goods: Organizing Google's datasets[C]. Proceedings of the 2016 International Conference on Management of Data. 2016: 795-806.

[9] Deng D, Fernandez R C,Abedjan Z, et al. The Data Civilizer System[C]. CIDR. 2017.

[10] GAO Y, HUANG S, PARAMESWARAN A. Navigating the data lake with datamaran: Automatically extracting structure from log datasets[C]. Proceedings of the 2018 International Conference on Management of Data. 2018: 943-958.

[11] FERNANDEZ R C, ABEDJAN Z, KOKO F, et al. Aurum: A data discovery system[C]. 2018 IEEE 34th International Conference on Data Engineering (ICDE). IEEE, 2018: 1001-1012.

[12] CAFARELLA M J, HALEVY A, WANG D Z, et al.Webtables: exploring the power of tables on the web[J]. Proceedings of the VLDB Endowment, 2008, 1(1): 538-549.

[13] MIKOLOV T, SUTSKEVER I, CHEN K, et al. Distributed representations of words and phrases and their compositionality[C]. Advances in neural information processing systems. 2013: 3111-3119.

[14] PENNINGTON J, SOCHER R, MANNING C D. Glove: Global vectors for word representation [C]. Proceedings of the 2014 conference on empirical methods in natural language processing (EMNLP). 2014: 1532-1543.

[15] LE Q, MIKOLOV T. Distributed representations of sentences and documents[C]. International conference on machine learning. PMLR, 2014: 1188-1196.

[16] BLEI D M, NG A Y, JORDAN M I. Latent dirichlet allocation[J]. Journal of Machine Learning Research, 2003, 3: 993-1022.

[17] AMSTERDAMER Y, MILO T. Foundations of crowd data sourcing[J]. ACM SIGMOD Record, 2015, 43(4): 5-14.

[18] GOODFELLOW I, POUGET-ABADIE J, MIRZA M, et al. Generative adversaria lnets[J]. Advances in neural information processing systems, 2014, 27.

[19] CHOI E, BISWAL S, MALIN B, et al. Generating multi-label discrete patient records using generative adversarial networks[C]. Machine learning for healthcare conference. PMLR, 2017: 286-305.

[20] ZHOU Z H, LI M. Semi-supervised regression with co-training[C]. IJCAI. 2005, 5: 908-913

第3章　数据预处理

3.1　引　　言

数据是对客观世界及对象的一种符号化或数量化的描述与表示。从客观物理世界中获得数据的目的是从中获得能够进行挖掘与分析工作所需要的知识。通过对数据的采集和处理,可以达到获取信息与挖掘知识的目的。例如,气象局采集气象数据以预测天气,海洋生物学家采集海水样品以监测海洋生态的变化等。

随着科学技术的发展,目前可以采用的数据测量手段越来越多,同时可以获得的数据也越来越多。对于通过一定的测量和测试手段获取的数据,在进行挖掘与分析工作之前,数据本身会存在一定的问题。这些问题中有些是因数据自身的不良特性而产生,有些则因受限于获取数据的客观条件而产生。因此在对数据进行挖掘和分析工作之前,通常需要首先对数据进行一定的处理工作,以保证后续挖掘和分析的数据质量,即数据预处理。一个典型的数据预处理过程包括数据清洗、数据集成、数据转换和数据归约等步骤。通常情况下,为了检测和分析数据中所面临的问题,常常会借助数据的描述性汇总方法来观测数据的趋中趋势和散布性,以便分析和发现原始数据中可能存在的问题。

本章的内容安排如下：3.2 节介绍数据预处理相关的基本概念;3.3 节介绍用于检测和分析数据质量问题的数据汇总性描述方法;3.4 节介绍用于消除数据噪声的几类典型的数据清洗方法;3.5 节介绍数据集成相关的概念与方法;3.6 节介绍数据归约和转换相关的方法;3.7 节介绍在数据离散化中所用到的主要方法与技术。

3.2　数据预处理的基本概念

本节将介绍与数据预处理相关的基本概念,包括数据的基本概念、数据的属性,以及实际数据预处理工作中所面对的问题,并介绍数据预处理工作的主要内容。

3.2.1　数据的基本概念

数据是数据对象(data objects)及其属性(attributes)的集合。一个数据对象是对一个事物或者物理对象的描述。一个典型的数据对象可以是一条记录、一个实体、一个案例、一个样本等。而数据对象的属性则是这个对象的性质或特征,例如一个人的肤色、眼球颜色是这个人的属性,而某地某天的气温则是该地该天气象记录的属性特征。

表 3.1 给出了一个关于银行信用卡数据的例子。银行为控制信用卡欺诈风险,对信用卡用户提交的资料都会有记录,表中所示为其中一部分记录的示例。其中,每一行为一条记录,每条记录即一个数据对象,代表一个用户的资料。而每一行的序号、婚姻状态、计税收入、是否欺诈均为数据对象的属性。而每一条记录的某一列即该对象属性的属性值,如序号

为 1 的对象“婚姻状态”属性的值为“单身”。

表 3.1 数据的一个例子：信用卡用户的资料

序号	婚姻状态	计税收入(元)	是否欺诈
1	单身	130000	否
2	已婚	105000	否
3	单身	60000	是

属性值是对一个属性所赋予的数值或符号，是属性的具体化。一个属性可以映射为不同数值类型的属性值，如某人的身高可以是 1.73m，也可以是 173cm，或 1730mm。不同的属性可以映射到相同的属性值空间中，如年龄和序号都可以映射为自然数。受属性的性质影响，不同属性值性质也可能不同，如序号可以不断增长，但人的年龄却有最大值的限制。

属性具有不同的类别，可以按照属性值的类型将属性类别分为以下 4 种。

(1) 名称型属性(nominal)。如身份证号码、眼球颜色和邮政编码等。

(2) 顺序型属性(ordinal)。如比赛排名、学分成绩和身高等。

(3) 间隔型属性(interval)。如日期间隔、摄氏和华氏温度等。

(4) 比率型属性(ratio)。如百分比和人口比例等。

一个属性属于以上 4 种属性的哪一种，取决于属性的属性值是否满足下列 4 种性质：区别性、有序性、可加性和乘除性。名称型属性的属性值只满足区别性性质，即两个名称型属性的属性值可以判断相等或不等，但没有判断大小、加减乘除的意义。顺序型属性的属性值除了满足区别性属性之外，也满足有序性。间隔型属性的属性值满足区别性、有序性和可加性 3 种性质。比率型属性的属性值满足以上全部 4 种性质。

属性除了以上分类之外，还有离散属性和连续属性之分。离散属性只能从有限或可数的属性值集合中取值，通常可以用整数变量表示，如邮政编码、文档中的词数和身份证号码等。二进制属性是离散属性的一个特例。连续属性与离散属性相对，可以从不可数无穷多个属性值中取值，通常取值范围为实数。实际中，通常只用有限多位来表示一个数，因此连续属性在计算机中通常表示为浮点数。

以上介绍了数据对象属性和属性值的概念。与属性和属性值相同，数据也是多种多样的，根据数据的来源、用途和组织方式等可以将数据分成许多类型。这里根据数据的组织方式和相对关系将数据呈现为以下形式。

(1) 记录数据。这种数据由一条条的记录组成，如记录数据、数据矩阵、文档数据和事务数据等。

(2) 图数据。这种数据由记录(点)和记录之间的联系(边)组成，如万维网数据、化学分子结构数据等。

(3) 有序数据。这种数据的记录之间存在时间和空间上的序关系，如序列数据、时间序列数据和空间数据等。

记录数据是数据集由一条条记录组成的数据，每条记录具有相同的属性集合。记录数据是 SQL 数据库所使用的数据类型。表 3.1 所示的数据就是记录数据的一个例子，表中每一行代表一条记录，每条记录都有 4 个属性：序号、婚姻状态、计税收入和是否欺诈。

数据矩阵是记录数据的一种特例。当每个属性都是数值型属性的时候，这些数据对象就可以被看成空间中的点，每一个维度对应一个属性。这样的数据集可以用 $m \times n$ 的矩阵来表示，其中矩阵的行数 m 为记录的条数，矩阵的列数 n 为记录的属性个数。

文档数据是文档集合构成的数据集。在自然语言处理中，在“词袋模型”的假设下将一个文档中词出现的次数作为文档的属性是常见的做法。表 3.2 展示了一个文档集合的数据矩阵表示，其中每一行为一个文档，每一列代表文档中出现某个词的次数。

表 3.2　文档数据表示为数据矩阵：文档中词出现次数

文档序号	team	coach	play	ball	score	game	win	lost	timeout	season
文档 1	3	0	5	0	2	6	0	2	0	2
文档 2	0	7	0	2	1	0	0	3	0	0
文档 3	0	1	0	0	1	2	2	0	3	0

交易数据是记录数据的一种特例，在交易数据中，每一条记录(交易)中包含若干个物品。例如在超市的销售记录中，一笔销售记录包括一个序号和一个物品清单。表 3.3 展示了一个超市销售记录的例子，其中每一条记录是一笔销售。

表 3.3　交易数据的例子：超市销售记录

序　号	物　品
1	Bread，Coke，Milk
2	Beer，Bread
3	Beer，Coke，Diaper，Milk
4	Beer，Bread，Diaper，Milk
5	Coke，Diaper，Milk

图数据由点与点之间的连线构成，通常用来表示具有某种关系的数据，如家谱图、分类体系图和互联网链接关系等。在万维网中，网页通常表示为 HTML(超文本标记语言)格式，其中包含可以指向其他网页或站点的链接，如果把这些网页视为点，将链接视为有向边，则万维网数据可以看作一个有向图，如图 3.1 所示。化学分子结构可以视为无向图模型，其中每个点为原子，而其中的线为化学键，如图 3.2 所示。

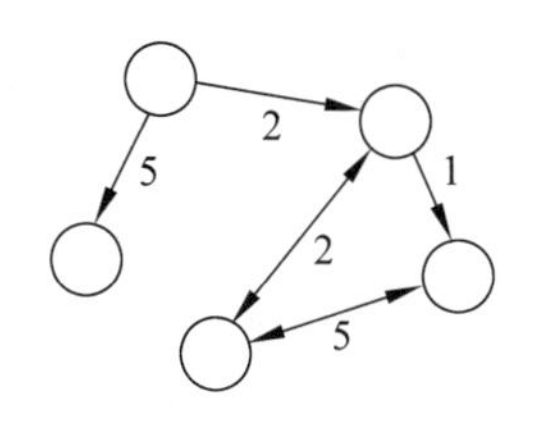


```
<a href="papers/papers.html#bbbb">
Data Mining </a>
<li>
<a href="papers/papers.html#aaaa">
Graph Partitioning </a>
<li>
<a href="papers/papers.html#aaaa">
Parallel Solution of Sparse Linear System of Equations </a>
<li>
<a href="papers/papers.html#ffff">
N-Body Computation and Dense Linear System Solvers
```

图 3.1　图数据的例子：万维网数据

有序数据是一种数据记录之间存在序关系的数据，这种序关系体现在前后、时间或者空间上。交易序列数据是一种特殊的有序数据，其中每一个数据都是一个交易序列。表3.4所示的超市销售记录序列数据中，每一行为一位顾客的购买记录序列，括号内是一次购买的物品清单，不同括号的先后顺序表示时间上的先后顺序。交易序列数据有助于挖掘在时间上具有先后的一些交易的性质，如重复购买（购买啤酒后常常会购买小孩的纸尿布），或关联商品（购买单反照相机后都会购买镜头）。

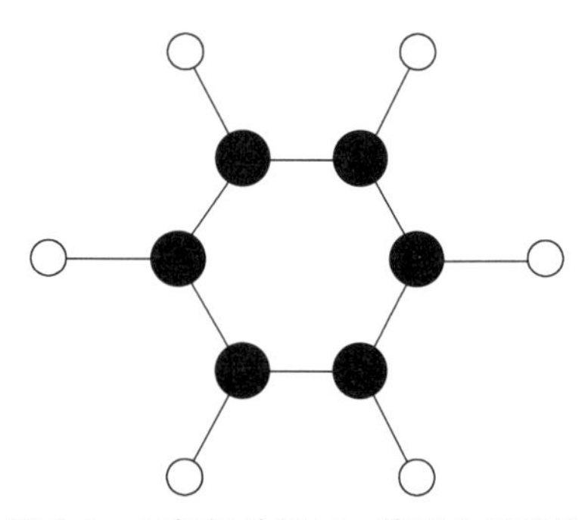

图3.2 图数据的例子：苯环分子结构

表3.4 交易序列的例子：超市销售记录

序　号	购买记录序列
1	(Bread，Coke)(Milk，Coke)(Bread)
2	(Beer，Bread)(Beer，Diaper)
3	(Beer，Coke，Diaper)(Milk)(Beer)
4	(Beer，Bread，Diaper)(Milk)
5	(Coke，Diaper，Milk)(Beer，Diaper)

有序数据还应用在许多其他领域，如生物学中的基因序列、气象学中的气象指数的时空数据等都属于有序数据的范畴。

图数据和有序数据在孤立数据的基础上增加了数据之间的关联性，因此具有比孤立数据更加丰富的信息。由于图数据和有序数据的组织形式的特殊性，通常称对图数据进行的数据挖掘为图挖掘(graph mining)，称对序列数据进行的数据挖掘为序列挖掘(sequence mining)。

3.2.2 为什么要进行数据预处理

为什么要进行数据预处理？最主要的原因是数据质量无法满足数据挖掘的要求，如数据可能具有某些不良特性，或者不符合后续挖掘的需要。高质量的数据挖掘结果离不开高质量的数据来源，为了让后续的数据挖掘可以更好地进行，可以对数据进行一些处理和变换，使得预处理后的数据能够满足数据挖掘的需要。

一般来说，高质量的数据应该满足准确性、完整性和一致性的特点。即数据应该准确反映所描述的事实，数据的属性应该是完整的，数据的每个属性应当以一致的原则来表示。遗憾的是，在现实世界中的数据往往不能够满足这些要求。现实世界中的数据有可能是不准确的，如温度、语音和图像等数据经常含有噪声，人工采集和录入的数据可能含有错误等。现实世界中的数据有可能是不完整的，数据的某些属性值可能是缺失的，数据可能没有所关心的某个属性。现实世界中的数据可能是不一致的，同一条数据的不同属性之间可能有着冲突的关系，如某个客户资料中显示他在1998年出生却在1997年获得博士学位；不同数据记录的同一属性可能具有不同的格式，如一部分学生的成绩可能是百分制分数，而另一部分学生的成绩却是以优秀、良好、通过、不通过来表示。

数据质量的低劣甚至有着来自现实的原因。由于采集数据时的想法与分析数据时的想法不一定相同,数据的某些属性可能会缺失;采集数据的软硬件可能出现漏洞,致使某些属性值丢失;人工采集数据时可能出现人为错误,被调查用户可能不愿意透露某些数据,这些原因都有可能导致数据的不完整性。同样,在数据的传输过程中可能没有采用无损的传输方式,在数据的采集中有可能没有很好地保存原始信息,这些都可能导致数据中含有噪声。当数据是从不同的源头进行采集时,不同时刻采集过程受到环境的影响,都可能产生数据不一致的现象。

除了以上所提及的数据一致性、完整性、准确性之外,人们通常还会关心其他一些数据质量问题,如时效性、可信性、有价值、可解释性和可访问性等,这里就不一一赘述了。

3.2.3 数据预处理的任务

数据预处理的主要任务包括数据清洗、数据集成、数据转换、数据归约和数据离散化等。

(1) 数据清洗。顾名思义,是对脏数据进行处理并去除这些不良特性的过程。脏数据是指包含噪声、存在缺失值、存在错误和不一致性的数据。通常来说,数据清洗的过程会填补缺失值、对有噪声的数据进行平滑处理、识别并移除数据中的离群点并解决数据的不一致性问题。

(2) 数据集成。是将不同来源的数据集成到一起的过程,这些数据可能来自不同的数据库、数据报表和数据文件。数据集成需要解决数据在不同数据源中的格式和表示的不同的问题并整理为形式统一的数据。

(3) 数据转换。是对数据的值进行转换的过程。在使用某些数据处理方法之前,如 k-均值聚类和贝叶斯分类,对数值进行转换非常必要。因为当数据的不同维度之间的数量级差别很大的时候,分类和聚类的结果会变得非常不稳定,这时通常会对数据进行规范化,对数据值进行统一的放缩。

(4) 数据归约。是对数据的表示进行简化的技术。数据归约使得表示非常复杂的数据可以以更加简化的方式来表示。数据归约可以使得数据处理在计算效率、存储效率上获得较大的提升,而不至于在挖掘分析性能上做出大的牺牲。

(5) 数据离散化。是对连续数据值进行离散化的过程。数据的传输、存储和处理过程都只能对有限位的数据值进行,所以数据离散化是计算机处理数据所必经的一个步骤。数据离散化有时也称为量化,数据在离散化过程中可能会损失部分信息,信息论中的率失真理论给出了量化过程中的信息损失与量化的位数的关系。

数据预处理相关的这些任务都服务于一个目的,即将不完整、不一致、不准确的数据造成的不利影响尽可能地消除,使得后续的数据挖掘工作能够得到高质量的结果。

3.3 数据的描述

当获得大量数据时,比起直接查看这些数据,人们通常更加关心这些数据在整体上具有什么样的特性。为了得到对于数据的整体认识,需要将数据以一定的方式描述出来。

本节将介绍描述数据的方法,包括描述数据中心趋势的方法如均值、中位数,描述数据的分散程度的方法如方差、标准差，以及数据的其他描述方法如散点图和参数化方法等。

3.3.1 描述数据的中心趋势

假设你是一门课程的教师，拿到了这门课程中学生的百分制成绩列表，你如何评价学生在这门课上的成绩水平？通常会想到首先看一看整体水平是什么样的，如何用一个数来评价学生的整体水平呢？一般会想到的是平均值(mean)，又称为均值或算术平均值(arithmetic mean)，其计算方式如下：

$$\bar{x} = \frac{1}{n}\sum_{i=1}^{n} x_i$$

例如，对于下列学生成绩列表，其算术平均值为81.6分，即平均分是81.6分。可以看出，学生的成绩分布大体在平均值附近。

67 98 76 78 70 82 91 85 84 85

如果其中一个同学没有好好复习，在考前打了一晚上游戏，结果考了12分，使得成绩列表变成了这样：

12 98 76 78 70 82 91 85 84 85

如果按照平均值计算，就会得出平均值为76.1分，但是仔细看一看这个成绩列表就会发现，比平均值低的只有3个同学，而有7个同学比平均值高，这个平均值并不能很好地反映整体水平，是因为这个考了12分的同学造成了这种现象。为了处理这种情况，可以使用截断均值(trimmed mean)，即不考虑离群值，用其他值计算平均值。使用截断均值来进行计算：去除第一个同学的分数，余下9个同学的分数平均值为83.2，这比较符合直观印象。

在诸如歌唱比赛、评标等打分环节中，为了避免评委个人的偏好与偏向对整体评分造成影响，通常使用去掉一个最低分，去掉一个最高分，用其他分数计算平均分的手段来进行打分，这就是一种形式的截断均值。

有时在计算平均值时并不希望将所有的数据等同看待，而是希望让一些数据比另一些数据更有代表性。例如在歌唱比赛中，有5名评委和10名观众(真正的选秀节目的观众数一般很多)，他们都可以对歌手进行打分，但是评委一般由专业歌唱家与著名艺人组成，其艺术鉴赏能力和权威性要明显高于一般观众，如果计算算术平均值显然是不适当的。这时可以使用加权算术平均值(weighted arithmetic mean)，其计算方式如下：

$$\bar{x} = \frac{\sum_{i=1}^{n} w_i x_i}{\sum_{i=1}^{n} w_i}$$

现在假设一名歌手演唱了一首欣赏难度较大的歌曲，评委对其的评价较好，但是曲高和寡，观众并不买账，打分状况可能就会出现下面的情况。

评委：90 85 80 75 95

观众：80 95 60 40 65 85 70 50 20 40

如果对这样的打分计算简单的算术平均值，就会得到68.7的平均分，这个分数并没有显示出该歌手的实际水平，这个打分方式显然并不合理。为了突出评委评分的权威性，同时不打击观众参与的积极性，主办方决定使用加权算术平均值来对歌手进行打分，评委评分的

权重 w_i 是观众评分的权重的 10 倍。这样计算出来的均值就是：

$$\bar{x}=\frac{\sum_{i=1}^{5}10x_i+\sum_{i=6}^{15}x_i}{\sum_{i=1}^{5}10+\sum_{i=6}^{15}1}=\frac{4855}{60}=80.9$$

这个分数既反映了评委在专业层面上对歌手的评分，又在一定程度上反映了歌手缺乏观众人气的现象，是更加合理的打分方式。

有些情况下，均值并不能给出正确的对数据的整体印象。如例 3-1 所示。

例 3-1 某公司的员工收入情况如下：

- 1 名 CEO 兼总裁，年薪 500 万；
- 5 名副总裁，人均年薪 100 万；
- 10 名总监，人均年薪 50 万；
- 40 名中层管理人员，人均年薪 25 万；
- 100 名普通员工，人均年薪 15 万。

该公司的全员平均年薪是 25.6 万，这样的统计数据给人们一种误导，大多数员工也会认为这个统计数据明显与身边的情况不同，他们看到的情况是几乎身边的所有人都会觉得自己的薪资比平均薪资低。这样一个薪资水平能够反映一个公司的一般情况吗？

答案显然是不能，平均薪资不足以反映这个公司的一般薪资状况。因此，可以使用中位数（median）和众数（mode）两种描述方式。

中位数是将数据排序后处于中间的数，如果数据值是奇数个，则中位数就等于中间的数；如果数据值是偶数个，则中位数等于中间两个数的平均值。使用中位数来描述例 3-1 中的薪资，可以得出该公司的薪资中位数为 15 万的结论。

众数是在数据中出现次数最多的数。使用众数来描述例 3-1 中的薪资，可以得出该公司的薪资众数为 15 万的结论。

如果数据不是离散型数据，而是连续型数据，那么中位数的意义就是累积概率分布函数值为 0.5 的点，该点前的概率密度函数的积分等于 0.5；而众数的意义则是使概率密度函数值最大的点，即最大的峰值对应的数据点。

众数、中位数和均值的关系如图 3.3 所示，对于仅有一个峰值的分布来说，三者之间的关系可以用一个经验公式来描述：

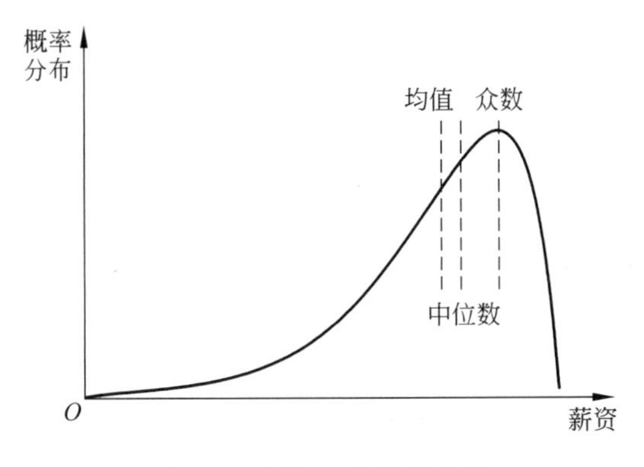

图 3.3 众数、中位数和均值

$$均值-众数=3\times(均值-中位数)$$

该公式并不一定总是成立，但是可以在一定程度上反映三者之间的关系。

3.3.2 描述数据的分散程度

除了需要了解数据的中心大体分布在哪里之外，通常还要关注数据的分散程度。回到本节开头的例子，假设你是一门课程的教师，你不仅仅希望了解全班同学成绩的一般水平，可能还希望知道全班同学的成绩之间相差很大还是相差较小，也就是数据的分散程度。

衡量数据的分散程度的一个很好的指标是分位数，α 分位数是从负无穷到某一点概率密度函数的积分(分布列求和)为 α 时那一点的值。比较常用的分位数为最小值(可以认为是 0 分位数)、0.25 分位数(Q_1)、中位数(0.5 分位数)、0.75 分位数(Q_3)和最大值(可以认为是 1 分位数)。

通过这些分位数可以定义一些描述数据分散度的指标。范围是最大值与最小值之差，它描述了数据分布在多大的范围中；中间四分位数极差(IQR)是 Q_3-Q_1，它反映了数据中心部分的分散程度；五数概要是上述 5 个分位数的整体，通常被用在箱线图中，用于形象表示数据的范围。

例如，对于下列学生成绩列表，其范围为 $98-67=31$ 分，其中间四分位数极差为 $85-76=9$ 分，其五数概要的箱线图表示如图 3.4 所示。从箱线图中可以看出，前 25%的学生成绩相差较大，而中间 50%的成绩分布相对比较集中。

67 98 76 78 70 82 91 85 84 85

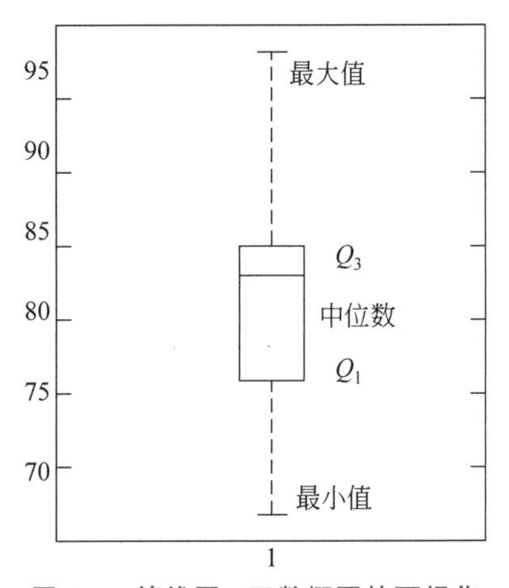

图 3.4 箱线图：五数概要的可视化

在箱线图中，有些数据点由于过于脱离整体，通常希望把它们单独表示出来，这些点称为离群点(outlier)。通常使用点与最近的中间四分位数的差来判断是否属于离群点，通常使用一个常数 k(经验值为 1.5)与中间四分位数极差的成绩来定义这个临界差值。即当数据不属于以下区间时，认为数据为离群点：

$$[Q_1-k(Q_3-Q_1),Q_3+k(Q_3-Q_1)]$$

衡量数据分散程度的另外两个常用的指标是方差和标准差。方差通常用 S^2 表示，是数据的平方误差的期望，样本的(无偏)方差的计算公式为：

$$S^2=\frac{1}{n-1}\sum_{i=1}^{n}(x_i-\bar{x})^2=\frac{1}{n-1}\left[\sum_{i=1}^{n}x_i^2-\frac{1}{n}\left(\sum_{i=1}^{n}x_i\right)^2\right]$$

标准差通常用 s 表示，标准差是方差的均方根值。正态分布是一种典型的概率分布，其概率密度函数可以使用均值 μ 和标准差 σ 两个参数来表示：

$$N(x)=\frac{1}{\sqrt{2\pi\sigma^2}}\mathrm{e}^{-\frac{(x-\mu)^2}{2\sigma^2}}$$

正态分布是分布比较集中的单峰分布，其主要的概率集中在均值附近，其中，$[\mu-\sigma,\mu+\sigma]$集中了 68%的概率，$[\mu-2\sigma,\mu+2\sigma]$集中了 95%的概率，$[\mu-3\sigma,\mu+3\sigma]$集中了 99.7%的概率。正态分布的概率分布如图 3.5 所示。

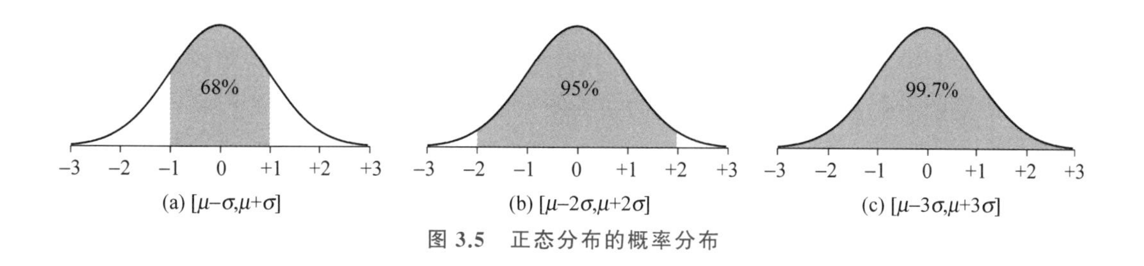

图 3.5　正态分布的概率分布

3.3.3　描述数据的其他方式

除了以上介绍的描述数据中心趋势和描述数据分散程度的描述方式外，还有一些其他数据描述方式能够揭示数据中的更多信息。下面介绍直方图、分位数图、Q-Q 图和散点图这几种数据描述方式。

直方图是一种用长方形表示数据分布的统计图形。直方图将数据的分布范围分为几个区间，并用面积表示每个区间的数量或频率分布。如在本节开始时的成绩分布的例子中，可以画出如图 3.6 这样的直方图。

从直方图可以看出数据在各个区间的分布情况，它比数据的均值和方差更直观地反映了数据的分布情况，通常比较数据值在不同区间上的差异时会使用直方图。

分位数图是一种反映在[0,1]区间内的分位数统计图形。其横轴为概率，通常为[0,1]区间；而纵轴为对应横轴的分位数。分位数图可以直观地看出中位数、上下四分位数等统计指标，也可以通过斜率看出数据的分布情况。分位数图上，斜率越低的地方分布越集中。如本节开始时的例子中，学生成绩的分位数图如图 3.7 所示。

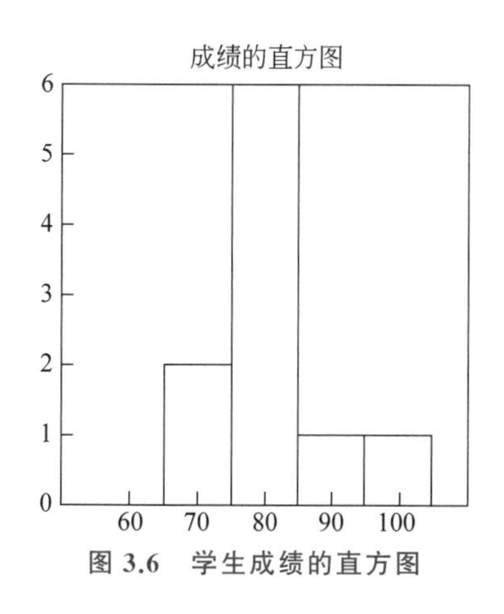

图 3.6　学生成绩的直方图

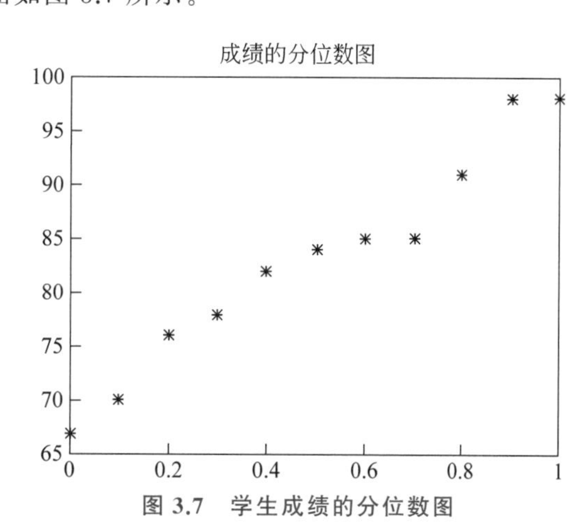

图 3.7　学生成绩的分位数图

与前两个统计图形不同，Q-Q 图和散点图不是描述一个概率分布的统计图形，它们是描述两个分布之间的统计关联的图形。

Q-Q 图(分位数-分位数图)是描述两个单变量分布的分位数的图，从 Q-Q 图上比较容易读出两个分布之间的偏移。Q-Q 图通常用在两个分布比较类似的情况，如一个行业不同品牌的售价分布的比较这样的场合。

对如下两个班的成绩列表，可以得到 Q-Q 图如图 3.8 所示。

A 班：67，98，76，78，70，82，91，85，84，85

B 班：61，68，67，78，82，84，85，88，97，98

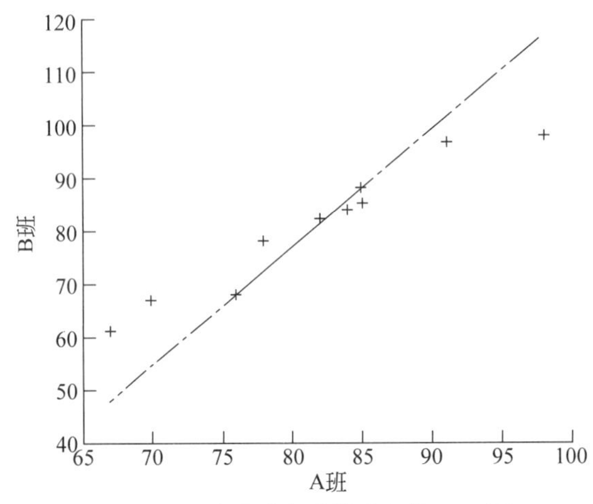

图 3.8 两个班学生成绩分布的 Q-Q 图

从图 3.8 中可以看出，在高分段和低分段中，B 班比 A 班分布都更集中一些。

散点图是一种用散点方式来描述数据在多个维度上分布的统计图形。通常用来通过在两个维度上将数据可视化表示，用以揭示数据在这两个维度上存在的相关关系。散点图中，每一个点对应一条数据记录，点对应的横纵坐标即对应数据在两个维度上的属性。图 3.9 展示了在两个维度有相关性时的散点图的例子，图 3.10 展示了两个维度不相关的散点图。

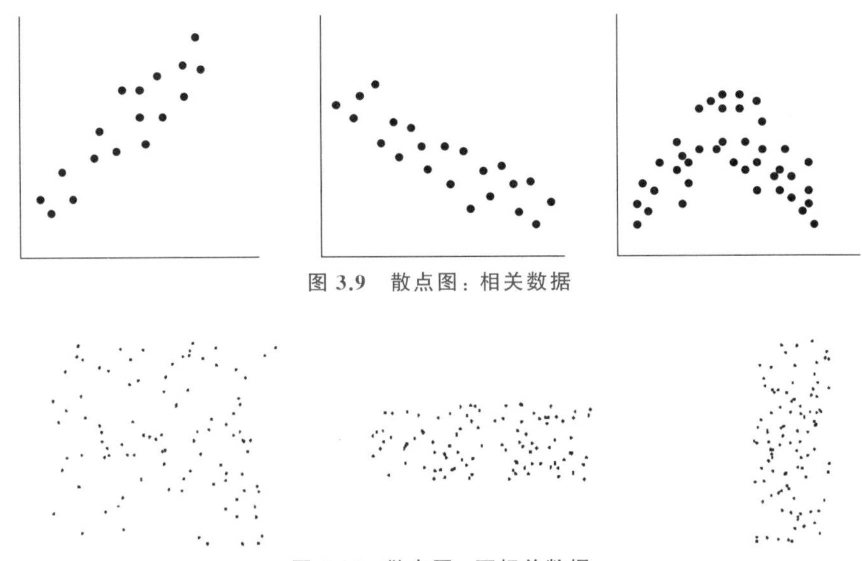

图 3.9 散点图：相关数据

图 3.10 散点图：不相关数据

散点图可以直观地反映两个变量之间是否存在相关与依赖关系，以及一个变量是否可以表示为另一个变量的函数。当一个变量可以近似表示成另一个变量的函数时，散点图可以帮助得出对两个变量依赖关系的直观判断。根据数据拟合两个变量之间依赖关系的过程称为回归分析,回归分析有参数化方法和非参数化方法两种,其中参数化方法需要对模型具有先验知识,这种先验知识可以通过对散点图的观察获得。

3.4 数据清洗

数据清洗是数据预处理中非常重要的一个环节,在这个环节中进行的任务包括填补数据中的缺失值,识别数据中的离群点,对有噪声数据进行平滑等。由于数据挖掘的质量很大程度上依赖数据本身的质量,而数据清洗在提升数据质量方面具有相当大的作用,因此数据清洗是数据挖掘中的重要步骤。

3.4.1 数据缺失的处理

由于很少能从现实世界中获得完美的数据,在数据预处理中,经常能够见到数据缺少某些属性值的情况。比如在一项调研中,受访者有时会拒绝填写个人收入这样比较敏感的数据,这就造成了数据缺失的情况。

数据缺失可能由各种原因导致,采集设备的故障可能会造成空白数据,一个属性可能与其他属性产生冲突而造成它被删除,数据在录入阶段可能出现误解而未能录入,在数据录入的时刻可能某个属性并不受重视而未被采集,采集数据的需求可能发生了变化造成数据属性集合的变化。这些林林总总的理由都可能导致数据值的缺失,以至于需要对这些数据进行分析时,部分数据很可能缺少某些重要的属性。

怎样处理缺失数据?最简单的处理方法是当数据的某个属性缺失时,丢弃掉整条数据记录。这种处理方式在许多时候是不得已而为之的策略,当缺失的属性值至关重要而且填补属性值的意义不大时,通常采取这个策略。例如,类别标签在有监督分类中是不可或缺的,当拿到一批数据进行有监督分类时,如果数据没有类别标签,这些数据就无法在训练或测试中使用,这时能够应对此类情况的最好策略就是丢弃这部分不完整的数据。

处理缺失数据的另外一种方式是人工填补缺失值,即对于某些缺失的属性,用人工的方式进行填补。人工填补的前提是数据存在一定的冗余,其缺失属性可以通过其他属性进行推断。人工填补的方式存在一些弱点,首先是数据填补的影响难以预计,受人的主观因素和知识背景的影响;其次是人工处理数据的规模受到人工成本的限制,难以处理较大规模的数据;以及当参与处理的人员过多时,填补的标准性难以得到保证。因此,人工填补仅仅应用在有限的情境下。

对于缺失数据采用较多的处理方式是自动对缺失值进行填补。自动填补数据最简单的办法对所有缺失某一属性的数据填补统一的值。例如,在客户调查数据中,收入属性的类型是整数,工作单位属性的类型是字符串,则可对未填写收入的所有客户的收入属性填补为0,对未填写工作单位的所有客户的工作单位属性填补为空字符串。许多数据库如MySQL数据库都提供了默认值功能,可以自动对缺失属性填充统一的默认值。

使用统一的值进行填充有时会带来问题,例如,在统计消费者的收入水平,分析消费者的消费能力时,将缺失的收入属性统一填充为0,就可能对统计结果造成偏差,对相关性的分析造成干扰。这时可以使用属性的均值对该属性的所有缺失值进行填补,这样可以减少对数据的干扰。图3.11展示了一个使用属性均值对属性的缺失值进行填补的例子。

名字	公司	工资(元/月)
Amy	A公司	13000
Alice	A公司	?
Mike	A公司	9000
Joey	B公司	5000
Tom	B公司	?
Zelda	B公司	3000

名字	公司	工资(元/月)
Amy	A公司	13000
Alice	A公司	7500
Mike	A公司	9000
Joey	B公司	5000
Tom	B公司	7500
Zelda	B公司	3000

图 3.11 使用平均值填补缺失数据

在图 3.11 所示的例子中，可能会提出一个疑问，从数据来看，A 公司的工资水平似乎比 B 公司要高一些，那么使用属性均值来估计，很可能 Alice 的工资被低估了，而 Tom 的工资被高估了。可以提出，为什么不用相同工作单位的平均工资水平来填补缺失值呢？

图 3.12 所示的例子中，使用 Amy 和 Mike 的工资平均值来填补 Alice 的工资属性，使用 Joey 和 Zelda 的工资平均值来填补 Tom 的工资属性。经过这样的填补，数据变得更加一致，也更加符合常识。还可以利用同类别属性的其他统计特性，如中位数、众数等。

名字	公司	工资(元/月)
Amy	A公司	13000
Alice	A公司	?
Mike	A公司	9000
Joey	B公司	5000
Tom	B公司	?
Zelda	B公司	3000

名字	公司	工资(元/月)
Amy	A公司	13000
Alice	A公司	11000
Mike	A公司	9000
Joey	B公司	5000
Tom	B公司	4000
Zelda	B公司	3000

图 3.12 使用同类别数据的属性平均值填补缺失数据

更进一步地，可以通过更加智能的方式利用更加丰富的信息来处理缺失值，可以将缺失值本身作为预测的对象，通过一些存在的属性来对缺失值进行预测。例如，可以通过客户的工作单位、学历水平、存款的多少、不动产的状况来对客户的收入进行预测。可以采用的预测方法有线性回归、决策树模型和最大似然估计等。

3.4.2 数据清洗

数据噪声是指数据中存在的随机性错误和偏差，许多原因可能导致这些错误与偏差。其中，数据采集中一些客观因素的制约带来了数据噪声。数据采集设备可能具有缺陷和技术限制。例如，在数码相机中使用的 CCD(电荷耦合设备)图像传感器本身可能具有暗电流和热噪声，不可避免地造成图像中的噪声，这种情况在暗光条件下表现得尤为突出。数据传输中信道一般是有失真的。例如，在模拟电视信号的传输中，像素的亮度等信息都是采用模拟方式调制的，这使得模拟电视信号容易出现色度损失、变形、抖动和串扰等情况。同时，数据采集过程中的人为错误也会引起噪声，如数据录入中的读数误差、对于数据的命名约定不一致等情况都会造成错误的数据值。

在数据挖掘领域中，为了保证数据预处理工作的高效，为了处理噪声数据，通常用到的方法是分箱、聚类分析和回归分析等，有时也会将计算机决策与人的主观判断相结合。

分箱是一种将数据排序并分组的方法，通常使用的分箱方式有等宽分箱和等频分箱。所谓等宽分箱，是用同等大小的格子来将数据范围分成 N 个间隔，箱宽为：

$$W=\frac{\max(\text{data})-\min(\text{data})}{N}$$

等宽分箱比较直观和容易操作，但是对于有尾分布的数据，等宽分箱并不是太好，可能出现许多箱中没有样本点的情况。另一种分箱方式是等频分箱，又称为等深分箱，这种分箱方法将数据分成 N 个间隔，每个间隔包含大致相同的数据样本点数，这种分箱方法具有较好的可扩展性。

将数据分箱后，可以用箱均值、箱中位数和箱边界来对数据进行平滑，平滑可以在一定程度上削弱离群点对数据的影响。下面用一个例子来说明使用分箱处理噪声数据。

例 3-2 对如下数据采用分箱方式进行平滑：4,8,9,15,21,21,24,25,26,28,29,34。

数据共有 12 个样本，故可以将其分成等频的 3 个箱，每个箱中有 4 个样本。

箱 1：4,8,9,15

箱 2：21,21,24,25

箱 3：26,28,29,34

使用箱均值进行平滑，用每个箱中数据的均值来代替每个数据。

箱 1：9，9，9，9

箱 2：22.75，22.75，22.75，22.75

箱 3：29.25，29.25，29.25，29.25

使用箱中位数进行平滑，用每个箱中数据的中位数值来代替每个数据。

箱 1：8.5，8.5，8.5，8.5

箱 2：22.5，22.5，22.5，22.5

箱 3：28.5，28.5，28.5，28.5

使用箱边界进行平滑，用每个箱边界中距离数据样本点最近的边界值来代替数据样本点。

箱 1：4，4，4，15

箱 2：21，21，25，25

箱 3：26，26，26，34

聚类分析是一种将相似数据聚在一起，将不相似的数据分开的过程。聚类通常用来发现数据中隐藏的结构，在没有标注的情况下将数据分为一些类别，通过聚类分析还可以发现数据中的离群点等信息。聚类的一个例子如图 3.13 所示，在图中数据点被分为三个数据簇(cluster)。

在数据清洗中，可以对数据进行聚类，然后使用聚类结果对数据进行处理，如舍弃离群点、对数据进行平滑等。对数据进行平滑的方法类似于分箱，可以采用中心点平滑、均值点平滑等方式来处理，这里不再赘述。

回归分析是一种确定变量依赖的定量关系的分析方法。在正确的建模下，回归分析可以揭示数据变量之间的依赖关系，通过回归分析进行的预测能够比较接近数据的真实值。图 3.14 所示是一种简单的回归分析——线性回归的一个示例。

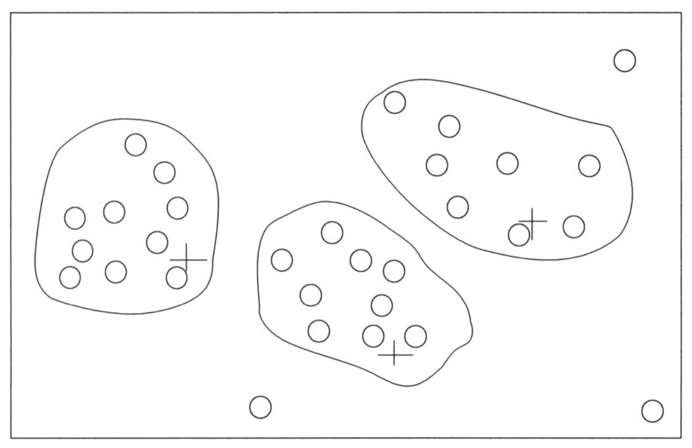

图 3.13　聚类(示意图)

对于建立好的回归分析模型,可以使用参数估计方法对模型参数进行估计。如果具有对数据的某种先验知识,使得模型符合数据的实际情况,并且参数估计是有效的,就可以使用回归分析的预测值来代替数据的样本值,以削弱数据中的噪声,并降低数据中离群点的影响。

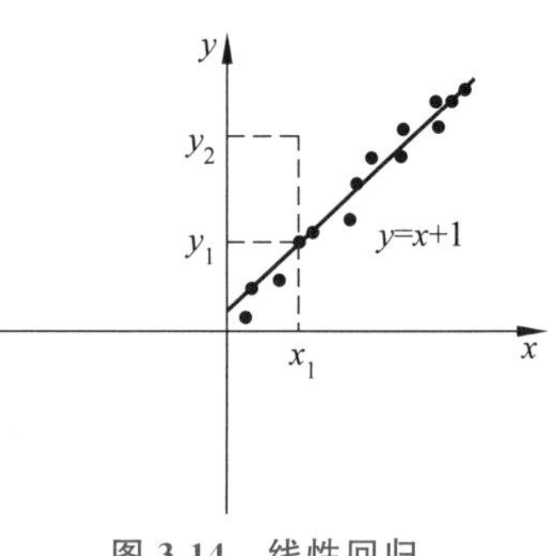

图 3.14　线性回归

数据清洗的过程通常是由两个过程的交替迭代组成的：数据异常的发现和数据的清洗。对于数据首先需要进行审查,根据先验知识如数据的取值范围、数据依赖性、数据的分布、数据的唯一性、连续性和空/非空性质等,可以发现数据中存在的异常现象。在发现数据异常后,使用数据清洗方法对数据进行转换。数据转换可以使用专门的数据迁移工具进行,通常称为ETL(Extract，Transform，Load)工具。

3.5　数据集成和转换

3.5.1　数据集成

数据集成是将不同来源的数据整合并一致地存储起来的过程。不同来源的数据可能有不同的格式、不同的元信息和不同的表示方式等。当需要对这些数据进行统一处理时,首先需要将它们变成一致的形式。通常这个过程牵涉到数据架构的集成,处理属性值冲突,处理数据冗余,对数据进行转化等处理过程。下面介绍数据集成过程中两个主要的问题：数据冗余和数据转换。

3.5.2　数据冗余

在多源数据的集成过程中经常会遇到数据冗余的问题,数据冗余可能由许多技术和业务上的原因导致,同一属性或对象在不同的数据库中的名称可能是不同的,某些属性可能是由其他属性导出的,这些原因都可能导致数据的冗余。

数据的冗余性可以通过对数据进行相关性分析发现，对发现的数据冗余进行处理，可以消除和避免冗余性，进而提高数据挖掘的效果和效率。下面介绍两种数据相关性的分析工具——皮尔森相关系数和卡方检验。

1）皮尔森相关系数

皮尔森相关系数计算两个数值向量之间的相关性，其计算方法如下：

$$r_{A,B}=\frac{\sum_{n=0}^{N-1}(A[n]-\bar{A})(B[n]-\bar{B})}{(n-1)\sigma_A\sigma_B}=\frac{\sum_{n=0}^{N-1}A[n]B[n]-n\bar{A}\bar{B}}{(n-1)\sigma_A\sigma_B}$$

其中，$\bar{A}=\frac{1}{N}\sum_{n=0}^{N-1}A[n]$，$\bar{B}=\frac{1}{N}\sum_{n=0}^{N-1}B[n]$为样本均值，$\sigma_A$ 为A向量的无偏标准差，σ_B 为B向量的无偏标准差。当相关系数大于0时，称两个向量正相关；当相关系数小于0时，称两个向量负相关；当相关系数等于0时，称两个向量不相关。容易得出，相关系数的取值范围是[−1,1]。图3.15用不同相位的余弦函数展示了皮尔森相关系数的一个例子。

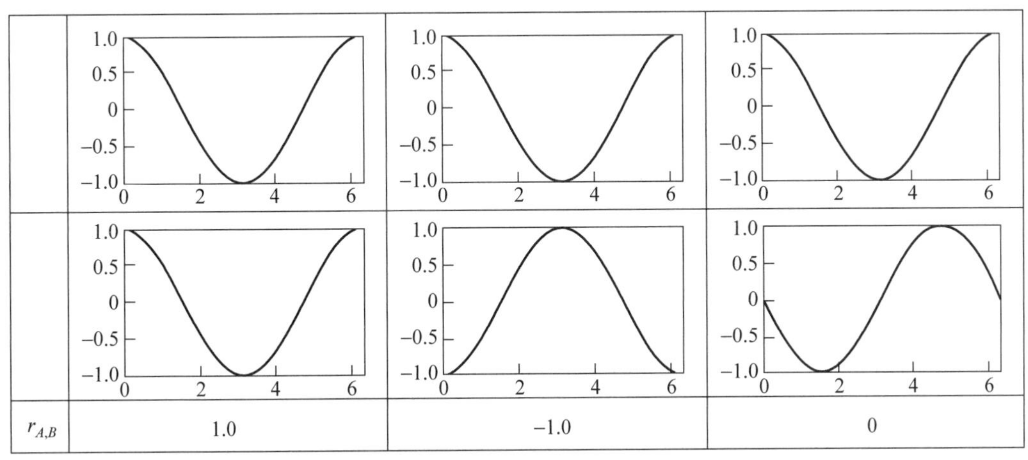

图3.15 皮尔森相关系数

2）卡方检验

对于非数值型的变量，计算其相关性可以使用卡方检验方法进行，卡方检验的计算方式为：

$$\chi^2=\sum\frac{(O_i-E_i)^2}{E_i}$$

其中，求和是对每一种不同的变量取值情形进行的，O_i 是实际观测到的概率，而 E_i 是在变量彼此独立的假设下该情况发生概率的估计。

例3-3 某社交网站的用户习惯调查中收集了1000名用户对于“是否喜欢下国际象棋”和“是否喜欢科幻小说”的回应，分析用户这两种喜好之间是否存在相关关系。

喜欢下国际象棋且喜欢科幻小说的有300人；

喜欢下国际象棋且不喜欢科幻小说的有50人；

不喜欢下国际象棋且喜欢科幻小说的有150人；

不喜欢下国际象棋且不喜欢科幻小说的有500人。

在两个变量独立的假设下：

$$E(\text{喜欢下国际象棋且喜欢科幻小说})=P(\text{喜欢下国际象棋})P(\text{喜欢科幻小说})$$

$$P(\text{喜欢下国际象棋})\approx\frac{300+50}{1000}=0.35$$

$$P(\text{喜欢科幻小说})\approx\frac{300+150}{1000}=0.45$$

而在实际观测下：

$$O(\text{喜欢下国际象棋且喜欢科幻小说})\approx\frac{300}{1000}=0.3$$

类似地，可以计算出每个格子对应的 O_i 与 E_i，数据分布的卡方统计量为：

$$\chi^2=\frac{(300-157.5)^2}{157.5}+\frac{(150-292.5)^2}{292.5}+\frac{(50-192.5)^2}{192.5}+\frac{(500-357.5)^2}{357.5}\approx 361$$

计算出统计量后，结合卡方统计量的分布，就可以通过假设检验判断变量间的相关性是否成立。在这里可以不严格地看出，这两个变量间还是存在一定的相关关系的。

在对数据进行相关性分析时，需要注意的是，相关性并不意味着因果关系。例如，一个城市居民购买节能灯泡的总数量和当地政府的节能宣传的总开支可能存在相关关系，但是并不一定构成因果关系，因为这两者可能都与城市的人口数量成正相关关系。把相关关系错当成因果关系可能会得出荒谬的结论。

3.5.3 数据转换

数据在集成过程中很多情况下需要进行转换，数据转换包括平滑、聚合、泛化、规范化、属性和特征的重构等操作。

(1) 数据平滑。数据平滑是将噪声从数据中移除的过程。数据平滑通常是对数据本身进行的，如在连续性的假设下，对时间序列进行平滑，以降低异常点的影响；数据平滑有时也指对概率的平滑，例如在自然语言处理中常用的 n 元语言模型中，对于未在训练样本中出现过的词组一般不能赋予零概率，否则会使整句话概率为 0，对这些词赋予合理的非零概率的过程也称为数据平滑。

(2) 数据聚合。数据聚合是将数据进行总结描述的过程。数据聚合的目的一般是为了对数据进行统计分析，数据立方体和在线分析处理(OLAP)都是数据聚合的形式。

(3) 数据泛化。数据泛化是将数据在概念层次上转化为较高层次的概念的过程。例如，将一个词语替换为词语的同义词的过程，将分类替换为其父分类的过程等都是数据泛化。

(4) 数据规范化。数据规范化是将数据的范围变换到一个比较小的、确定的范围的过程。数据规范化在一些机器学习方法的预处理中比较常用，可以改善分类效果和抑制过学习。常用的数据规范化方法有最小最大规范化、z-score 规范化和十进制比例规范化等。最小最大规范化是用数据的最小最大值将数据转化到某一区间的方法，如下的公式是最小最大规范化的例子，它将数据映射到 [0,1] 区间：

$$x'=\frac{x-x_{\min}}{x_{\max}-x_{\min}}$$

z-score 规范化使用数据的均值 μ 和标准差 σ 来将数据转化到某个区间，如下的公式为

z-score 标准化的例子，规范化后的数据均值为 0，标准差为 1。

$$x' = \frac{x - \mu}{\sigma}$$

十进制比例规范化使用数据绝对值的极值进行规范化，对数据仅使用十进制放缩的方式进行规范化。如要将 564，46，－234，－19 这几个数进行规范化，其绝对值的极值为 564，要将其规范化到[－1，1]区间，对所有数据除以 1000，即大于极值的最小的 10 的整数次幂。规范化的结果为 0.564，0.046，－0.234，－0.019。十进制比例规范化只须移动小数点的位置，在一些应用中比较容易实现。在数字信号处理中，规范化经常会采用类似的二进制比例规范化，因为这种操作仅需移位运算。

特征构造是根据需要，利用数据中已经有的属性来构造新的属性的过程。

3.6 数据归约和变换

3.6.1 数据归约

在实际应用中，数据仓库可能存有海量数据，在全部数据上进行复杂的数据分析和挖掘工作所消耗的时间和空间成本巨大，这就催生了对数据进行归约的需求。数据归约是用更简化的方式来表示数据集，使得简化后的表示可以用较少的数据量来产生与挖掘全体数据类似的效果。

数据归约可以从几个方面入手：如果对数据的每个维度的物理意义很清楚，就可以舍弃某些无用的维度，并使用平均值、汇总和计数等方式来进行聚合表示，这种方式称为数据立方体聚合；如果数据只有有些维度对数据挖掘有益，就可以去除不重要的维度，保留对挖掘有帮助的维度，这种方式称为维度归约；如果数据具有潜在的相关性，那么数据实际的维度可能并不高，可以用变换的方式，用低维的数据对高维数据进行近似的表示，这种方式称为数据压缩；另外一种处理数据相关性的方式是将数据表示为不同的形式来减小数据量，如聚类、回归等，这种方式称为数据块消减。

以下分别对这些数据归约方法进行介绍。

1. 数据立方体聚合

数据立方体是一种数据表示和分析的工具，它将数据表示为多维的矩阵，可以对数据进行聚合运算如计数、求和和求平均值等操作。数据立方体将在第 3 章中详细介绍。

利用数据立方体可以对数据进行归约，从而得到能够解决问题的数据的最小表示方式。图 3.16 展示了数据立方体聚合的一个例子，对于一张员工工资列表，如果希望挖掘不同公司中学历与工资的关系，可以使用数据立方体来将数据表示成图中右边表格的方式，约简后的数据相比源数据的数据量大大减少。

2. 特征选择

特征选择在数据预处理和迭代调整的学习中都有较多的使用，目的是对于给定数据挖掘任务，选择效果较好的较小特征集合。在预处理中，特征选择通常希望能使得在选择出的特征集合下的类别的概率分布能够尽量接近在全部特征下的类别的概率分布，这是为了权

名字	公司	学历	月工资
Amy	A公司	硕士	13 000
Alice	A公司	本科	10 000
Mike	A公司	本科	9000
Joey	B公司	硕士	5000
Tom	B公司	本科	4000
Zelda	B公司	本科	3000

归约

平均月工资		学历	
		硕士	本科
公司	A	13 000	9500
	B	5000	3500

图 3.16　数据立方体聚合

衡空间复杂度、时间复杂度和数据挖掘效果的折中。

在原始的特征有 N 维的情况下，特征子集的可能情况有 2^N 种情形，在 N 较大的情况下对这些情形一一考察其好坏是不现实的。通常使用启发式的方法进行特征选择，如前向特征选择、后向特征消减以及采用决策树归纳进行特征选择等。

前向特征选择是通过选择新的特征添加到特征集合中，使得扩充后的特征集合具有更好的特性。对于特征的衡量可以使用条件独立性，在已有特征集合的条件下，通过显著性检验来确定与类别最相关的特征。在迭代调整的学习中，一种前向特征选择的方法是随机向特征集合中添加特征，如果结果有改善则保留特征，否则就不采用新添加的特征，重新进行挑选。

后向特征消减是通过从特征集合中取出最差的特征，使得新的特征集合具有更好的特性。最佳的特征选择方法一般会结合重复地使用前向和后向特征选择方法，通过迭代调整来确定较好的特征集合。

决策树归纳方法进行特征选择是借助决策树构建来选择较小特征集合的方法。决策树是一种树状的分类模型，样例在每一个非叶子结点进行对一个属性的判断，每个指向子孙结点的路径代表一种属性值的情形，叶子结点为最终判断的类别。决策树的构建中，优先选择最好的特征来作为根结点，然后对于每种可能的情形，递归地建立子树，如果某种情形的样例集合只包含一种类别，就可以用类别标签作为叶子结点，停止子树的生长。如果建立的完整决策树不包含某些特征，就意味着不使用这些特征即可完整地描述数据的分类模型，因此可以使用决策树中非叶子结点的特征作为约简的特征集合。另外，使用剪枝方法，或限制决策树生长的层数，也可以限制决策树使用的特征数量，得到比较重要的特征作为约简的特征集合。

3. 数据压缩

数据压缩是在尽量保存原有数据中信息的基础上，用尽量少的空间表示原有的数据。数据压缩分为有损压缩和无损压缩，有损压缩后的数据信息量少于原有的数据，因而无法完全恢复成原有的数据，只能以近似的方式恢复；无损压缩没有这一限制，从压缩后的数据可以完全恢复原有数据。

无损压缩一般用于字符串的压缩，被广泛应用在文本文件的压缩中。在信息论领域，这一问题在信源编码中得到了深入研究，如哈夫曼提出的具有理论意义的 Huffman 编码，以及广泛使用于 gzip、deflate 等软件中的 LZW 算法(由 Abraham Lempel、Jacob Ziv 和 Terry Welch 提出，基于该算法的专利在 2003 年 6 月 20 日后失效)等都是无损压缩方法。

在图像和音视频压缩中通常使用有损压缩，在图像压缩中常见的离散小波变换就是一种有损压缩，仅仅保存很少一部分较强的小波分量，可以在图像质量无明显下降的情况下获得相当高的压缩率。

主成分分析(Principal Component Analysis，PCA)是一种正交线性变换，它将数据通过正交变换到新的坐标系中，其中第一个分量有最大的方差，第二个分量有第二大的方差，以此类推，数据主要的能量集中在前几个分量中。主成分分析可以帮助人们了解数据的结构，通常应用在处理维数较多的数值型数据中。

4. 其他数据归约方法

除了以上提到的方法之外，还可以对数据进行不同形式的表示，以减小数据量。一般可以将这些方法分为参数式方法和非参数式方法。参数式方法使用模型对数据进行描述，通过一定的准则(如最小错误概率准则、最小二乘准则、最大似然准则和最大后验概率准则等)来估计最佳参数，参数估计完成后，就不再使用原始数据，而是使用模型和参数来描述数据。非参数式方法不使用模型来描述数据，而是直接对数据进行转换，如采样、聚类和直方图统计等。

回归分析是一种典型的参数式方法，回归分析的一般表达式如下：

$$Y=F(X;\beta)+E$$

其中，F 为模型的表达式，X 为自变量，Y 为因变量，β 为模型的未知参数，E 为误差，X、Y、β、E 都可以是标量或矢量。回归分析的目的就是在一定条件下估计最好的参数 β。根据不同的应用问题和估计方法，通常对误差 E 有不同的假设。例如，在信号处理中经常会假设误差是高斯白噪声，各分量服从正态分布 $N(0,\sigma)$，且各分量彼此不相关，在最大似然准则下，估计 β 的问题就变成了：

$$\beta=\underset{\beta}{\operatorname{argmax}}\, p(Y;\beta,X)$$

$$\beta=\underset{\beta}{\operatorname{argmax}}\frac{1}{\sqrt{(2\pi)^n\sigma^{2n}}}\prod_i \exp\left(-\frac{1}{2}\left(\frac{y_i-f_i(X;\beta)}{\sigma}\right)^2\right)$$

$$\beta=\underset{\beta}{\operatorname{argmin}}\sum_i (y_i-f_i(X;\beta))^2$$

即最小化误差的平方之和。最后的表达式称为最小二乘方法，高斯在1795年就曾经使用该方法研究行星运动。最小二乘方法最大的特点在于不对误差的概率分布做假设，因此可以广泛地适用于各种回归模型。

回归分析中一类最简单的模型是线性模型，使用线性模型进行的回归分析称为线性回归。线性回归的模型如下：

$$Y=\beta^{\mathrm{T}}X+\beta_0$$

一元线性回归的模型为：

$$y=\beta_1 x+\beta_0$$

一元线性回归在平面上表现为一条直线，图3.14是线性回归的一个示例。

直方图是一种对数据的可视化描述方法，它将数据分箱后统计每个箱中数据的计数(总和/平均)，分箱方法有等宽分箱与等频分箱等。使用直方图来对数据进行归约后，仅仅存储每个箱中数据的计数，图3.6是直方图的一个示例。

聚类是根据数据相似性将数据聚成簇的方法,聚类分析在前文中已经介绍过,会在后面进行更详细的介绍。使用聚类进行数据归约后,仅仅存储聚类中心、类半径等数据。图 3.13 是聚类的一个示例。

采样方法是仅仅抽取数据的一个子集来代表数据的方法,它直接从数量上对数据量进行消减。最简单的采样方法是简单随机采样(SRS),即随机地从所有 N 个数据中抽取 M 个数据。简单随机采样分为有放回的简单随机采样(SRSWR)和无放回的简单随机采样(SRSWOR),两者的差别在于从总体数据中拿出一个数据后,是否将这个数据放回,图 3.17 是这两种简单随机采样的一个示例。有放回的简单随机采样得到一份样本的概率为:

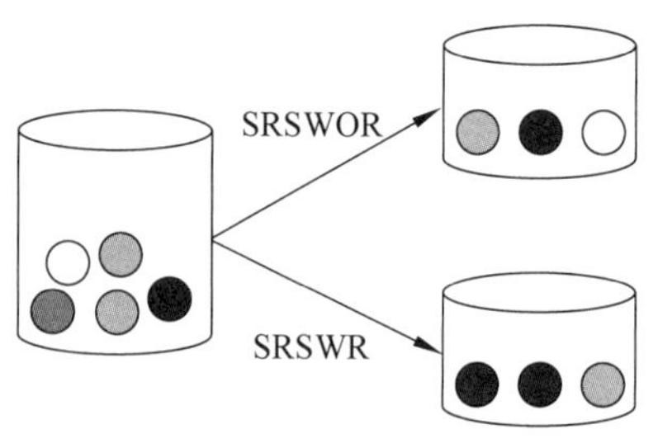

图 3.17　简单随机采样

$$P=\frac{1}{N^M}$$

而无放回的简单随机采样得到一份样本的概率则为:

$$P=\frac{1}{N}\times\frac{1}{N-1}\times\cdots\times\frac{1}{N-M+1}=\frac{(N-M)!}{N!}$$

在数据分布非常不对称的情况下,简单随机采样可能产生非常差的效果,这时可以使用更具适应性的采样方法如分层采样将数据分层,并根据每层的比例在该层中采样。

3.6.2　数据离散化

计算机存储器无法存储无限精度的值,计算机处理器也不能对无限精度的数进行处理,因此在数据预处理中需要进行数据的离散化。另外,某些数据挖掘方法需要离散值的属性,这也催生了对数据进行离散化的需要。

数据离散化是对数据的属性值进行的预处理,它将属性值划分为有限个部分,之后使用这个部分的标签来代替原来的属性值。实际上,所有采集到存储器中的数据都已经经过了离散化,这里提到的数据离散化是指显式地对数据的属性值划分部分并将属性的值替换为所属部分的标签。数据离散化的方法主要有分箱、聚类、自顶向下拆分、自底向上合并等。

使用分箱的数据离散化方法是通过先将属性值分箱,再将属性值替换为箱标签的离散化方法;使用聚类的数据离散化方法是先将属性值聚类,再使用类标签作为新的属性值的离散化方法。分箱和聚类在本章都介绍过,这里不再赘述。下面介绍三种通过拆分和合并来进行数据离散化的方法:基于信息增益的离散化、基于卡方检验的离散化和基于自然分区的离散化。

1. 基于信息增益的离散化

在进行数据离散化的过程中,如果关注点主要在于属性值的离散化能够有助于提高分类的准确性,那么可以使用信息增益来进行数据离散化。这种离散化方法是一种自顶向下的拆分方法,从属性值的整体 S 开始,使用一个边界 T 来对属性值进行划分,如果属性值划分成了 n 个分区,分别为 $S_0,\cdots,S_{n-1}$,那么 S 被 T 划分的信息增益就是:

$$I(S,T)=\text{Entropy}(S)-\sum_{i=0}^{n-1}\frac{|S_i|}{|S|}\cdot\text{Entropy}(S_i)$$

熵(Entropy)用来衡量一个集合的混乱程度,如果数据有 m 个分类,那么一个集合 S_i 的熵是:

$$\text{Entropy}(S_i)=-\sum_{j=1}^{m}p_j\log_2(p_j),\text{其中}p_j=\frac{|\{x\in S_i\mid x\in \text{Class}_m\}|}{|S_i|}$$

选择使得信息增益 $I(S,T)$最大的边界 T,可以使得属性值离散化带来的对分类信息的损失最小,同样的过程可以适用于子分区,这样一直分下去,直到满足停止的条件。

2. 基于卡方检验的离散化

在 3.5.2 节中曾提到卡方检验,它是通过两个变量的联合分布来衡量它们是否独立的一种统计工具。在数据离散化中也可以引入这种思想,对于一个属性的两个相邻的取值区间,"属性值处于哪一个的区间"与"数据属于哪一个类别"这两个变量的独立性可以表明是否应该合并两个区间。如果两个变量独立,那么属性值在哪个区间是不影响分类的,意味着这两个区间可以合并。

因此可以提出如下自底向上的区间合并算法来对数据进行离散化:每次寻找相关性最小的两个相邻区间进行合并,循环运行直到停止条件。

算法 3.1　基于卡方检验的数据离散化

ChiMerge(D)
输入:数据 $D=\{d_1,d_2,\cdots,d_n\}$。
输出:区间 $I_1,I_2,\cdots,I_m$。
(1) 将数据 D 的属性 A 的每个不同的属性值都视为一个单独的区间,即区间 $I_1,I_2,\cdots,I_n$。
(2) 对于相邻的区间 I_i,I_{i+1},对其中数据进行卡方检验,卡方检验的变量是所属区间和所属类别。
(3) 若(2)中所得的最小卡方值对应的区间对是 I_k,I_{k+1},而且未到终止条件,则合并两个区间,重新编号,重复进行第(2)步。
(4) 算法结束,将合并后的区间返回。

3. 基于自然分区的离散化

在实际问题中有时也会采用一些经验性的方法,如自然分区法,即 3-4-5 规则。这种方法将数值型的数据分成相对规整的自然分区,规则如下:

(1) 如果一个区间包含的不同值的数量的最高有效位是 3、6 或 9,将该区间等宽地分为 3 个区间;

(2) 如果最高有效位是 2、4 或 8,将该区间等宽地分为 4 个区间;

(3) 如果最高有效位是 1、5 或 10,将该区间等宽地分为 5 个区间。

这种方法很难说有比较科学的依据,但是简便易行,可以作为实践的参考。图 3.18 展示了 3-4-5 规则的一个例子,展示了对一个属性值进行自然分区的操作过程。

3.6.3 概念层次生成

在数据仓库中,数据的属性有时是以层次的方式表示出来的,典型的具有层次关系的属性是地理位置相关的属性,如国家、省、市、街道等属性。这些概念之间的层次关系十分重

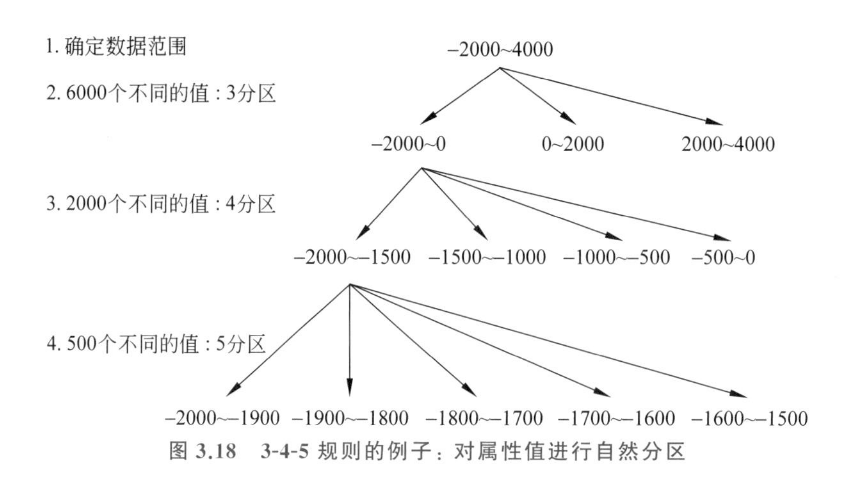

图 3.18　3-4-5 规则的例子：对属性值进行自然分区

要，也被用于许多数据仓库的操作和其他数据挖掘场景，如关联分析。

概念的层次一般是由用户或专家显式地人工指定的一些偏序关系，概念的层次也可通过系统对数据的分析自动生成。

一个简单的自动生成概念层次的方法是根据不同的属性值的数量来判断属性的概念层次，具有最多不同属性值的属性的概念层次最低。例如，在数据中有 3 个不同的国家，53 个不同的省份，2831 个不同的城市，203453 条不同的街道，那么可以推断概念层次从高到低依次为国家、省份、城市、街道。但是这样仅仅依靠数量判断的方法过于武断。例如，某个日期是星期几这一属性比某个日期是哪个月这个属性拥有更少的属性值(7<12)，但是这两个属性并不具有严格的包含关系，月甚至应当视为星期的上层属性。本章参考文献[5]对概念层次和概念层次的自动生成给出了一些方法与概述。

3.7　小　　结

数据是数据对象及其属性的集合。属性值是对一个属性所赋予的数值或符号，是属性的具体化。数据可分为记录数据、图数据和有序数据等类别。属性可分为名称型属性、顺序型属性、间隔型属性、比率型属性，不同类型的属性可支持不同的运算集合。

高质量的数据挖掘结果离不开高质量的数据来源，为了让后续的数据挖掘可以更高质量地进行，可以对数据进行一些处理和变换，即数据预处理。数据预处理的主要任务包括数据清洗、数据集成、数据转换、数据归约和数据离散化等。

在进行数据处理之前，通常希望获得对数据总体的认识。这就需要将数据描述成非常概要和可以理解的形式。描述数据的方法包括描述数据中心趋势的方法如均值、中位数，描述数据的分散程度的方法如方差、标准差，以及数据的其他描述方法如散点图和参数化方法等。

现实世界中很少能获得完美的数据，数据缺失和数据噪声不仅仅影响数据质量，也使得一些算法遇到问题。这就需要对数据进行数据清洗，对数据中的缺失值进行填补，以及对数据进行平滑，以减小随机误差和离群点的影响。

当将不同来源的数据汇总到数据仓库中时就会面临两个问题，不同来源的数据可能存在强相关性，而且它们的形式可能是极为不同的。数据集成是这一环节的主要工作，这一环节需要对数据的冗余性进行处理，并将不同形式的数据转换为同一种形式。

数据仓库可能存有海量数据，在全部数据上进行复杂的数据分析和挖掘工作所消耗的时间和空间成本巨大，这就催生了对数据进行归约的需求。数据归约是用更简化的方式来表示数据集，使得简化后的表示可以用较少的数据量来产生与挖掘全体数据类似的效果。

计算机无法存储和处理无限精度的数据，而有些算法的复杂度与属性取值的数量有关，这就催生了将数据离散化的需要。数据离散化是对数据的属性值进行的预处理，它将属性值划分为有限个部分，然后使用这个部分的标签来代替原来的属性值。

参考文献

[1] 韩家炜，MICHELINE K，裴健.数据挖掘：概念与技术[M]. 3 版.北京：机械工业出版社，2012.

[2] THOMAS M，JOY A. 信息论基础[M]. 2 版.北京：机械工业出版社，2008.

[3] JOLIFFE I T. Principal Component Analysis，Series：Springer Series in Statistics[M]. Berlin：Springer，NY，2002，XXIX，487 p. 28 illus.

[4] KAY S M.统计信号处理基础：估计与检测理论[M]. 北京：电子工业出版社，2011.

[5] LU Y. Concept hierarchy in data mining：Specification，generation and implementation[D]. Simon Fraser University，1997.

第 4 章　数据仓库

4.1　引　　言

第 3 章学习了数据预处理的相关知识，在对数据进行数据集成、清洗、归约等数据预处理操作后，需要将数据存入挖掘信息的存储载体——数据仓库中。目前企业中存在越来越多的历史数据，企业处理历史数据的主要方式有删除历史数据、备份历史数据、数据预处理后存入数据仓库三种方式，其中存入数据仓库中的数据可以作为决策支持的依据。日益重要的数据挖掘平台可以提供联机分析处理（OLAP），在不同的数据粒度层面实现多维度的数据分析等，同时数据仓库也可以为后期的联机分析挖掘（OLAM）提供支持。本章将系统地介绍数据仓库的基本知识。

本章内容安排如下，4.2 节回顾数据库的基本概念，该部分内容有助于深入理解数据仓库的概念及数据库与数据仓库之间的区别。4.3 节介绍数据仓库的基础知识，其中包括数据仓库的特点、概念、作用，同时会将数据仓库与数据库管理系统（DBMS）进行对比，以进一步的加深对数据仓库的理解。数据仓库基于多维的数据模型，这种模型把数据看成一种数据立方体的形式。4.4 节讨论如何进行 N 维数据建模，以及数据立方体的概念和模型。在此基础上进一步介绍概念分层，以及在多个抽象层次上进行数据的分析与挖掘。本节最后还将对数据仓库上重要的数据操作——典型的 OLAP 操作进行探讨，并说明其操作数据立方体的方式。4.5 节首先介绍数据仓库的视图概念、数据仓库设计的方法和步骤，然后介绍数据仓库的体系结构以及每一层的原理，为后续设计数据仓库做准备。4.6 节讨论实现数据仓库的方法。实现是指有效计算数据立方体，包括采用多路数组聚集算法、构建数据索引、高效的 OLAP 查询步骤等内容。4.7 节讨论从数据仓库如何过渡到数据挖掘，还将介绍数据仓库的应用，然后将 OLAP 与联机分析挖掘进行对比，最后将介绍 OLAM 典型的四层体系结构。

4.2　数据库基本概念回顾

本节主要回顾数据库的基本概念，由此可以更加深入地理解数据仓库的概念及数据库与数据仓库之间的区别。

4.2.1 节简单回顾数据库的相关概念；4.2.2 节简单回顾数据库中的基本概念，包括库表、记录、域等；4.2.3 节介绍数据库管理系统的概念。这里只是对数据库的基本概念进行简单的回顾，如果读者想深入了解数据库方面的相关知识，可查阅有关教材。

4.2.1 数据库简介

为了更好地理解数据库，首先需要简单了解关于数据的概念。

1. 数据

数据是数据库中存储的基本对象，它是用来描述事物的符号记录，数据可以为数字、字符串、日期等类型，它们都可以转换成相应的格式从而存入计算机。一个典型的数据包括数据对象及其属性。

2. 数据库

数据库是指一种以结构化的方式存储数据的文件系统。

数据库具有较小的冗余度，较高的独立性和易扩展性，同时可以被多个用户访问的并发性，数据库中的数据可以长期存储在计算机内，因此可以把数据库理解为具有相互关联关系的数据组成的集合。

例如，日常生活中为了记录顾客在超市里的购买信息，通常会把商品购买信息记录在一个账本上，此时顾客购买商品信息便相当于数据库中记录的数据，而账本自身便相当于数据库。

4.2.2 表、记录和域

数据库、表、记录和域之间的关系是，数据库可以包含多张表，一张表中包含多条记录，一条记录中有多个域。

表是描述事物的数据组织成的二维表；记录是指数据表中每一行数据；域是指数据表中的每一列字段；当某个字段值在表中具有唯一性时，称此字段为主键，主键可以用来唯一地标识记录。记录和域在一张表中的表现形式如图 4.1 所示。

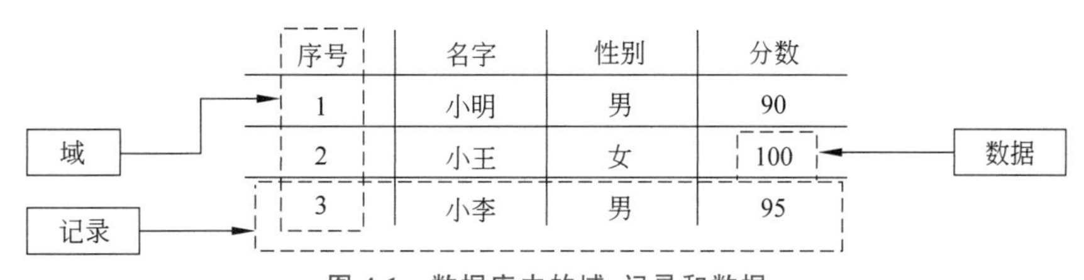

图 4.1 数据库中的域、记录和数据

4.2.3 数据库管理系统

1. 数据库管理系统简介

DBMS 是为用户提供定义、建立、维护数据库服务的软件，同时 DBMS 也为用户提供使用、操作数据库的功能。DBMS 对数据库进行统一管理和控制，其目的是为了保证数据库的安全性、一致性和完整性。

目前市面上流行的商业化 DBMS 主要有 DB2、Oracle、MS SQL Server、MySQL 和 MS

Access 等。

虽然 Sybase、Informix 等著名的 DBMS 已经退出了历史舞台，但是这些曾经辉煌的 DBMS 都曾广泛应用在很多大中型企业，为这些企业提供数据管理的支持。目前在数据挖掘中为了解决数据集成的问题，对于这些历史上曾经使用过的多源异构类型的数据也要加以考虑。

2. DBMS 主要功能

（1）数据的存储、检索和更新。

该功能可以完成对数据的存储、查询、修改等操作，操作数据库过程中使用最频繁的便是此类功能。此类操作可以通过使用结构化查询语言（SQL 语言）加以实现，如创建增加（create）、插入（insert）、更新（update）、删除（delete）功能的语句。

（2）事务支持。

事务可以理解为把数据库的一系列操作看成一个整体，此类整体要么整体有效，要么整体失效。事务的主要功能是为了保证存在于一个事务内的所有操作被执行或不被执行。

为了达到上述事务的功能，事务需具有原子性、一致性、隔离性、持久性的特点。

简而言之，所谓原子性是指多个对数据库的操作可以看作一个不可分割的原子；一致性是指数据库的状态从一个一致的状态转变到另一个一致的状态；隔离性是指不同的事务操作不会相互影响；持久性是指事务对数据库的改变是永久性的。

（3）并发控制。

当多个事务并发地执行时，在数据库中就会产生同时读取或修改同一数据的情况。若 DBMS 不支持并发控制，则会导致数据不一致性问题。如多个用户对同一个数据进行更新操作，并发控制功能则会保证此数据的一致性。

以上是对 DBMS 的三个主要功能的简要介绍，其他 DBMS 功能请读者详见专门的数据库教材。

4.3 数据仓库简介

在介绍数据库的基本概念后，引入本章的主题——数据仓库。第 3 章介绍了数据预处理的相关知识，在对数据进行数据集成、清洗、归约等数据预处理操作后，需要把数据存放到数据仓库中。

4.3.1 节简述数据仓库的特点，4.3.2 节介绍什么是数据仓库，4.3.3 节介绍数据仓库的作用，4.3.4 节对数据仓库与 DBMS 系统进行对比，4.3.5 节介绍分离数据仓库的原因。

4.3.1 数据仓库特点

William H. Inmon 曾给出了数据仓库的概括性定义：“数据仓库是一个面向主题的、集成的、时变的、非易失的数据集合，支持管理部门的决策过程”。

数据仓库具有面向主题的（subject-oriented）、集成的（integrated）、时变的（time variant）、非易失的（non-volatile）4 个关键特点。下面详细说明这 4 个关键特征。

1. 面向主题的

（1）围绕重要的课题或主题，如顾客、产品和销售。

（2）着眼于决策者的数据建模和分析，而不是日常对数据的操作或事务处理。

（3）通过删除一些对分析决策支持没有价值的数据，针对一个特定的主题为分析决策者提供简明扼要的信息呈现方式。

2. 集成的

（1）数据仓库的建立是通过集成和整合多个不同的异构数据源，数据源包括关系型数据库、数据文件和联机事务记录等。

（2）在数据仓库的建立过程中，数据清洗和数据集成技术得到应用。其目的是为了保证在集成不同数据源时，保证数据在命名规则、编码结构和属性度量等方面的一致性。此外，当数据被放入数据仓库时，数据往往经过了一定的转换。

3. 时变的

（1）在时间层面上数据仓库中的数据明显地比操作性数据库中的数据存储时间要长，其表现为操作性数据库中的数据往往存储的是当前的数据，而数据仓库是从历史数据的角度提供数据。例如，数据仓库中存储的是5～10年的数据，而操作性数据库中存储的是当前时间段的数据。

（2）在数据仓库中，关键结构都显式或者隐式地包含时间元素。与之不同的是，在操作性数据库中，关键结构不一定包含时间元素。

4. 非易失的

（1）数据仓库物理地分开存放数据，而这些数据都来源于操作性数据库，最极端的情况下，如果数据仓库中的数据被损坏了，还可以通过操作性数据库中的数据信息进行恢复。

（2）在数据仓库中，通常的操作行为如更新数据不会发生。此外，数据仓库并不需要事务处理、恢复、并发控制机制等操作。数据仓库中只有两种类型的数据操作方式：初始化装载数据和访问数据。

4.3.2 数据仓库概念

数据仓库由数据仓库之父比尔·恩门(Bill Inmon)在1991年《建立数据仓库》一书中提出，并被广泛接受。数据仓库是一个环境，通常数据仓库把来源不同的数据进行集成，为用户提供决策和分析的平台，同时提供用户对信息处理的支持，通常而言数据仓库中对数据的操作不易在传统的数据库中实现。

目前，关于数据仓库的定义已有多个版本，很难给定严格的定义。简单来说，数据仓库是一种语义一致性的数据存储，数据仓库是决策支持数据模型的物理实现，此外它也存储了企业用于决策的数据。

可以把数据仓库看作一种体系结构，数据仓库的建立是通过集成多个异构数据源进行构建的。其实数据仓库也是一种数据库，其与4.2节介绍的数据库有很大的相似性，只不过建立数据仓库的目的是通过结构化或者专门的查询得到数据分析的结果并且为企业决策提供支持。

4.3.3 数据仓库作用

通过以上对数据仓库的简单介绍，数据仓库的主要功能和作用究竟是什么呢？在商业决策中，数据仓库的作用主要表现在如下几个方面。

(1) 提高客户的关注度。

通过分析客户的购买行为信息，可以获得客户购买商品的模式和购买的喜好倾向等信息。

(2) 微调生产策略。

通过分析历史产品的销售情况，进而重新配置产品和管理产品的组合，最大程度地提升利润。

(3) 查找利润来源。

通过对历史产品销售数据的分析，确定利润的来源，进而对产品的销售进行指导，提升利润。

(4) 管理客户之间的关系。

通过管理客户之间的关系，进而对公司的管理和运行提供指导。

此外，存放在数据仓库中的数据是集成多个异构数据源中的数据信息。企业中往往存在各种各样不同的数据源，通过建立数据仓库，企业可以有效方便地对上述异构数据源进行统一管理。

4.3.4 数据仓库与 DBMS 对比

通过数据仓库与 DBMS 的对比，可以更加深刻地理解数据仓库的作用和特点。为了进行深入的对比，首先介绍与 DBMS 和数据仓库相关的 OLTP 和 OLAP 操作。

1. OLTP 与 OLAP

(1) OLTP。典型的关系型数据库的主要任务是联机事务处理和查询处理，其中联机处理也就是常说的 OLTP (On-Line Transaction Processing)，OLTP 操作包含大部分日常操作，例如购买、库存、银行、生产、工资、登记、注册和记账等操作。

(2) OLAP。数据仓库的主要功能是实现联机分析处理 OLAP (On-Line Analytical Processing)，联机分析处理的主要目的是为了数据的分析和决策。

2. OLTP 和 OLAP 的主要区别

(1) 处理对象。OLTP 是面向顾客的，为顾客提供事务处理和查询处理等操作；OLAP 是面向市场的，为数据分析人员提供数据分析的支持。

(2) 数据内容。OLTP 处理的数据是当前详细的数据；而 OLAP 处理的数据是历史的数据，合并集成统一后的数据。

(3) 数据库的设计。OLTP 系统是采用“实体-关系”模型，也就是 E-R 图的数据模型和面向应用的数据库设计；而 OLAP 往往采用星型模式和面向主题的数据库设计，其中星型模式将在后续章节中进一步说明。

(4) 视图。OLTP 关注的是当前和本地的数据，而不去关注历史的数据信息；与之不同的是，OLAP 关注的数据是不同演变和不同数据源集成过来的数据信息。

(5) 访问模式。OLTP 中访问模式包括对数据的更新、查询等操作，这种操作需要并行化的控制和恢复机制，与 4.2 节中提到的 DBMS 功能一致；而 OLAP 的数据访问模式主要是只读操作，而且这种读操作大部分是比较复杂的查询操作。

3. OLTP 与 OLAP 的其他区别

OLTP 和 OLAP 的主要区别如上所述，其他的区别如表 4.1 所示。

表 4.1 OLTP 与 OLAP 区别

区　分　点	OLTP	OLAP
用户	IT 专业人员	数据分析人员
功能	日常的操作	决策支持
数据库设计	E-R 图和面向应用	星型模式和面向主题
使用方式	重复	专门的分析处理
访问模式	读/写	主要为读
工作单元	短的，简单的事务	复杂的查询
记录数量	大规模	海量大数据
用户数	海量	小规模
数据库大小	100MB～1GB	100GB～1TB
度量	事务吞吐量	查询吞吐量，相应时间

4.3.5 分离数据仓库的原因

数据库里面可以放大量数据，那么为什么还需要把数据重新放入数据仓库中呢？原因主要有两个方面。

1. 提高二者的性能

DBMS 主要设计用来进行 OLTP，如建立索引，进行并发访问的控制，建立恢复机制等。而数据仓库主要设计用来进行 OLAP，例如复杂的 OLAP 查询，多维视图的数据组织方式，数据的集成。如果使用 DBMS 进行 OLAP 操作，可能会大大降低操作的效率和性能。

2. 不同的功能和数据

决策支持需要查询历史数据，而事务型数据库不维护历史的数据，决策支持需要整合异构数据源中的数据。此外，存在数据仓库里面的数据都是高质量的数据，如在整合不同的异构数据源时，存在不同介质中的数据经常出现不同的编码方式、数据格式，在把这些数据放入数据仓库之前，需要进行数据“清洗”等数据预处理工作，才能把数据放入数据仓库中。相比之下，事务型数据库需要维护的只是原始数据，而且在对数据进行操作的时候也无须进行数据的预处理。

分开的另外一个原因是为了分别提高数据库和数据仓库的性能。由于数据库和数据仓库分别具有不同的功能，存储的数据内容也有差异，因此在实际应用中需要将两者分离，区别对待。但是需要注意的是，目前越来越多的关系型数据库直接支持 OLAP 操作，也许随着数据库的发展，OLAP 和 OLTP 系统之间的差异会越来越小。

4.4　多维数据模型

4.3 节介绍了有关数据仓库的基本知识，然而数据仓库基于高维的数据模型，这种模型把数据仓库中所有数据抽象成一种数据立方体的形式。

本节将介绍如何对 N 维数据进行建模。4.4.1 节讨论数据立方体的概念。4.4.2 节介绍概念模型，也就是多维数据模型，包括星型模式、雪花模式和事实星座模式等。为了在多个抽象层上进行数据的分析与挖掘，4.4.3 节介绍概念分层的基本概念。4.4.4 节介绍典型的 OLAP 操作，OLAP 操作指操纵数据立方体的方式。4.4.5 节介绍数据仓库的设计与实现方法。

4.4.1　数据立方体

数据立方体指从多维的角度对数据进行观察和建模。

为了更加容易理解数据立方体的概念，首先引入一个例子，如在电子商品销售（All Electonics）的数据仓库中，可以从多个角度看待和建立数据模型。对于电子商品销售数据仓库，可以从商品信息、销售时间等维度来分析数据。

1. 维表和事实表

所谓维是分析和看待数据的角度，而每一个维度都可以有一个与之对应关联的表，这样的表称为维表，维表中是一系列属性集合，而维表是为了进一步描述维。在商品销售数据仓库中可能有很多维度的表，如商品信息维表可以包含商品名称、商品品牌和商品类型等属性，时间维表可以包含天、星期和月份等属性信息。

这里要引入一个“事实”的概念。所谓事实是数据度量的，如在上述商品销售的数据仓库中，事实可以是销售量、销售额等信息，事实是分析维之间关系的关键。事实表中包含事实的名称或者度量信息，以及相关维度的编码。4.4.2 节介绍概念模型，届时可清楚地理解维表、事实表以及二者之间的关系。

2. 数据立方体维度

一个数据仓库中，所谓维的数量是指从多少个角度来分析看待其所存储的数据。一个包含所有维的方体被称为基础方体，它是组成整个数据立方体的单元，不包含维的基础方体存放在最高层，称作顶点立方体，它包含所有数据的汇总信息。而数据立方体是指多维数据模型方体的集合。

3. 多维分析

为了更加具体地理解以上抽象的概念，以电子商品(all electonics)销售数据仓库为例说明数据立方体的概念。这个数据仓库的维度、维表和事实表的信息如表4.2所示。

表4.2 电子商品销售数据仓库的维表和事实表

维　度	time, item, branch, location
维　表	time(time_key day day_of_week month quarter year)item(item_key item_name brand type supplier_type)branch(branch_key branch_name branch_type)location(location_key street city province_or_state country)
事实表	(time_key item_key branch_key location_key dollars_sold units_sold location_key)

(1) 首先从二维的角度观察温哥华(Vancouver)的电子商品销售数据。如表4.3所示，从时间维度和商品类型维度两个维度进行观察。表4.3中所显示的事实度量是指销售金额(单位:美元)。

表4.3 从时间维度和商品类型维度观察温哥华的电子商品销售数据

Location="Vancouver"				
季　度	类　型			
	家庭娱乐	计算机	安全产品	电话
Q1	605	825	400	302
Q2	680	920	512	401
Q3	781	1026	501	350
Q4	824	1120	580	420

(2) 从时间、商品类型、供应方和销售地4个维度来多维度地观察电子商品销售的数据仓库，其中事实度量为销售额(单位：美元)。因为显示四维的数据比较困难，所以把4个维度的立方体映射成三维立方体的序列来显示，如图4.2所示。

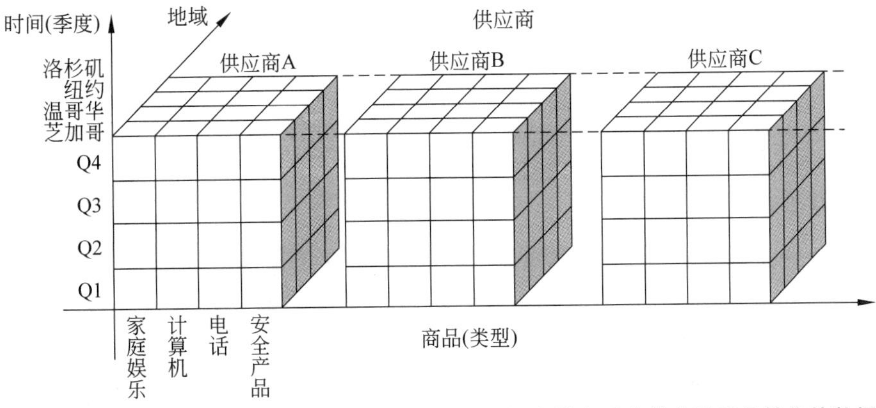

图4.2 从时间、商品类型、销售地和供应方4个维度进行多维度观察的电子商品销售的数据仓库

(3) 时间(time)、商品(item)、地域(location)和供应商(supplier)形成的数据立方体方格如图 4.3 所示,可以从每一个维度对上述数据进行汇总和分析。放在底层 4-D 的方体为基础方体,0-D 方体为所有维度数据信息的汇总为顶点方体,可以在图 4.3 中直观地得出结果。

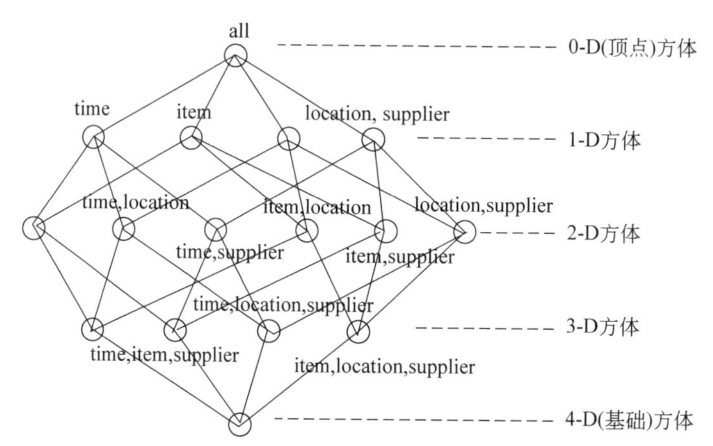

图 4.3　时间、商品、地域和供应商维度形成的数据立方体的方格

通过上述分析,数据立方体不仅可以进行二维、三维的数据分析,并且可以进行高维的数据分析。其中数据立方体中每个单元存放一个聚集值,该值对应于多维数据空间中的一个数据点。

此外,每个属性都可能存在层次化的概念分布,允许在多个抽象层进行数据分析。例如对地域(location)进行概念分层,可以把销售的城市聚集成国家。概念分层将在 4.4.3 节详细讨论。由于数据立方体提供对预先计算的汇总数据进行快速访问,因此适合联机数据分析和数据挖掘。

4.4.2　概念模型

4.4.1 节中讨论了维表、事实表的概念和多维分析的过程,其中维表和事实表在数据立方体中起到了关键的作用。但是维表、事实表与普通的数据库库表有什么区别?二者之间的关系是什么呢?

首先,通常数据库的设计与实现中常用到的是"实体-关系(E-R)"数据模型,数据库中表之间的联系由 E-R 图中的信息进行表示,这种模型适合 OLTP 操作;而数据仓库中的数据模型是多维数据模型,多维数据模型更适合 OLAP 操作。根据数据仓库中不同数据维度之间的关系,数据仓库中常见的数据模型有如下几种类型:星型模式、雪花模式和事实星座模式。这三种数据模型的特点能体现维表和事实表之间的关系。

1. 星型模式

星型模式是数据仓库中最常见的数据模型。这种数据模型中,事实表处于中心位置,事实表和其他维表相关联。为了更加形象地说明星型模型的概念,图 4.4 描述了电子商品销售数据仓库中的星型模式数据模型。

图 4.4 所示的数据模型从时间(Time)、商品(Item)、部门(Branch)和地域(Location)4 个维度描绘了数据仓库中的数据。这 4 个维度的信息分别由 4 张维表来描述,维表中描述

了各个维度的属性信息。而销售数据(Sales)是事实表,事实表中包含销售金额、单位销售金额和平均销售金额等事实数据信息。另外,此事实表中通过 4 个编码字段(time_key、item_key、branch_key 和 location_key)与维表进行关联。从图 4.4 中可以看出,星型模式的一个显著特点是所有维表都直接连接到事实表。

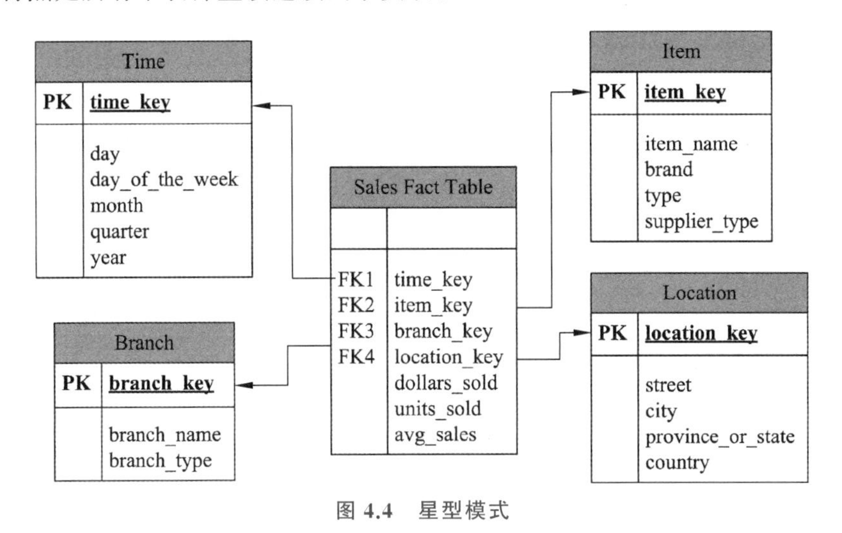

图 4.4　星型模式

2. 雪花模式

雪花模式是星型模式的进一步改进,其中把一些维表细分得到一系列更低层次的维表,最终形成的多个层次化的维表就像雪花一样,故称为雪花模式。雪花模式的一个显著特点是一个或多个维表没有直接连接到事实表上,而是通过其他维表连接到事实表上。

电子商品销售数据仓库的雪花模式表示如图 4.5 所示,通过对比图 4.4 和图 4.5,可以看出星型模式和雪花模式的主要区别在于维表,星型模式中 Item 维表和 Location 维表进一步细分,Item 维表细分成 Item 维表和 Supplier 维表,Location 维表细分成 Location 维表和 City 维表。

通过对比星型模式和雪花模式,可以看出:雪花模式更加规范,解决了部分冗余数据信息,能够有效地减少数据量,但是在雪花模式条件下,查询功能需要更多个表之间的连接操作来实现,相比星型模式,雪花模式的执行效率会比较低。

相比之下,星型模式由于最大限度地减少数据存储量以及集成了较小的维表,因此其查询性能较好,在数据冗余可以接受的范围条件下常常采用星型模式,以提高查询和维度分析的速度。所以在实际项目中,需要根据数据情况和项目要求确定采用哪一种数据模型。

3. 事实星座模式

数据模型中如果出现多个事实表共享一个或多个维表,此类数据模型称为事实星座模式。事实星座可以看作多个星型模式的集合。该模式的显著条件是模式中含有多个事实表并且事实表共享维表。

电子商品销售数据仓库的事实星座模式表示如图 4.6 所示。在该模型中,一共有两个事实表:Sales 和 Shipping。Sales 事实表与前面星型模式中的事实表一致,新增加的

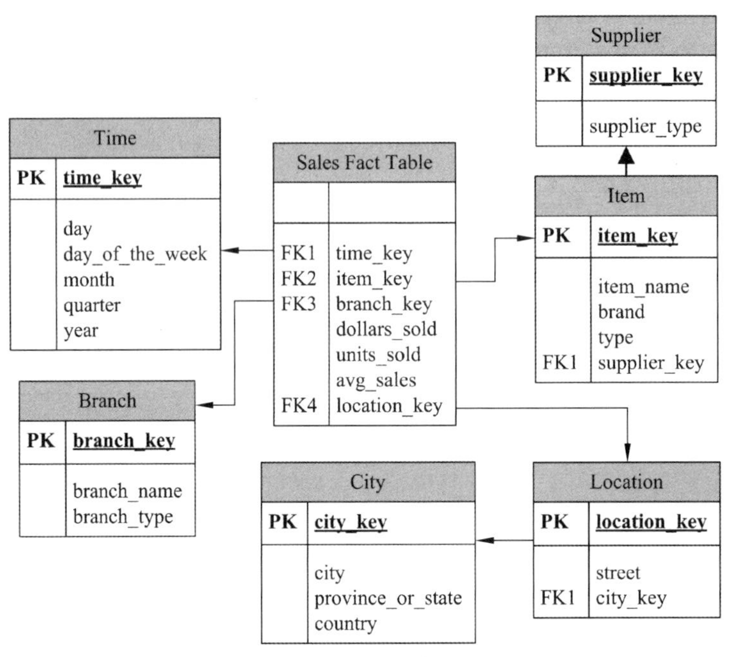

图 4.5　雪花模式

Shipping 事实表含有(item_key、time_key、shipper_key、from_location、to_location)分别与 Location 维表、Shipper 维表、Item 维表和 Time 维表相连，其中 Shipping 事实表和 Sales 事实表分别共享 Location 维表、Item 维表和 Time 维表。

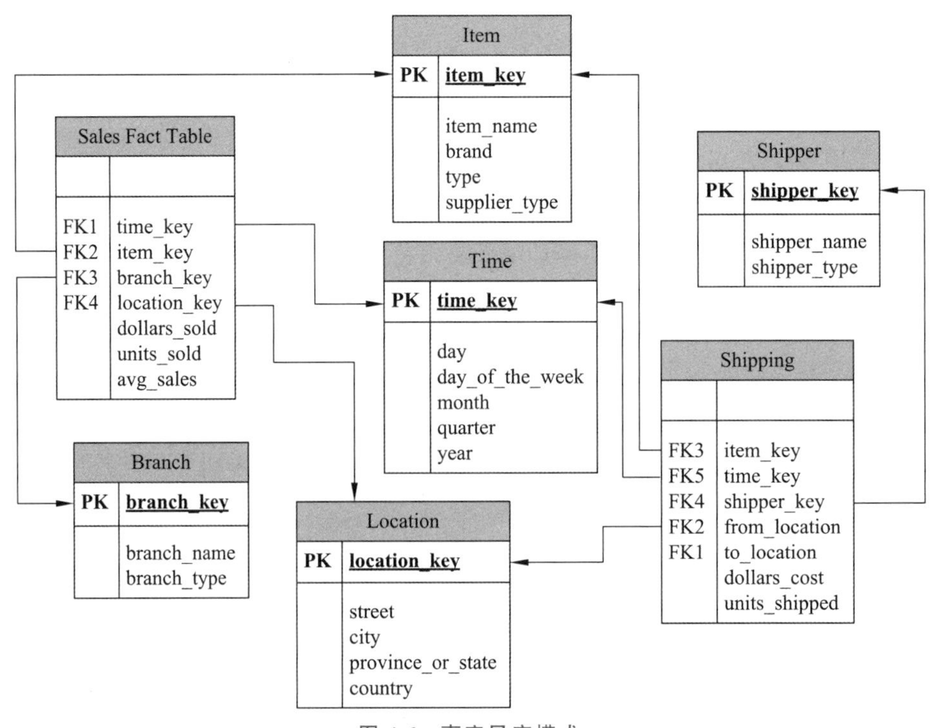

图 4.6　事实星座模式

如图 4.6 所示，事实星座模式可以对应多个分析和挖掘的主题。现实中，企业数据仓库的应用内容比较复杂，常常需要挖掘和分析多个主题相关的内容，所以在这种情况下通常使用事实星座模式。

在介绍数据仓库的数据模型后，需要明确上述三种模型的应用范围。首先需要明确有关数据集市的基本概念。一个典型的数据集市受限于选定的挖掘和分析主题，而且其数据往往是企业数据的子集。例如电子商品销售数据，把主题限定于顾客、商品和销售。数据集市中的数据仅仅是企业数据的一部分或者是企业数据的汇总性数据。

表 4.4 对数据仓库和数据集市的相关方面进行了一个简单对比。

表 4.4　数据仓库和数据集市对比

	数据仓库	数据集市
主题	整个组织	选定的主题
范围	企业范围	部门范围
概念模型	事实星座模式	星型模式或雪花模式

4.4.3　概念分层

所谓概念分层是指定义了一个映射序列，这个映射序列把底层概念映射成较高层的概念，更一般化的抽象概念。对于给定的某一维，往往不仅有一层的概念层，进行概念分层的主要目的是为了在多个层次上对数据进行挖掘和分析。

在上例中的 Location 维，Location 的值中城市一列包括多伦多、温哥华等，可以把城市信息映射到国家，如多伦多和温哥华映射到加拿大；国家信息可以映射到洲，如加拿大映射到北美洲，以此类推，这便是概念分层，如图 4.7 所示。

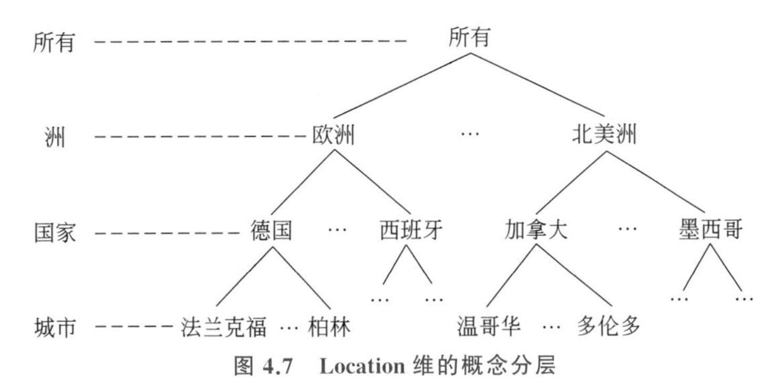

图 4.7　Location 维的概念分层

按照概念分层的思想，可将维度 Item、Location 和 Time 等进行如图 4.8 所示的概念分层，在分层表示的概念中产品＜商品类型＜行业和办公室地址＜城市＜国家＜洲满足全序的关系，日期＜{月份＜季度，周数}＜年份满足偏序关系，这种属性的全序或者偏序的概念分层称作模式分层。

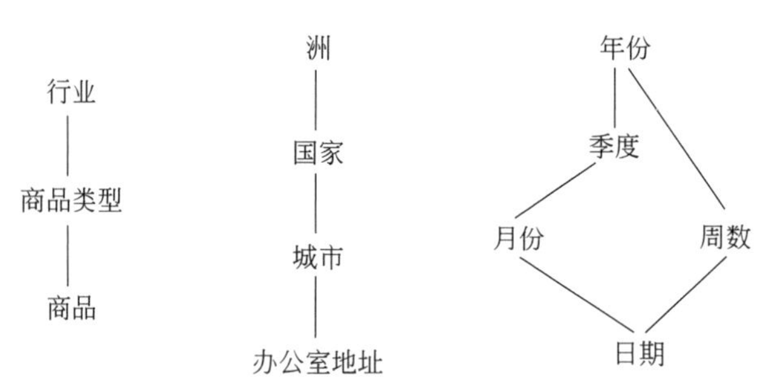

图 4.8 Item、Location、Time 维的概念分层

4.4.4 典型 OLAP 操作

如何利用概念分层进一步挖掘数据中存在的知识呢？为了解决这个问题，首先需要引入一些典型的 OLAP 操作，包括上卷、下钻、切片、切块和旋转，通过这些操作可以很清晰地体会到概念分层是如何得到应用的。

OLAP 是由关系数据库之父 E. F. Codd 于 1993 年提出的一种动态数据分析模型，OLAP 操作对来自多源异构的经过集成和预处理后的数据采用多维结构的数据模型进行访问和操作。为了更加形象地理解 OLAP 操作，通过存储对电子商品销售的数据仓库进行演示，其中数据立方体包含地域(Location)、时间(Time)和商品(Item)等维度信息，地域维度按照城市进行聚集，时间维度按照季度进行聚集，商品维度按照商品的类型进行聚集，所显示的数值是销售额(单位:美元)。下述几种 OLAP 操作用图 4.9 进行了示例。

1. 上卷

上卷(roll-up)指通过在一个维度上的概念分层向上攀升或者通过维归约(即维度信息由细粒度向粗粒度归约)的方式在数据立方体中进行聚集，其本质是数据聚集到概念的上一层，进而得到汇总结果。如可以对数据立方体进行上卷操作，统计一年中不同城市、不同商品的销售情况。上卷操作可以通过消除一个或者多个维度，进而从更宏观的角度分析数据。

如图 4.9 所示，上卷操作是按照 Location 维的概念分层，由城市层上卷到国家层，导致的结果是数据立方体按照国家进行分组，而不是城市。上卷操作往往会合并一个或者多个维度。

2. 下钻

下钻(drill-down)是上卷的反向操作，从概念分层的上层到下层或者是将粗粒度的维度信息扩展成多个细粒度的维度信息。如可以把季度这一维度进行下钻，进而得到不同月份在不同城市不同商品的销售情况。此外，下钻操作还包含在原有的数据立方体的条件下添加维度。

如图 4.9 所示，按照 Time 维的概念分层，由季度概念层下钻到月份概念层，导致的结果是数据立方体按照月份进行分组，而不是季度。

3. 切片和切块

切片(slice)操作是指在给定的数据立方体中选择一个维度进行分析，如图 4.9 所示的

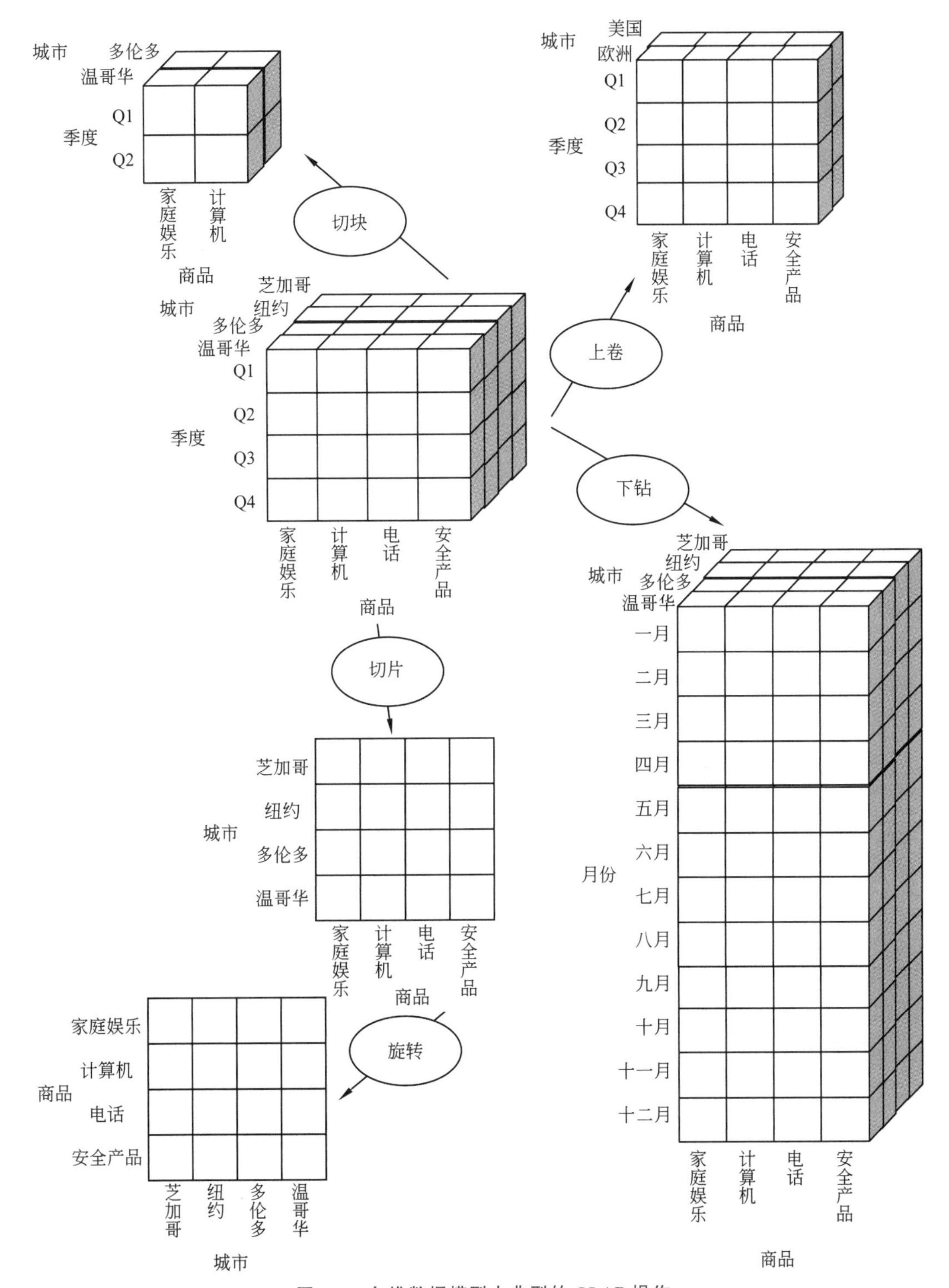

图 4.9　多维数据模型中典型的 OLAP 操作

数据立方体可以通过切片操作得到第一季度中不同城市、不同商品的销售情况。

切块(dice)操作是指通过在两个或者多个维度上进行划分,从而得到子数据立方体。

在如图 4.9 所示的数据立方体中，通过切块操作选择第二季度和第三季度在温哥华和多伦多，计算机和家庭娱乐商品的销售情况。

4. 旋转

通过对数据立方体进行不同角度的旋转（pivot），可以获取不同视角所呈现的数据立方体。

如图 4.9 所示，将 Item 和 Location 在一个 2D 层面上进行旋转操作。同理，可以在 3D 层面上进行旋转操作等。

5. 其他 OLAP 操作

钻过（drill-cross）是指操作中涉及多个事实表中的数据。钻透（drill-through）是指通过执行 SQL 的语句形式，透过数据立方体的最底层，最终操作后台的关系表。通常情况下此类操作只有部分 OLAP 系统支持。

经过上面关于数据仓库中 OLAP 的介绍，读者可能会联想到统计数据仓库的概念，因为 OLAP 中上卷、下钻等操作也存在于数据库统计工作中。但是它们的侧重点不同，数据仓库侧重于商务上的数据分析和决策支持的应用，而数据库统计工作侧重于社会经济方面的应用。OLAP 操作的具体实现可参考本章有关参考文献。关于 OLAP 操作的应用程序接口（API），详见本章最后的参考文献。

4.4.5 星型网络的查询模型

介绍有关 OLAP 操作的基本概念后，可将此类操作应用于多维数据库查询。多维数据查询可以基于星型网络模型。星型网络模型是指由一个中心点和多个射线组成的网络模型，其中每一个射线代表一个概念分层，在射线上根据该维度给概念分层的信息确定 OLAP 操作或数据挖掘的粒度，射线上对应的多个概念层次连接的折线称为数据立方体的指纹（footprint）。

电子产品销售数据仓库的一个星型网络模型如图 4.10 所示。在这个星型网络模型中，可以执行上述 OLAP 操作，如 Time 维；可以沿着 Time 维进行下钻，由季度到月份；或者对 Location 维进行上卷，由城市到国家。用较高层抽象值替换较低层抽象值可以实现数据泛化，用较低层抽象值替换高层抽象值，可以实现数据特殊化。

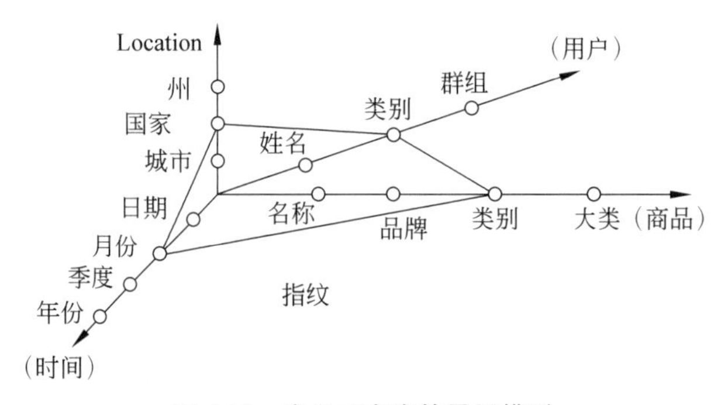

图 4.10　应用于查询的星网模型

4.5 数据仓库结构

数据仓库是一种多维度的数据模型，通过对数据立方体进行 OLAP 操作，可以从多个层次和多个维度实现分析和挖掘工作，进而获取隐藏在数据内部的有用知识。

本节将重点介绍数据仓库的体系结构。4.5.1 节首先介绍数据仓库的视图、设计方法和实现步骤；4.5.2 节介绍数据仓库的多维体系结构以及每一层的原理，为设计和实现一个完整的数据仓库做好准备。

4.5.1 数据仓库设计

1. 数据仓库设计视图

一个软件项目的研发过程是以需求分析为起点开展的。在进行项目需求分析时，需按照不同的分析对象和视图进行分析，如在构建商务网站时，往往需要从顾客、管理者和销售人员等相关的视图开始进行分析。

同样，在设计数据仓库时，首先要确定设计视图，它们分别是自顶向下视图、数据源视图、数据仓库视图、商务查询视图，这些视图综合在一起便形成一个完整的系统框架。不同的视图对应着不同的实现对象，如自顶向下的视图对应着自顶向下驱动的对象，数据仓库视图则对应数据仓库驱动的对象。下面简单介绍上述 4 种视图的基本概念。

(1) 自顶向下视图。这种视图从全局宏观角度设计数据仓库。

(2) 数据源视图。这种视图揭示了被操作系统获取、存储和管理的数据信息。

(3) 数据仓库视图。这种视图包含了多个事实表和多个维表。

(4) 商务查询视图。这种视图是从终端用户的角度观察在数据仓库中的数据。

介绍了数据仓库的设计视图后，下面介绍有关设计和实现数据仓库的主要方法。

2. 数据仓库设计方法

从不同的角度分析，数据仓库设计有不同的方法。

(1) 常见的方法有自顶向下、自底向上和上述两种方法的混合方法。

自顶向下是指对数据仓库的设计从总体的设计和规划开始，一直延续到低层的设计和实现工作。这种方法比较适用于对于被挖掘对象的应用需求具有明确把握和掌控的情况。由于具有对挖掘对象和目标的总体了解，这种方法的优点是可以从总体上规划数据仓库。

自底向上是指数据仓库的设计从实验系统和原型系统开始，这种方法在开发的早期比较实用，因为这种方法的主要优点在于设计速度快。

混合方法是指结合了自顶向下和自底向上各自的优势，既可以自顶向下从全局的角度规划设计数据仓库，也可以自底向上进行快速的数据仓库设计。

为了对比自顶向下和自底向上两种方法的区别，引入数据集市的概念，所谓数据集市是指企业范围内数据的一个子集，数据集市针对特定的用户群。图 4.11 显示的是自顶向下的设计方法，图 4.12 显示的是自底向上的设计方法。

通过图 4.11 和图 4.12，可以总结出上述两种设计方法的优点和缺点，如表 4.5 所示。在设计数据仓库的时候，根据需求选择适宜的数据仓库设计和实现方法。

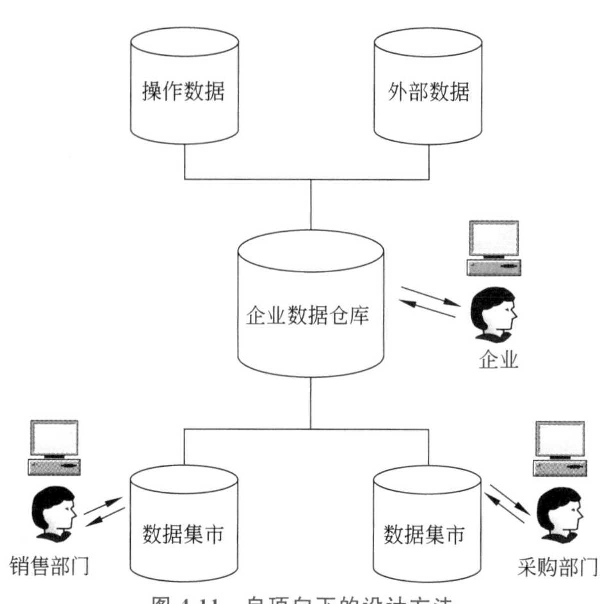

图 4.11 自顶向下的设计方法

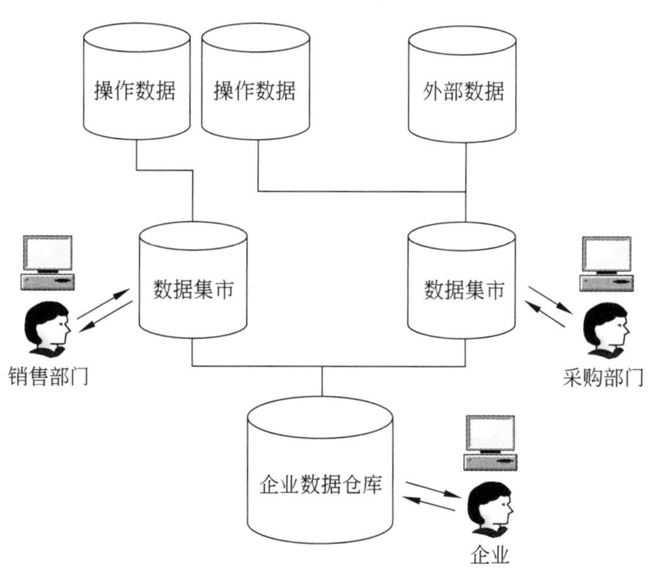

图 4.12 自底向上的设计方法

表 4.5 自底向上和自顶向下设计方法优缺点

方　法	优　点	缺　点
自顶向下	1. 一次性地完成数据重构工作 2. 最小化数据冗余度和不一致性 3. 存储详细的历史数据	1. 数据集市直接依赖数据仓库的可用性 2. 投资成本不易实现短期回报，因为一次性建立企业数据仓库成本较高
自底向上	1. 快速投资回报收益 2. 设计方案可伸缩性强 3. 对不同部门的应用容易复制	1. 对每个数据集市需要数据重构 2. 存在一定的冗余及不一致性 3. 限制在一个主题区域

(2) 从软件工程角度分析数据仓库设计方法。

在一个典型的软件工程项目中,软件项目的开发方法有瀑布式和螺旋式两种主流方法,同理可将这两种方法应用到数据仓库的设计中。在这里首先回顾一下瀑布式方法和螺旋式方法的主要思想。

瀑布式方法。瀑布式是软件行业最早普遍采用的开发方法,此类方法通过将项目划分为多个有限阶段并按顺序逐步完成各阶段的开发任务。简而言之,瀑布式是指在每次进行下一步设计时,每一步都进行系统结构的详细分析与设计。

螺旋式方法。螺旋式是一种演化软件开发过程模型,以演化的开发方式为中心,每一个阶段使用的方法是瀑布式方法,此方法会快速产生功能渐变的系统,新功能产生的周期很短。

3. 数据仓库设计步骤

通常情况下设计数据仓库的步骤如下。

(1) 针对相应的商业业务流程进行建模,如下订单的过程、开发票的过程等。

(2) 确定商业业务流程中被处理的信息粒度。信息粒度的确定是由数据仓库设计人员决定的,如信息粒度可以是一天的交易记录等。

(3) 选择用于每一个事实表记录的维度,该选择往往是时间、地域等维度信息。

(4) 选择用于度量每一个事实表记录的度量信息,如商品销售额信息。

4.5.2 多层体系结构

1. 数据仓库三层体系结构

数据仓库通常采用三层体系结构,如图 4.13 所示,从最底层到最顶层依次为数据仓库、OLAP 服务器和前端工具等。

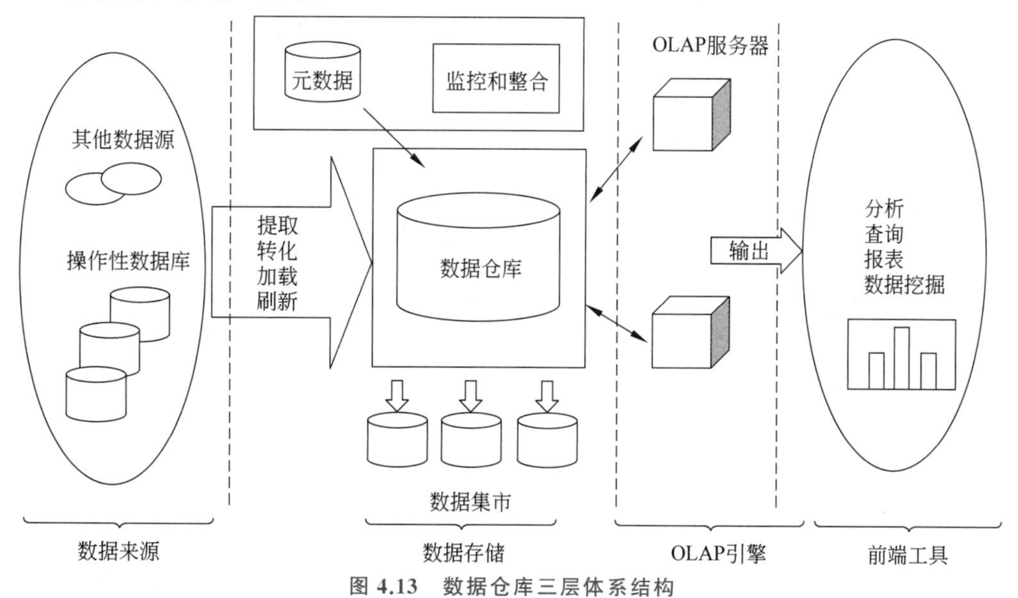

图 4.13 数据仓库三层体系结构

(1) 最底层是数据存储。数据仓库的主要作用是存储数据，数据来源是集成操作性数据库和其他异构数据源中的数据，经过数据清洗、抽取、转换和集成，最后把数据放入数据仓库中。

(2) 中间层是OLAP引擎。OLAP服务器是专门用于实现多维数据挖掘和分析的服务器。OLAP处理的数据仓库操作类型或提供的服务，包括关系OLAP(ROLAP)服务、多维OLAP(MOLAP)服务、混合OLAP(HOLAP)服务和特殊的SQL服务。

(3) 最顶层是前端工具。可以通过中间层的分析，输出数据的报表信息、分析结果，并在中间层的基础上对数据进行数据挖掘与分析操作。

2. 元数据

在图4.13中，中间层中的元数据是关于数据的知识或信息，元数据是用于定义数据仓库对象的数据或信息。

元数据功能：元数据能提供基于用户的信息，如记录数据项的业务描述信息的元数据能帮助用户使用数据。元数据能支持系统对数据的管理和维护，如关于数据项存储方法的元数据能支持系统以最有效的方式访问数据。

元数据通常记录如下几类关于数据仓库的信息：

(1) 描述存储在数据仓库中的数据；

(2) 定义要进入数据仓库中的数据和从数据仓库中产生的数据；

(3) 记录根据业务事件发生而随之进行的数据抽取、清洗、转换和集成的调度计划；

(4) 记录数据一致性的要求和检测结果；

(5) 记录评估数据质量的方法和相关结果。

4.6 数据仓库的功能

4.5节讨论了数据仓库这种多维的数据模型及其三层体系结构和设计方法。那么应该如何实现数据仓库的功能呢？所谓实现是指如何操作数据立方体，进而完成数据的查询等操作。

数据仓库存储的数据的规模具有海量性的特点。如何高效地进行OLAP操作变成了一个非常关键的问题。本节将讨论数据仓库中高效的数据立方体计算的实现方法。4.6.1节介绍数据立方体的有效计算，其中包括数据立方体的计算、数据立方体的物化、优化数据立方体计算策略、多路数组聚集方法计算数据立方体等主要内容；在4.6.2节介绍索引OLAP数据，学习如何进一步地提高数据立方体操作的速度；4.6.3节学习对数据立方体进行OLAP查询处理的步骤。

4.6.1 数据立方体的有效计算

1. 数据立方体个数计算

为了帮助读者更加清楚地理解数据立方体，在这里引进一个例子：对电子商品销售构建一个数据立方体，分别有城市(city)、年份(year)和商品(item)三个维度，事实信息为

sales_in_dollars，如图 4.14 所示。可以在这个数据立方体中按照 city、year 查询销售数据，也可以单独按照 city 或者 item 查询销售数据。

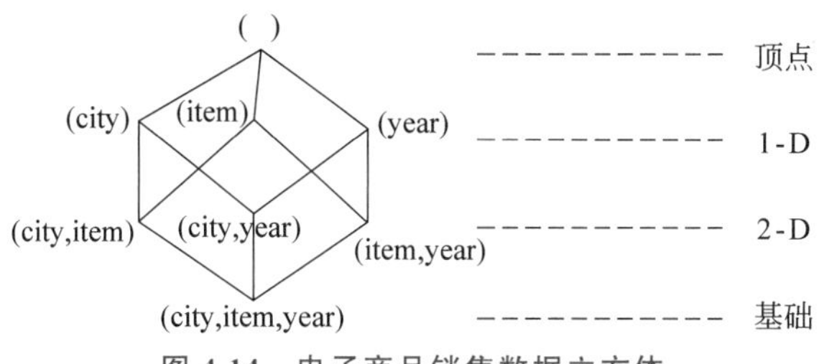

图 4.14　电子商品销售数据立方体

通过图 4.14 明显看出共 8 个立方体，分别是(city，item，year)、(city，item)、(city，year)、(item，year)、(city)、(item)、(year)和()，其中()表示分组为空，不进行任何分组。

4.4.1 节曾经提到过，一个包含所有维的方体被称为基础方体，它是组成整个立方体的单元。不包含维的基础方体是存放在最高层，被称作顶点方体，是最高泛化的方体，对应图 4.14 的立方体，顶点方体是分组为空的方体。顶点方体是所有数据的汇总，基础方体是指同时包含 city、item 和 year 维的方体，也就是(city，item，year)，该方体返回 city、item 和 year 维度组合的销售数据，其中 1-D 方体、2-D 方体也在图 4.14 中进行了标示。

通过上面分析，在没有概念分层的条件下，对于一个维度为 N 的数据立方体，数据立方体的个数为 2^N，但是在实际情况中往往存在概念分层的情况，如年份(year)概念分层为日期(day)<月份(month)<季度(quarter)<年份(year)。在这种情况下，可能的数据立方体的个数计算公式如下：

$$T=\prod_{i=1}^{n}(L_i+1) \tag{3-1}$$

其中，L_i 是与维度 i 相关联的概念层数，T 是方体的总数。

在 DBMS 中可以用 SQL 语言对数据库中的表进行定义和操作，同理也可以用类似于 SQL 对上述数据立方体进行定义和计算。

数据立方体定义语句为：

```
define cube sales[item, city, year]: sum (sales_in_dollars)
```

数据立方体计算语句为：

```
compute cube sales
```

对于数据仓库中的操作而言，可以将数据仓库的操作符 cube by 引入 SQL 语句(cube by 由 Gray 在 1996 年提出)：

```
SELECT item, city, year, SUM (amount)
FROM SALES
CUBE BY item, city, year
```

2. 物化数据立方体

在式(3-1)中，如果数据立方体 year 维度的概念分层为 day<month<quarter<year，则

year 维有 4 个概念层，加上虚拟层，共 5 个概念层。同理，假设数据立方体共 10 个维度，且每一个维度和 time 维度一样都有 5 个概念层，则所有数据立方体的个数为 5^{10}。这是一个非常大的数量级。预计算并物化所有的立方体并不是十分现实，所以需要讨论如何物化相关的数据立方体。

数据立方体的物化共有三种方式：完全物化、部分物化和不物化。三者的根本区别是预先计算数据立方体个数的策略存在差异。

(1) 完全物化是指预先计算出所有的数据立方体，但是这样做需要大量的存储空间来存储已经物化的数据立方体。

(2) 不物化是指不提前物化任何的数据立方体，查询时实时计算相关的数据立方体，这种策略会导致系统的响应时间过长。

(3) 部分物化是指选择部分需要计算的数据立方体进行物化。部分物化既能满足部分用户对于数据立方体查询的低响应时间，又不需要像完全物化过程中所需要的大量的存储空间，所以说部分物化是完全物化和不物化的一种折中方案。

选择合适物化方体的方式，需综合分析服务器的查询负担、查询的频率、访问开销、数据库的设计(如索引的产生和选择)等信息。现在比较流行的做法是可以计算冰山立方体，所谓冰山立方体存放聚集值大于或者小于某一阈值的立方体单元的数据立方体。

3. 数据立方体计算优化策略

通过上面对数据立方体知识的学习，读者应了解存在多种计算数据立方体的方法，下面是数据立方体有效计算的三种优化技术。

(1) 为了对维属性进行重新排序和聚集相同的元组，常常使用排序、散列和分组的方法。

(2) 分组操作在前期子聚集的基础上进行，前期的子聚集可以看作部分的分组。

(3) 从前期计算过的子孙聚集的结果汇总成需要计算的聚集结果，而不是重新从事实表开始，重新进行聚集结果的计算。

需要说明的是，当存在多个子数据立方体时，选择最小的子数据立方体进行聚集。如计算某个部门的销售数据立方体时，先前已经知道(branch，year)方体和(branch，item)方体，若已知不同的商品数大于不同的年份，那么明显使用(branch，year)方体的计算更加有效，效率更高。

4. 多路数组聚集

多路数组聚集的数据结构是多维数组，主要用于计算完全的数据立方体。多路数组聚集算法的主要思想体现在如下三个方面。

(1) 分割数组变成块存储。把数组中的数据按照划分分成更小的块，每一块都作为一个对象存在于磁盘中。

(2) 为了压缩稀疏矩阵，常常采用块内搜索基于 chunkId + offset 信息的策略。chunkId 是指块的标记 ID，offset 是数据单元在块中的偏移量。

(3) 通过多路数组聚集的方法，在计算数据立方体的聚集时，可以优化数据单元的访问次序，减少重复访问同一数据单元的次数，从而减少内存的访问和存储空间的开销。

下面从一个实际例子探讨如何采用多路数组聚集技术完成计算和如何确定数据立方体计算的有效次序。

一个包含 ABC 三维的数组，此例子中该数组被划分为 64 块。如图 4.15 所示，其中 A 维被分为四等分区 a_0,a_1,a_2,a_3；同样，B 维被分为四等分区 b_0,b_1,b_2,b_3；C 维被分为四等分区 c_0,c_1,c_2,c_3，对于维 A、B 和 C 的基数分别是 40、400 和 4000，所以对于 ABC 而言，它们每一部分的大小分别是 10、100 和 1000。数据立方体如图 4.15 所示，且每一块方体按照 1～64 进行编号。

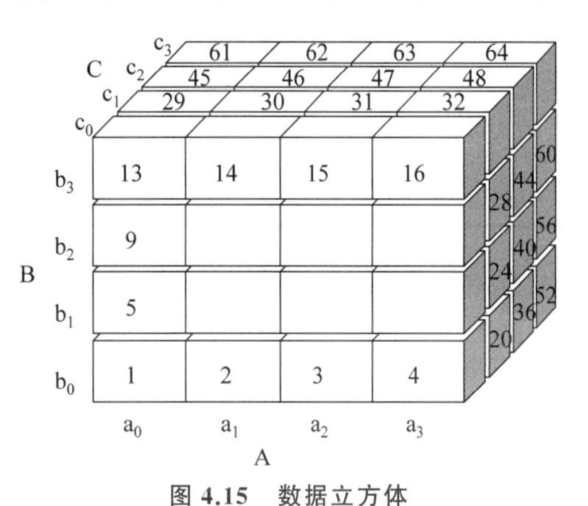

图 4.15 数据立方体

首先计算 BC 方体。采用的方式是通过扫描 1～4 块，也就是 $a_0b_0c_0$，$a_1b_0c_0$，$a_2b_0c_0$，$a_3b_0c_0$ 块，最后在 BC 面进行聚集形成 b_0c_0 一块。同理，为了计算 BC 面 b_1c_0，需要扫描 5～9 块进行聚集。按照如此步骤，为了计算 BC 方体，需要依次按照编号 1～64 的次序扫描 ABC 中所有的方体，如图 4.16 所示。

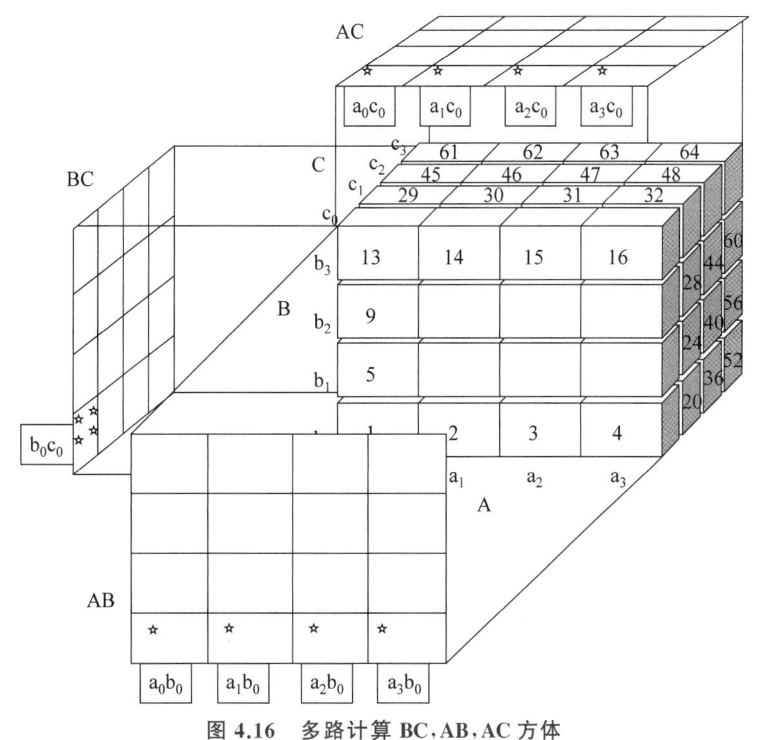

图 4.16 多路计算 BC、AB、AC 方体

这里容易产生一个疑问——为了计算 BC 方体，需要扫描所有的 64 个数据块；为了计算 AB、AC 方体，还需要重新扫描方体，有没有办法可以避免重复扫描方体呢？这也是多路数组聚集思想所在。在该例中，在扫描第一块，也就是 $a_0b_0c_0$ 块时，同时计算和 $a_0b_0c_0$ 相关的所有二维方体，也就是在 AB、AC、BC 方体中聚集 a_0b_0、a_0c_0、b_0c_0 块。多路计算的过程如

图 4.16 所示。

在多路数组聚集思想中提到过优化访问单元的次序，如何优化数据单元的访问次序以及获得优化的效果。假设维度 A、B、C 的基数大小分别为 40、400、4000，那么 AB 平面大小为 40×400＝16000，BC 平面大小为 400×4000＝1600000，AC 平面大小为 40×4000＝160000，大小排序为 BC＞AC＞AB。

（1）扫描次序为 1～64。

通过扫描 1～4 块，可以聚集 BC 面中的 b_0c_0，但是需要扫描 ABC 中 13 块才能聚集 AC 中 a_0c_0 块，也就是扫描 ABC 中的 1、5、9、13 块，需要扫描 ABC 中 49 块，也就是 1、17、33、49 块才能聚集 AB 中的 a_0b_0 块。发现计算 AB 需要扫描的数据单元的数量最多，所以为了避免将多个方体放入内存，在内存中保存所有 2-D 平面需要最小内存为 40×400(AB 平面)＋40×1000(AC 平面一行)＋100×1000(BC 平面一块)＝156000。之所以需要 AB 平面而只需要 AC 平面一行，BC 平面一块，是因为多路计算时，在计算完 AB 平面时恰好计算完 AC 平面一行，BC 平面一块。扫描和聚集过程如图 4.17 所示。

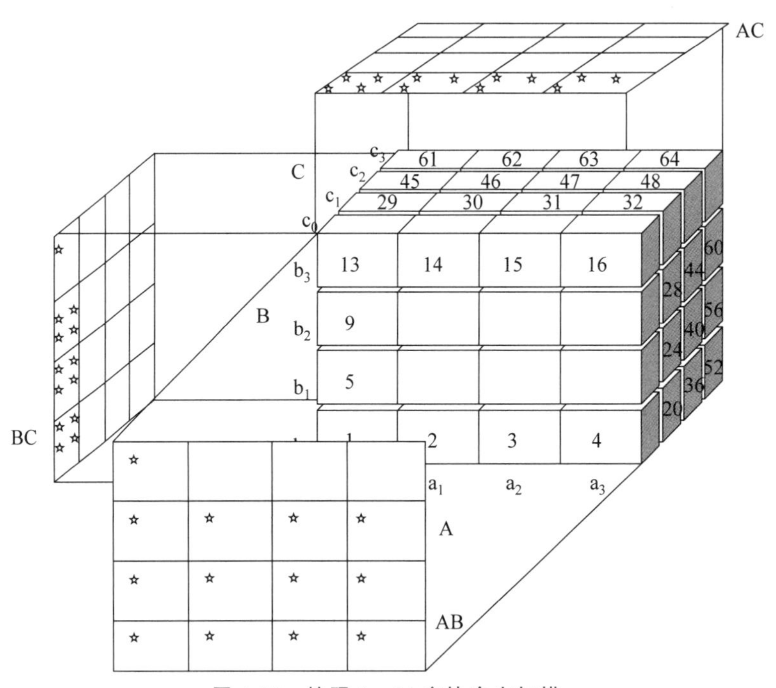

图 4.17　按照 1～64 方块次序扫描

（2）扫描次序为 1、17、33、49、5、21、37、53 等。

这种扫描次序首先扫描 BC 平面，然后是 AC 平面，最后在 AB 平面上聚集。按照上述的分析方法，所需要的最小内存容量为 400×4000＋40×1000＋10×100＝1641000。

可以通过两个扫描次序对比发现(2)中扫描次序所需要的最小内存为(1)中扫描次序所需内存的 10 倍多。类似的，也可以计算 1-D 方体和 0-D 方体所需要的最小内存需求量，经过计算比较内存分配的策略，可以得到该实例中数据立方体计算的最佳次序为 1～64。

多路数组聚集算法可以完成多路计算并且可以优化选择方体的次序，但是本算法也存在一定的局限性，主要表现在如下两个方面。

(1) 该算法在数据立方体维度比较小时有效,如果维数比较大或者数据稀疏时,多路数组聚集方法则不适用。

(2) 对于高维的数据可以采用从底向上的计算方法或者冰山立方体的计算方法具有局限性,读者如果想深入学习这方面的知识,可以自行查询相关知识。

4.6.2 索引 OLAP 数据

为了提高数据立方体的搜索和处理的速度,建立索引是最佳的方式,目前主流的对 OLAP 数据建立索引的方式有两种:位图索引和链接索引,下面详细介绍位图索引。

位图索引的构建过程有如下关键点:

(1) 位图索引是建立在特定数据列(字段)上的索引。

(2) 在需要建立索引的列(字段)中,每一列中的数据都对应位图索引表中的一个位向量。因为位向量之间的操作是位元运算,大大减少了处理时间。

(3) 位图索引表中数据的长度是根据在基础表中需要建立索引列中有多个不同的数值。

(4) 如果在数据表中给定行中属性值为 V,则在该位图索引表中对应行中表示该值的位置为 1,其余位置为 0。

(5) 位图索引不适用于基数为较大值域的数据表。

表 4.6 表示客户的地域和销售类型的数据信息,下面需要分别为 Region 和 Type 列建立位图索引表。

表 4.6 客户的地域和销售类型数据信息

标记 ID(Cust)	地域(Region)	销售类型(Type)
1	Asia	Retail
2	Europe	Dealer
3	Asia	Dealer
4	America	Retail
5	Europe	Dealer

Region 建立位图索引表的方法:首先 Region 共有三个不同的值,故位图索引表中有三列分别表示 Asia、Europe 和 America,其中需要 RecID 表示对应的列号,如此按照在数据表中给定行中 Region 的值,则在该位图索引表中的对应行中表示该值的位置为 1,其余位置为 0,便可以为 Region 建立位图索引表,如表 4.7 所示。

表 4.7 Region 建立的位图索引

标记(ID)	Asia	Europe	America
1	1	0	0
2	0	1	0
3	1	0	0
4	0	0	1
5	0	1	0

按照建立 Region 位图索引的方式，同理也可以为 Type 建立位图索引表，如表 4.8 所示。

表 4.8 Type 建立的位图索引

标记 ID	Retail	Dealer
1	1	0
2	0	1
3	0	1
4	1	0
5	0	1

4.6.3 OLAP 查询的有效处理

物化数据立方体和建立 OLAP 索引结构都是为了提高查询数据立方体的速度，查询处理一般按照如下几个步骤依次进行。

(1) 确定哪些操作将执行在可用的数据立方体上。在这个过程中，需要将查询中的上卷和下钻等操作转化成对应的 SQL 或者 OLAP 操作，如切片操作对应数据立方体中的选择和投影操作。

(2) 确定相关操作应用于哪些物化的数据立方体，通过评估物化立方体的开销，选择最小计算开销的方体。

(3) 探索使用哪一种索引的结构，是采用位图索引还是链接索引。其次通过评估数据的稀疏程度，建立稠密矩阵或稀疏矩阵，从而提升存储的利用率。

4.7 从数据仓库到数据挖掘

4.6 节学习了数据仓库的实现，所谓实现是指对数据立方体的计算、聚集、优化。通过以上的学习，设计和建立数据仓库并完成对数据立方体的操作。

本节将从数据仓库过渡到数据挖掘，目的是为了给后续章节内容做铺垫。4.7.1 节介绍数据仓库的应用领域；4.7.2 节讨论从 OLAP 到 OLAM 的过渡，并在最后简要介绍 OLAM 的体系结构。

4.7.1 数据仓库应用

目前，数据仓库已经广泛应用到了各个领域，如金融、银行、电子商务等行业领域的企业。数据仓库可以为企业提供数据分析和决策支持。

数据仓库的应用是一个逐步发展的过程。起初数据仓库只支持普通的查询操作，随后数据仓库可以汇总数据并以可视化的方式反馈给用户，然后通过对数据仓库进行 OLAP 操作等多维分析，可以完成部分数据决策。发展到目前，可以通过使用数据挖掘的方法在数据仓库发现有用的知识，进而实现决策支持。

目前市面上有各种各样数据仓库的应用，将其进行分类和归纳，一共有三种数据仓库的应用：信息处理、分析处理和数据挖掘。下面分别详述这三种应用。

1. 信息处理

支持数据查询、基础的统计分析，并且可以通过使用交叉表、表、图表和图进行数据报告。

2. 分析处理

分析处理主要包含数据仓库多维的数据分析，同时支持 OLAP 的操作，如切片和切块，下钻和旋转等操作。相比信息处理而言，分析处理支持高维数据分析。

3. 数据挖掘

可以从隐藏的模式中发现知识、支持关联分析、建立分析模型、执行分类和预测，并且通过可视化的方法呈现挖掘后的结果。

4. 三种应用的区别与联系

数据立方体的三种类型应用既有区别也有联系。信息处理、分析处理与数据挖掘的关系和区别主要表现在如下三个方面。

(1) 信息处理的侧重点是查询，通过查询数据发现有用的知识。但是信息处理只是直接反映数据库中的数据信息，不包含数据中隐藏的规律或者知识。

(2) 分析处理的侧重点是 OLAP 操作，OLAP 的作用主要是通过数据的汇总和比较进而简化数据分析，分析处理支持表示了数据仓库中数据的一般描述，数据挖掘所包含的内容远远高于分析处理中所包含的信息。

(3) 数据挖掘是发现隐藏在数据中的知识和信息，常见的数据挖掘方法有关联规则方法，如用于商品的销售搭配建议；分类和预测方法，如判断一个用户更喜欢哪类商品；聚类方法，如对客户群体的划分等。

通过上述对比，数据挖掘比 OLAP 的操作要复杂很多，而且数据挖掘所发现的知识往往更深入，并且这些知识不能通过 OLAP 操作实现。数据挖掘发现的知识和模式是后续章节重点要介绍的内容，在此不做深入探讨。需要注意的是，经过信息处理和分析，也可以获得一些知识，这些知识也可以指导实际工作进行一定的决策。

4.7.2 从 OLAP 到 OLAM

OLAM(On-Line Analytical Mining，联机分析挖掘)把数据挖掘与 OLAP 结合起来，可以在高维数据库中挖掘知识。

1. 联机分析挖掘的原因

(1) 数据仓库中的数据一般而言是质量较高的数据。数据仓库中的数据是经过了数据清洗、集成和一致性处理后的数据。在这种情况下，数据仓库不仅支持 OLAP，还是数据挖掘工作的高质量数据源。需要注意的是，数据挖掘中的方法也可以用于数据预处理中，如可以使用分类预测算法填充数据中的缺失值。

(2) 数据仓库中具有可利用的数据信息处理结构。全面的数据访问、处理和分析工具已经在数据仓库中建立，其中包括 ODBC、OLEDB、Web 服务访问接口、服务机制、报表和 OLAP 分析工具。充分利用这些工具可极大地简化 OLAM 的操作。

(3) 基于 OLAP 的探索性数据分析。通过对数据立方体的下钻、切片、旋转等 OLAP 操作，同时将结果和可视化工具联系在一起，将极大地增强探索性数据挖掘的能力。

(4) 在线的数据挖掘功能选择。用户可能不知道应该挖掘什么知识，通过整合和转换多个数据挖掘的功能、算法和任务，可以为用户选择期望的数据挖掘功能。

简而言之，数据仓库提供了干净的数据、数据处理工具，并且可以通过 OLAP 进行探索性数据分析，这些都为数据挖掘工作奠定了基础。

2. OLAM 架构

OLAM 主要由 4 层组成：数据存储层、多维数据库(MDDB)层、OLAP/OLAM 层和用户接口层，如图 4.18 所示。下面分别详述各个层次的功能。

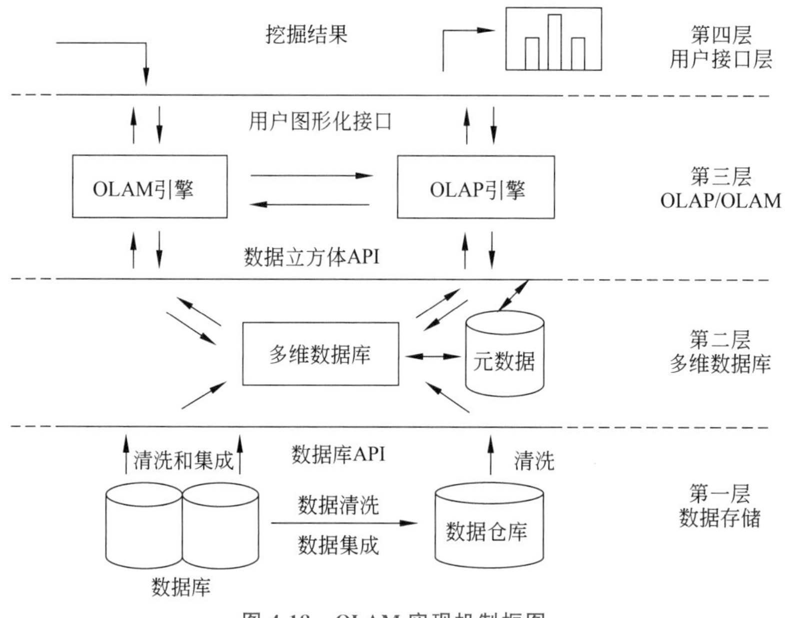

图 4.18　OLAM 实现机制框图

(1) 数据存储层。数据存储层包括数据库和通过数据清洗、集成等操作后的数据仓库，主要的功能是存储数据，此处提供数据库的 API 供多维数据库层调用。

(2) 多维数据库层。包括多维数据库和用于描述数据库信息的元数据，同时提供数据立方体的 API 供 OLAP/OLAM 调用。

(3) OLAP/OLAM 层。进行在线分析处理和在线数据挖掘，进而发现数据中的知识，同时为用户接口层提供图形用户界面的接口。

(4) 用户接口层。通过 OLAP/OLAM 层的图形化接口，为用户提供挖掘结果的查询并以可视化的方式显示数据挖掘后的结果。

4.8 小　结

数据库是一种结构化的数据存储方式，具有较小的冗余度，较高的独立性和易扩展性，同时可以被多个用户共享，其中的数据可以长期地存储在计算机内。数据库、表、记录和域（字段）之间的关系是数据库可以包含多张表，一张表中包含多条记录，一条记录中有多个域（字段）。数据库管理系统（DBMS）是为用户提供了定义、建立、维护数据库服务的软件，同时 DBMS 提供数据的存储、检索和更新、支持事务操作、并发访问控制等功能。

数据仓库是一种语义一致性的数据存储，它是决策数据模型的物理实现。数据仓库有面向主题的（subject-oriented）、集成的（integrated）、时变的（time variant）和非易失的（non-volatile）4 个关键特点。数据库的 OLTP 操作和数据仓库的 OLAP 操作的主要区别表现在面向的对象、数据内容、数据库的设计、视图和访问模式 5 个方面。实际应用中，分离数据仓库的主要原因是为了提高数据仓库和 DBMS 各自的性能。数据仓库是基于多维的数据立方体模型，数据立方体是指从多维的角度对数据进行观察和建模。此外，这种模型采用星型模式、雪花模式或者事实星座模式。

所谓概念分层是指定义了一个映射序列，在这个映射序列把底层的概念映射成较高层的抽象概念，更一般化的概念。进行概念分层的主要目的是为了在多个层次上对数据进行分析和挖掘。典型的 OLAP 操作包括上卷、下钻、切片和切块、旋转等操作。

数据仓库设计包括自顶向下、自底向上和混合式方法。数据仓库通常采用三层体系结构，包括底层的数据存储、中间层的 OLAP 引擎和顶层的前端工具。底层通常是关系型数据库，中间层是 OLAP 服务器，顶层是常见的查询或者报表等可视化工具。

元数据是关于数据的知识或信息，是用于定义数据仓库对象的数据。数据立方体物化方式可根据元数据提供的信息来实施，包括如下物化策略：完全物化、不物化和部分物化。为了提高数据立方体的 OLAM 操作的性能，提高数据在数据仓库中的品质，环绕数据仓库建立可用的信息处理基础设备，基于 OLAP 进行探索性的数据分析，并且可以在线进行数据挖掘功能的选择。在数据仓库的基础上可以进一步实现 OLAM 的数据处理功能。

参考文献

[1] AGARWAL S, AGRAWAL R, DESHPANDE P M, et al. On the computation of multidimensional aggregates[C]. VLDB'96,1996: 506-521.

[2] AGRAWAL R, GUPTA A, SARAWAGI S. Modeling multidimensional databases[C]. ICDE'97, 1997: 232-243.

[3] CHAUDHURI S, DAYAL U. An overview of data warehousing and OLAP technology[C]. ACM SIGMOD Record,1997, 26:65-74.

[4] CODD E F, CODD S B, SALLEY C T. Beyond decision support[J]. Computer World,27, 1993.

[5] GRAY J, et al. Data cube: A relational aggregation operator generalizing group-by, cross-tab and sub-totals[C]. Data Mining and Knowledge Discovery, 1997, 1:29-54.

[6] GUPTA A, MUMICK I S. Materialized Views: Techniques, Implementations, and Applications[M]. Boston: MIT Press, 1999.

[7] HAN J. Towards on-line analytical mining in large databases[C]. ACM SIGMOD Record, 1998, 27: 97-107.

[8] HARINARAYAN V, RAJARAMAN A, ULLMAN J D. Implementing data cubes efficiently[C]. SIGMOD'96, 1996: 205-216.

[9] IMHOFF C, GALEMMO N, GEIGER J G. Mastering Data Warehouse Design: Relational and Dimensional Techniques[M]. Hoboken: John Wiley & Sons, 2003.

[10] INMON W H. Building the Data Warehouse[M]. Hoboken: John Wiley & Sons, 1996.

[11] KIMBALL R, ROSS M. The Data Warehouse Toolkit: The Complete Guide to Dimensional Modeling[M].2nd ed. Hoboken: John Wiley & Sons, 2002.

[12] O'NEIL P, QUASS D. Improved query performance with variant indexes[C]. SIGMOD'97, 1997: 38-49.

[13] SHOSHANI A. OLAP and statistical databases: Similarities and differences[C]. PODS'00, 1997: 185-196.

[14] SARAWAGIS, STONEBRAKER M. Efficient organization of large multidimensional arrays[C]. ICDE'94, 1994: 328-336.

[15] THOMSEN E. OLAP Solutions: Building Multidimensional Information Systems[M]. Hoboken: John Wiley & Sons, 1997.

第5章　相关性与关联规则

关联规则挖掘是数据挖掘领域中研究较为广泛也较为活跃的方法之一。最初的研究动机是针对购物篮分析(Basket Analysis)问题提出的，目的是为了解决发现交易数据库(Transaction Database)中不同商品之间的联系规则。关联规则最早由Agrawal等人在1993年提出，随后大量的研究人员对关联规则挖掘问题进行了大量的研究，从最初的挖掘理论的探索、原有算法的改进、新算法的设计，到今天的并行关联规则挖掘(Parallel Association Rule Mining)以及数量关联规则挖掘(Quantitive Association Rule Mining)等方法的应用，关联规则挖掘方法已经日臻成熟，并在很多领域中有了广泛的应用。本章将对相关性和关联规则挖掘的基本概念、方法以及相关算法进行介绍。

5.1　基本概念

相关性与关联规则是对给定数据集中反复出现的联系进行挖掘提取，本节中将对关联规则挖掘的基本概念进行简单介绍。5.1.1节给出了关联规则潜在的应用；5.1.2节介绍购物篮分析的例子，这是关联规则频繁模式挖掘的初始形式；5.1.3节对频繁模式分析、闭项集和关联规则的基本概念进行详细解释。

5.1.1　潜在的应用

在传统的零售商店中顾客购买东西的行为是零散的，但如今，大型超市已经可以满足顾客一次购物即可买到所有自己想要的商品，同时随着网络购物的兴起，很多人选择在网上挑选自己想要的东西，这些商家以及网站很容易将购买记录收集和存储下来。通过对这些数据的智能化分析，可以获得有关顾客购买模式的一般性规则。

早在20世纪90年代的美国沃尔玛超市中，沃尔玛的超市管理人员分析销售数据时发现了一个令人难以理解的现象，在某些特定情况下，“啤酒”与“尿布”两件看上去毫无关系的商品经常会出现在同一个购买记录里。如果一个年轻的父亲可以很方便地同时购买到两件产品，那么他很可能会经常性地选择在这家超市购买商品。通过对客户购买模式的分析寻找到一般性的规则，从而使顾客能够更加快捷方便地完成购物，进而产生良好的销售记录，这也就产生了最初的关联规则的潜在应用。这些规则刻画了顾客购买行为模式，可以用来指导商家科学地安排进货、库存以及货架商品摆放设计等。图5.1描绘了一个简单的关联规则挖掘的潜在应用。

其实，除了上面提到的一些商品间存在的奇特关联现象外，也体现在其他方面。例如医学研究人员希望从已有的成千上万份病历中找到患某种疾病的病人的共同特征，从而为治愈这种疾病提供一些帮助。另外，通过对用户信用卡账单的分析也可以得到用户的消费方式，有助于对相应的商品进行市场推广等。关联规则的挖掘方法已经涉及了生活的很多方面，为人们的生活提供了极大的便利。

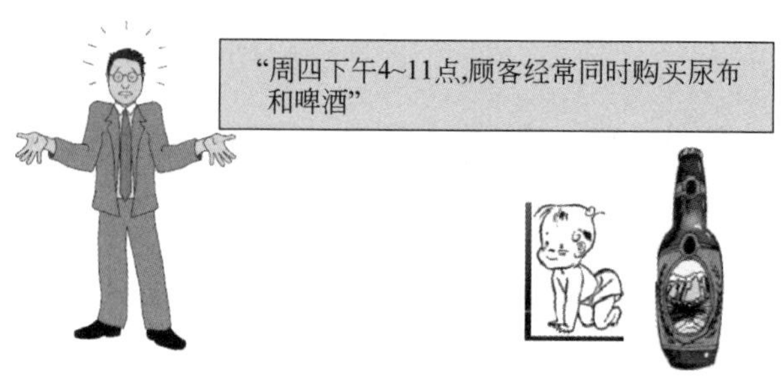

图 5.1 一个简单的关联规则挖掘的潜在应用

5.1.2 购物篮问题

通过频繁项集挖掘可以发现大型事务或关系数据集中事物与事物之间有趣的关联。随着大型数据库的建立和不断扩充，很多分析人员已经可以从数据库中挖掘潜在的关联规则，从而发现事物间的相关联系，进而帮助商家进行决策、设计和分析顾客购买习惯。

假设给定一个很大的超市，里面包含任何顾客想购买的任何东西，那么作为超市的管理者，如何找到最常出现在顾客“购物篮”中的东西呢？或者哪些东西是最为常见同时出现在顾客的“购物篮”中的呢？或者某些商品后可能诱发顾客一路购买哪些其他商品？

频繁项集挖掘的典型事例就是购物篮问题。通过发现顾客“购物篮”中不同商品之间的关联，分析顾客的购买习惯，帮助零售商了解哪些商品被频繁地同时购买。例如，如果顾客购买了面包，那么他们很可能也会购买果酱，这种信息可以很好地帮助管理人员选择性地安排货架商品位置，以减少顾客购买所花费的时间以及提高销售量。

例 5-1 购物篮问题。假设商店里有商品{milk，coke，pepsi，beer，juice}，并有以下购物记录：

B_1={milk,coke,beer},B_2={milk,pepsi,juice},B_3={milk,beer},
B_4={coke,juice},B_5={milk,pepsi,beer},B_6={milk,coke,beer,juice},
B_7={coke,beer,juice},B_8={coke,beer}

作为商店的主管，了解什么商品会被顾客经常性地购买，从而预测进货的数量等。为了解决这个问题，可以通过统计商品被购买的次数来进行分析。一般来说，会对支持度较高的一些商品感兴趣，也就是说当支持度达到一定的阈值后，某种(些)商品才有被挖掘的潜力，这个阈值就是最小支持度计数(min_sup)，当某种商品的支持度超过最小支持计数阈值时，这个(些)商品就叫频繁项集。假设设定最小支持度为 3，也就是出现次数最少为 3 的商品(集)，通过简单的计数统计，最终得到的频繁项集为：

{milk},{coke},{beer},{juice},{milk,beer},{coke,beer},{juice, coke}。

5.1.3 频繁模式分析、闭项集和关联规则

一个事务数据库中的关联规则挖掘可以描述如下：

设 $I=\{I_1,I_2,\cdots,I_m\}$是一个项目集合，事务数据库 $D=\{t_1,t_2,\cdots,t_n\}$是由一系列具有唯一标识 T_{ID}的事务组成，每个事务 $t_i(i=1,2,\cdots,n)$都对应 I 上的一个子集。

定义 5-1 设 $I_1 \subseteq I$，项目集(itemset) I_1 在数据集 D 上的支持度(support)是包含 I_1 的事务在 D 中所占的百分比，即

$$\text{support}(I_1) = \frac{||\{t \in D \mid I_1 \subseteq t\}||}{||D||} \tag{5-1}$$

例如在例 5-1 中，milk 的支持度为 62.5%。

定义 5-2 对项目集 I 和事务数据库 D，T 中所有满足用户指定的最小支持度(minsupport)的项目集，即大于或等于 minsupport 的 I 的非空子集称为频繁项目集(frequent itemsets)或大项目集(large itemsets)。在频繁项目集中挑选出所有不被其他元素包含的频繁项目集作为最大频繁项目集(maximum frequency itemsets)或最大项目集(maximum large itemsets)。

定义 5-3 假设 $A \subset I$，$B \subset I$，并且 $A \cap B = \varnothing$，关联规则是形如 $A \Rightarrow B$ 的蕴含式，定义在这个关联规则的置信度是指包含 A 同时包含 B 的事务数之比，即

$$\text{confidence}(A \Rightarrow B) = \frac{\text{Support}(A \cup B)}{\text{Support}(A)} \tag{5-2}$$

在例 5-1 中，milk⇒beer 的置信度是 80%。

定义 5-4 D 在 I 上满足最小支持度和最小置信度(minconfidence)的关联规则称为强关联规则(strong association rule)。

通常意义上所说的关联规则都是指强关联规则。

一般来说，给定一个事务数据库，关联规则挖掘问题就是通过用户指定最小支持度和最小置信度来寻找强关联规则的过程。关联规则挖掘一般可以划分为两个子问题。

1. 发现频繁项目集

通过用户给定的最小支持度，寻找所有频繁项目集，即满足支持度不小于 min-support 的所有项目子集。事实上，这些频繁项目集可能具有包含关系。一般地，只关心那些不被其他频繁项目集所包含的所谓最大频繁项目集的集合。发现所有的频繁项目集是形成关联规则的基础。

2. 由频繁项集产生关联规则

通过用户给定的最小置信度，在每个最大频繁项目集中寻找置信度不小于 min-confidence 的关联规则。

相对于第一个子问题来说，由于第二个子问题相对简单，而且在内存、I/O 以及算法效率上改进余地不大，因此第一个子问题是近几年来关联规则挖掘算法研究的重点。

从大型数据集中挖掘频繁项集的主要挑战是这种挖掘常常产生大量满足最小支持度的项集，当最小支持度设置很低的时候更是如此。这是因为如果一个项集是频繁的，它的每个子集也是频繁的，一个长项集将包含组合个数较短的频繁子项集。这将产生过于庞大的数据开销，尤其当数据量很大的时候。对于任何计算机来说，计算的速度和存储空间都是制约关联挖掘的重要问题。因此，为了解决这个问题，在这里引入闭项集和极大频繁项集的概念。

如果不存在真超项集[①] Y 使得 Y 与 X 在 I 中有相同的支持度计数，则称项集 X 在数据集 I 中是闭的。项集 X 是数据集 I 中的闭频繁项集，如果 X 在 I 中是闭的和频繁的，项集 X 是 I 中的极大频繁项集（或极大项集）。

5.2 频繁项集挖掘方法

本节将介绍最简单也是最常见的频繁项集挖掘的算法。5.2.1 节对 Apriori 算法进行详细介绍，Apriori 是一种发现频繁项集的基本算法；5.2.2 节介绍如何通过频繁项集产生关联规则；5.2.3 节介绍 Apriori 的效率，以及如何提高 Apriori 的效率；5.2.4 节介绍另一种频繁项集挖掘的算法，它与 Apriori 算法不同，并且在算法的效率上有显著提高。

5.2.1 Apriori 算法

Apriori 算法是 R.Agrawal 和 R.Srikant 于 1994 年提出的为布尔关联规则挖掘频繁项集的原创性算法。Apriori 使用一种称作逐层搜索的迭代方法，k 项集用于探索 $k+1$ 项集。

在介绍 Apriori 算法前，首先介绍一种称为 Apriori 性质的重要理论，它主要用于压缩搜索空间，从而更快地找到频繁项集。

Apriori 性质：频繁项集的所有非空子集也必须是频繁的。即如果项集 A 不满足最小支持度阈值 min-support，则 A 不是频繁的，如果将项集 B 添加到项集 A 中，也就是 A∪B 也不可能是频繁的。

该性质是一种反单调性的性质，也就是说如果一个集合不能通过测试，则它的所有超集也都不能通过相同的测试。

Apriori 算法简单来说主要有以下几个步骤：首先通过扫描数据库积累每个项的计数，并收集满足最小支持度的项，找出频繁 1-项集的集合（该集合记为 L_1）。然后 L_1 用于找到频繁 2-项集的集合 L_2，利用 L_2 再找到 L_3，如此下去直到不能再找到频繁 k-项集为止。其算法描述如算法 5.1 所示。

算法 5.1 Apriori 算法

```
输入：数据集 D；最小支持度计数 min-sup_count。
输出：频繁项目集 L。
(1) L1={频繁 1-项集};              //所有支持度不小于 min-support 的 1-项集
(2) for(k=2;Lk-1≠0;k++)
(3)     Ck=apriori-gen(Lk-1);      //Ck 是 k 个元素的候选集
(4)     for all transaction t∈D
(5)         Ct=subset(Ck,t);
(6)         for all candidates c∈Ct
(7)             c.count++;
(8)         End for
(9)     End for
```

① Y 是 X 的真超项集，如果 X 是 Y 的真子项集，即如果 $X \subset Y$。换言之，X 中的每一项都包含在 Y 中，但是 Y 中至少有一个项不在 X 中。

```
(10)       Lk={c∈Ck|c.count> =minsup_count}
(11) End for
(12) L=∪Lk
```

算法 5.1 中调用了 apriori-gen(L_{k-1}),是为了通过 ($k-1$)-项集产生 k-项集。算法 5.2 对 apriori-gen 过程进行了详细描述。

算法 5.2　apriori-gen(L_{k-1})(候选集产生)

```
输入:(k-1)-项集。
输出:k-候选集 Ck。
(1) for all itemset p∈Lk-1
(2)   for all itemset q∈Lk-1
(3)       if(p.item1=q.item1, p.item2=q.item2,…,p.itemk-2=q.itemk-2,
(4)          p.itemk-1<q.itemk-1)
(5)              c=p∞q;
(6)          if(has_infrequent_subset(c,Lk-1)) delete c;
(7)          else add c to Ck;
(8)     End for
(9) End for
(10) Return Ck
```

在算法 5.2 中调用了 has_infrequent_subset(c,L_{k-1}),是为了判断 c 是否需要加入 k-项集中。根据 Apriori 的性质,含有非频繁项目子集的元素不可能是频繁项目集,因此应该删掉那些含有非频繁项目子集的项目集,以提高效率。对于 has_infrequent_subset(c,L_{k-1})过程,算法 5.3 给出了详细的描述。

算法 5.3　has_infrequent_subset(c,L_{k-1})(判断候选集的元素)

```
输入:一个 k-项集 c,(k-1)-项集 Lk-1。
输出:c 是否从候选集中删除。
(1) for all (k-1)-subsets of c
(2)     if S∉Lk-1
(3)         return true;
(4) return false
```

为了更好地了解 Apriori 算法,下面用一个例子对 Apriori 算法进行详细说明。

例 5-2　假设如表 5.1 所示的样本数据库 D,假设最小支持度为 2。

表 5.1　样本数据库 D

ID	样　本
10	A,C,D
20	B,C,E
30	A,B,C,E
40	B,E

产生频繁项集的过程如图 5.2 所示。

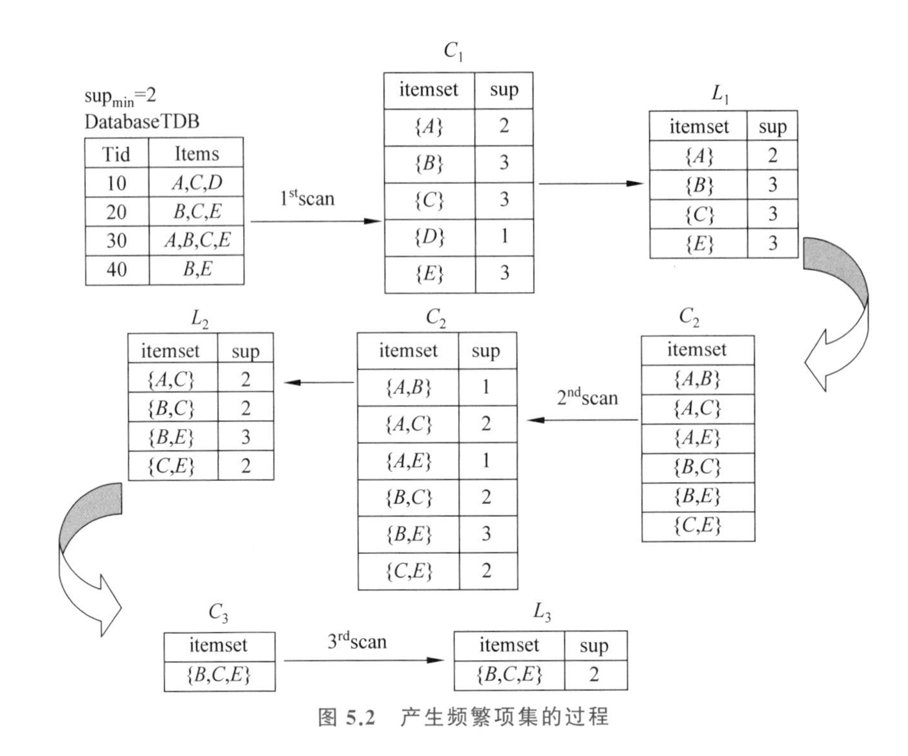

图 5.2 产生频繁项集的过程

那么，最终产生的频繁 1-项集、频繁 2-项集和频繁 3-项集分别是：

L_1：{A}，{B}，{C}，{E}；

L_2：{A，C}，{B，C}，{B，E}，{C，E}；

L_3：{B，C，E}；

所有的频繁项集为{A，B，C，E，AC，BC，BE，CE，BCE}。

5.2.2 由频繁项集产生关联规则

一旦由数据库 D 中的事务找出频繁项集，可以直接由它们产生强关联规则，即满足最小支持度和最小置信度的规则(最小置信度的公式如式(4-2)所示)。

例 5-3 在例 5-2 产生的频繁项集中，对于频繁项集 $L=\{B,C,E\}$来说，可以通过 L 得到哪些关联规则？L 的非空子集有{B}，{C}，{E}，{B，C}，{C，E}，{B，E}。部分关联结果如下：

$B \Rightarrow C,E$　　confidence=2/3=67%

$C \Rightarrow B,E$　　confidence=2/3=67%

$E \Rightarrow B,C$　　confidence=2/3=67%

$C,E \Rightarrow B$　　confidence=2/2=100%

$B,E \Rightarrow C$　　confidence=2/3=67%

$B,C \Rightarrow E$　　confidence=2/2=100%

如果最小置信度阈值为 80%，那么只有第一个和第三个规则满足条件，即强关联规则。在这里需要注意的一点就是，关联规则的右端可以包含多个合取项。

5.2.3 提高 Apriori 的效率

Apriori 作为经典的频繁项集产生算法，在数据挖掘领域里具有里程碑的作用。但随着应用的深入，它的缺点也逐渐暴露出来，其主要的瓶颈有以下两个：

(1) 多次扫描事务数据库，需要很大的 I/O 负载。

对每次 k 循环，候选集 C_k 中的每个元素都必须通过扫描数据库一次来验证其是否加入 L_k。加入一个频繁大项集包含 10 个项，那么就至少需要扫描事务数据库 10 次。

(2) 可能产生庞大的候选集。

由 L_{k-1}产生 k-候选集 C_k 是指数增长的，例如 10^4 个频繁 1-项集就有可能产生将近 10^7 个元素的 2-候选集。如此庞大的候选集对时间和主存空间都是一种挑战。因此很多研究人员对 Apriori 算法进行了很多的改进，以提高算法的效率。

1. 基于散列的方法

1995 年，Park 等提出了一种基于散列(Hash)技术产生频繁项集的算法。这种方法把扫描的项目放到不同的 Hash 桶中，每个频繁项最多只可能放在一个特定的桶里，这样可以对每个桶中的频繁项自己进行测试，减少了候选频繁项集产生的代价。

例 5-4 对于表 5.2 中给出的数据，加入使用 Hash 函数“(10×x+y) mod 7”生成$\{x, y\}$对应的桶地址，那么扫描数据的同时可以把可能的 2-项集$\{x, y\}$放入对应的桶中，并对每个桶内的项目集进行计数，结果如表 5.3 所示。假设最小支持度计数为 3，根据表 5.3 的计数结果，$L_2=\{(I2, I3), (I1, I2), (I1, I3)\}$。

表 5.2 事务数据库示例

ID	事　务	ID	事　务
1	$I1, I2, I5$	6	$I2, I3$
2	$I2, I4$	7	$I1, I3$
3	$I2, I3$	8	$I1, I2, I3, I5$
4	$I1, I2, I4$	9	$I1, I2, I3$
5	$I1, I3$		

表 5.3 2-项集的桶分配示例

桶地址	0	1	2	3	4	5	6
桶计数	2	2	4	2	2	4	4
桶内容	$\{I1, I4\}$ $\{I3, I5\}$	$\{I1, I5\}$ $\{I1, I5\}$	$\{I2, I3\}$ $\{I2, I3\}$ $\{I2, I3\}$ $\{I2, I3\}$	$\{I2, I4\}$ $\{I2, I4\}$	$\{I2, I5\}$ $\{I2, I5\}$	$\{I1, I2\}$ $\{I1, I2\}$ $\{I1, I2\}$ $\{I1, I2\}$	$\{I1, I3\}$ $\{I1, I3\}$ $\{I1, I3\}$ $\{I1, I3\}$

2. 事务压缩

事务压缩是指压缩未来迭代扫描的事务数。由于不包含任何频繁 k-项集的事务是不可能包含任何频繁($k+1$)-项集的，因此这种事务在后续的考虑中可以加上标记或者直接删除，因此产生 j-项集($j>k$)的数据库扫描不再需要它们。

3. 基于数据划分(Partition)的方法

Apriori 算法在执行过程中首先生成候选集，然后再进行剪枝。可是生成的候选集并不都是有效的，有些候选集根本就不是事务数据的项目集。因此，候选集的产生具有很大的代价。特别是内存空间不够导致数据库与内存之间不断交换数据，会使算法的效率变得很差。

把数据划分应用到关联规则挖掘中，可以改善关联规则挖掘在大容量数据集中的适应性。其基本思想是把大容量数据库从逻辑上分成几个互不相交的块，每块应用挖掘算法(如 Apriori 算法)生成局部的频繁项集，然后把这些局部的频繁项集作为候选的全局频繁项目集，通过测试它们的支持度来得到最终的全局频繁项目集。

4. 基于采样(Sampling)的方法

基于采样的方法是 Toivonen 于 1996 年提出的，这个算法的基本思想是：选取给定数据 D 的随机样本 S，然后在 S 而不是 D 中搜索频繁项集。用这种方法牺牲了一些精度换取有效性。样本 S 的大小选取使得可以在内存搜索 S 中的频繁项集。这样，只需要扫描一次 S 中的事务。由于算法只是搜索 S 中的数据，因此可能会丢失一些全局频繁项集。为了减少这样的情况，使用比最小支持度低的支持度阈值来找出局部于 S 的频繁项集(记作 Ls)。然后，数据库的其余部分用于计算 Ls 中每个项集的实际频率。使用一种机制来确定是否所有的频繁项集都包含在 Ls 中。如果 Ls 实际包含了 D 中的所有频繁项集，则只需扫描一次 D。否则，可以做第二次扫描来找出第一次扫描时遗漏的频繁项集。

5.2.4 挖掘频繁项集的模式增长方法

在很多情况下，Apriori 算法已经能够很好地解决关联规则挖掘的问题，并有很好的性能表现。但同时它也有着很大的缺陷：会产生大量的候选项集；需要重复地扫描数据库。

那么，是否可以设计一种方法挖掘全部频繁项集而不产生候选集？Han 等人于 2000 年提出了一种称为频繁模式增长(Frequent Pattern-growth，FP-growth)的算法。这种算法只需要进行两次数据库扫描，并且它不会产生候选集，直接压缩数据库成为一个频繁模式树，最后通过这棵树生成关联规则。

FP-growth 算法主要采用如下的分治策略：首先将提供频繁项的数据库压缩到一个频繁模式树(FP-tree)，但仍保留相关信息。然后将压缩后的数据库划分成一组条件数据库，每个关联一个频繁项或“模式段”，并分别挖掘每个条件数据库。具体算法如算法 5.4 所示。

算法 5.4　FP-tree 构造算法

输入：事务数据库 DB；最小支持度阈值 Minsupport。
输出：FP-tree 树。
(1) 扫描事务数据库 D 一次。收集频繁项集合 F 以及它们的支持度计数，对 F 按照支持度计数降序排序,得到频繁项列表 L。

(2) 创建 FP-tree 的根结点,以"null"标记它。对于 D 中的每个事务 T,作如下处理:选择 T 中的频繁项,并按照 L 中的次序进行排序,排序后的频繁项标记为[p|P],其中 p 是第一个元素,P 是剩余元素的表。调用 insert_tree([p|P],T)将此元组对应的信息加入 T 中。

构造 FP-tree 算法的核心是 insert_tree 过程。Insert_tree 过程是对数据库的一个候选项目集的处理,它对排序后的一个项目集的所有项目进行递归式的处理,直到项目表为空。

算法 5.5　insert_tree([p|P],T)

(1) if(T 有一个子女 N 使得 N.item- name=p.item- name)。

(2) N 的计数加一。

(3) else。

(4) 创建一个新结点 N,将其计数设为 1,链接到它的父结点 T,并通过结点链结构将其链接到具有相同项名的结点。

(5) 如果 P 非空,递归地调用 insert_tree(P,N)。

为了更好地理解 FP-tree 的构建,通过下例来对算法进行说明。

例 5-5　对于一个给定的事务数据库,通过一次扫描后去掉不频繁的项目(本例子中设定最小支持度阈值为 3),并按照出现的频率降序排列。表 5.4 给出了原始数据以及整理后的数据。

表 5.4　样本数据库/排序后的数据库

Tid	原始项目集	整理后的项目集
100	$\{f, a, c, d, g, i, m, p\}$	$\{f, c, a, m, p\}$
200	$\{a, b, c, f, l, m, o\}$	$\{f, c, a, b, m\}$
300	$\{b, f, h, j, o, w\}$	$\{f, b\}$
400	$\{b, c, k, s, p\}$	$\{c, b, p\}$
500	$\{a, f, c, e, l, p, m, n\}$	$\{f, c, a, m, p\}$

通过一次扫描,可以得到频繁 1-项集 $L=\{f,c,a,b,m,p\}$,如图 5.3 所示。利用得到的频繁 1-项集创建树的根结点,用 Null 标记。第二次扫描数据库 D,并对每一个事务创建一个分支。

(1) 第一个事务 T100 按照 L 的次序包含 5 个项$\{f,c,a,m,p\}$,导致构造树的第一个分支$<f1-c1-a1-m1-p1>$。

(2) 对于第二个事务 T200,由于其排序后的频繁项表为$\{f,c,a,b,m\}$,已经与分支$\{f,c,a,m,p\}$有共同的前缀$\{f,c,a\}$,因此前缀中的每个结点计数加 1,只创建两个新的结点 $m1$ 和 $p1$。形成分支链为$<f2-c2-a2-b1-m1>$。

(3) 按照这种方法处理 T300~T500,并按照要求连接到项头表和把相同的项目连接起来,如图 5.3 所示。最终得到 FP-tree。

前面已经提到了如何构建 FP-tree,接着对如何通过 FP-tree 产生频繁项集进行详细解释。利用 FP-tree 算法分析频繁项集的基本思想,即分而治之,构造过程如算法 5.6 所示。

算法 5.6　利用 FP-tree 挖掘频繁项集

输入:构造好的 FP-tree,事务数据库 D,最小支持度阈值 Minsupport。

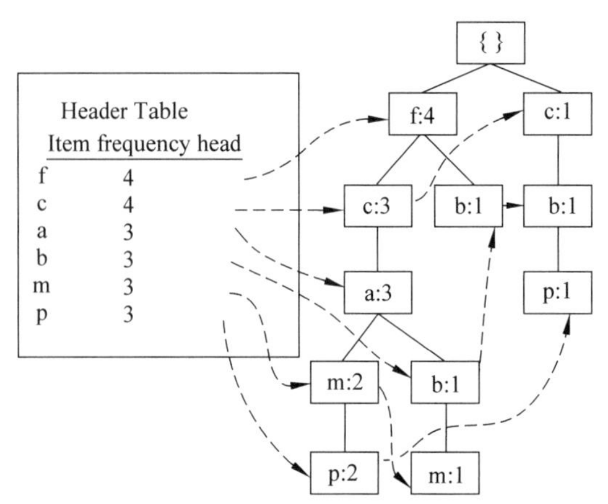

图 5.3 样本数据库对应的 FP-tree

输出：频繁项集。

```
FP-growth(Tree,α)
(1) if(Tree 含单个路径 P)
(2)     for 路径 P 中结点的每个组合(记作 β)
(3)         产生模式 β ∪ α,其支持度 support=β 中结点的最小支持度
(4) else for each aᵢ在 Tree 的头部 {
(5)     产生一个模式 β =aᵢ ∪ α,其支持度 support=aᵢ .support;
(6)     构造 β 的条件模式基,然后构造 β 的条件 FP-树 Treeβ;
(7) if Treeβ≠0 then
(8) 调用 FP_growth (Treeβ, β);
```

通过算法 5.6,可以对例 5-6 得到的 FP-tree 进一步分析,得到挖掘 FP_tree 的过程,如表 5.5 所示。

表 5.5 频繁项集产生过程

项	条件模式基	条件 FP-tree	产生的频繁项集
c	f:3	<f:3>	fc:3
a	fc:3	<fc:3>	fca:3,ca:3,fa:3
b	fca:1, f:1, c:1	∅	∅
m	fca:2, fcab:1	<fca:3>	fcma:3,fm:3,cm:3,am:3,fcm:3,fam:3,cam:3
p	fcam:2, cb:1	<c:3>	cp:3

5.3 多种关联规则挖掘

5.3.1 挖掘多层关联规则

对于许多应用,由于多维数据空间数据的稀疏性,在低层或原始层的数据项之间很难找出强关联规则。在较高的概念层次发现的强关联规则有可能提供具有普遍意义的知识。然而,对一个用户代表普遍意义的知识,对另一个用户可能是新颖的。这样,数据挖掘系统应当提供一种能力，即在多个抽象层挖掘关联规则，并容易在不同的抽象空间转换。例如，在商场事务数据库中，销售模式在原始数据上也许不能显示规则，但在某些高层次上能显示有用信息。目前关联规则的挖掘已经从单一概念层发展到多概念层，形成逐步深化的知识发现过程。

对于事务或关系型数据库来说，一些项或属性所隐含的概念是有层次的。例如，当提到“洗衣机”时，对于一个分析和决策应用来说，就可能关心它的更高层次概念——“家用电器”。对不同的用户而言，可能某些特定层次的关联规则更有意义。同时，由于数据的分布和效率方面的考虑，数据可能在多种粒度层次上存储，因此挖掘多层次关联规则就可能得出更深入、更有说服力的知识。

在图5.4中给出了一个关于商品的多层次概念树，多层次关联规则挖掘可以分为同层次关联规则和层次间关联规则。如果一个关联规则对应的项目是同一个粒度层次，那么它是同层次关联规则，例如台式机⇒教育类软件就属于同层次关联规则；如果在不同的粒度层次上考虑问题，那么就可能得到的是层间关联规则，如教育类软件⇒索尼。

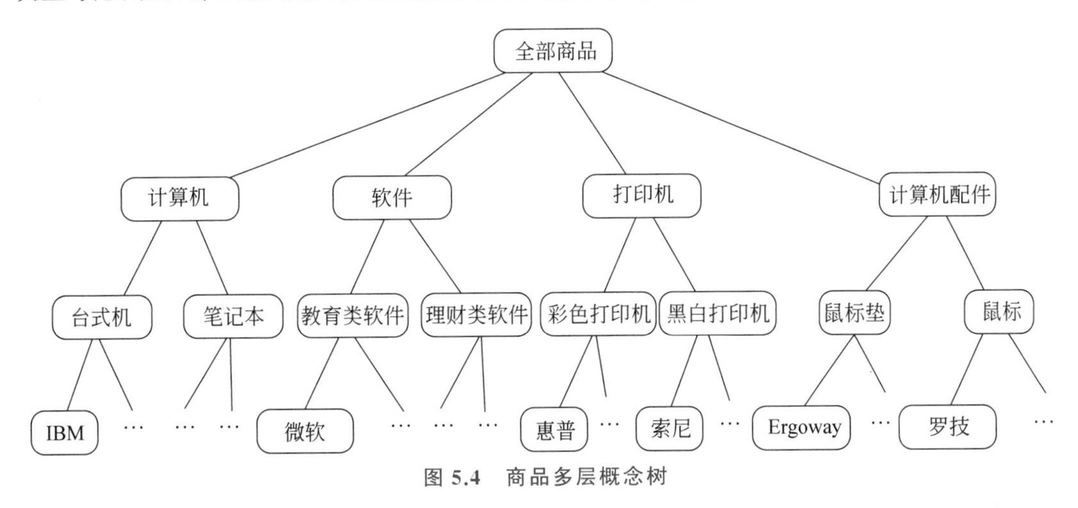

图5.4　商品多层概念树

目前，多层次关联规则挖掘的度量方法基本上沿用了“支持度-可信度”的框架，不同的是，对支持度的设置还需要考虑不同层次的度量策略。

1. 多层次关联挖掘有两种基本设置支持度的策略

(1) 统一的最小支持度。

对于所有层次，都使用同一个最小支持度。例如，图5.5中设置最小支持度阈值为5%。计算机和笔记本都是频繁的，但台式机不是。

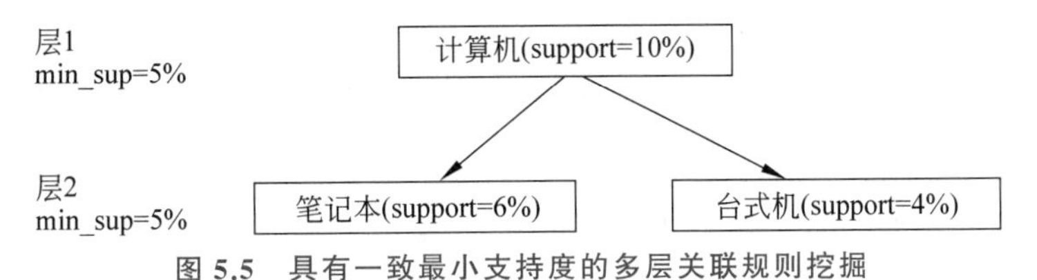

图5.5　具有一致最小支持度的多层关联规则挖掘

这样对于用户和算法实现来说相对容易，而且很容易支持层间的关联规则产生。但同时也有很大的弊端：首先，不同层次可能考虑问题的精度不同、面向的用户群不同。对一些用户来说，可能会觉得支持度太小，产生过多的不感兴趣的规则；但对另外一些用户而言，又会认为支持度太大，丢失过多的有用信息。

(2) 不同层次使用不同的最小支持度。

每个层次都有自己的最小支持度。较低的层次最小支持度相对较小，较高层次的最小支持度相对较大。例如在图 5.6 中，计算机的后代结点(即笔记本和台式机)将不被考察，因为计算机不是频繁的。

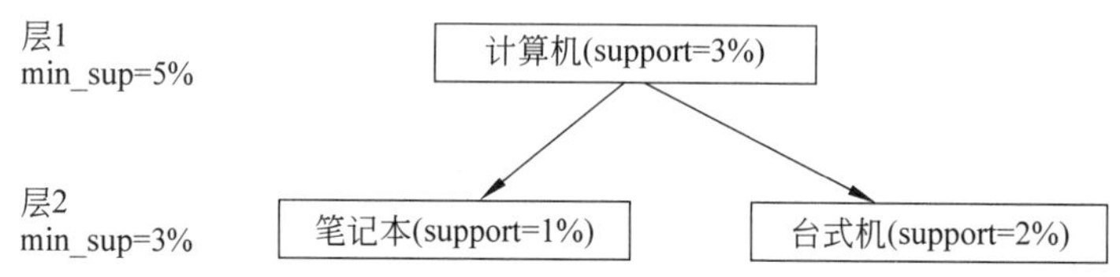

图 5.6　具有递减最小支持度的多层关联规则挖掘

这种方法增加了挖掘的灵活性，但也留下了许多相关问题需要解决。首先，不同层次间的支持度应该有所关联，只有正确地刻画这种联系或找到转换方法才能使生成的关联规则相对客观。另外，由于具有不同的支持度，层间的关联规则挖掘是必须解决的问题。例如，有人提出层间关联规则应该根据较低层次的最小支持度来定。

2. 多层次关联规则挖掘的策略选择

对于多层次关联规则挖掘的策略问题，可以根据应用特点，采用灵活的方法来完成。具体来说，一般采用以下三种方法。

(1) 自上而下的方法。

先找顶层的规则，再找它的下一层规则，如此逐层自上而下。不同层次的支持度可以一样，也可以根据上层的支持度动态生成下层的支持度。

(2) 自下而上的方法。

与自上而下的方法正好相反，先找底层的规则，再找到它的上一层规则，不同层次的支持度也可以动态生成。

(3) 在一个固定层次上的挖掘。

用户可以根据情况，在一个固定层次上进行挖掘，如果需要查看其他层次的数据，可以通过上卷或下钻等操作来获取相应数据。

另外，多层次关联规则可能产生冗余问题，有时需要考虑规则部分的包含问题、规则的合并问题等。因此，对于多层次关联挖掘需要根据具体情况确定合适的挖掘策略。

5.3.2　挖掘多维关联规则

在 OLAP 中挖掘多维、多层关联规则是一个很自然的过程。因为 OLAP 本身的基础就是一个多维多层分析的工具。在数据挖掘技术引入之前，OLAP 只能做一些简单的统计。有了数据挖掘技术，就可以挖掘深层次的关联规则等知识。

多维关联规则挖掘一般分为维内的关联规则和混合维关联规则。

1. 维内关联规则

对于布尔关联规则 IBM 台式机⇒索尼黑白打印机，它也可以写成 buys(X, "IBM 台式机")⇒buys(X,"索尼黑白打印机")，其中 X 是变量，代表购买的顾客。这样，称此规则为单维或维内关联规则，因为它们包含单个相同谓词(即 buys)的多次出现(即谓词在规则中出现多次)。正如在本章前几节看到的，这种规则通常由事务数据挖掘。

2. 混合维关联规则

这类规则允许同一个维重复出现。例如 age(X,"20…29") ∧ occupation(X,"student") ∧ buys(X,"Sony b/w printer")⇒buys(X, "laptop")，这种涉及两个或多个维或谓词的关联规则称为多维关联规则。这类规则更具有普遍适应性，因此在近年来的研究中得到了广泛的应用。

5.3.3 挖掘量化关联规则

量化关联规则是多维关联规则，其中数值属性动态离散化，以满足某种挖掘标准，如最大化挖掘规则的置信度或紧凑性。在本小节，将特别关注如何挖掘左部有两个量化属性，右部有一个分类属性的量化关联规则，例如 $A_{quan1} \wedge A_{quan2} \Rightarrow A_{cat}$。

其中，A_{quan1} 和 A_{quan2} 是在量化属性的区间(其中区间动态地确定)上测试，A_{cat} 测试任务相关数据的分类属性。这种规则称作 2-维量化关联规则，因为它们包含两个量化维。例如，假定像 age 和 income 这样的量化属性对于这样的顾客喜欢什么类型的电视机之间的关联关系。这种 2-D 量化关联规则的一个例子是 age(X,"30…39") ∧ income(X, "42K…48K")⇒ buys(X, "high resolution TV")。

"如何找出这种规则?"看看系统 ARCS(Association Rule Clustering System，关联规则聚类系统)使用的方法，其思想源于图形处理。本质上，该方法将量化属性对映射到满足给定分类属性条件的 2-D 栅格上。然后搜索栅格点的聚类，由此产生关联规则。下面是 ARCS 涉及的步骤：分箱。量化属性可能具有很宽的取值范围，定义它们的域。如果以 age 和 income 为轴，每个 age 的可能值在一个轴上赋予一个唯一的位置;类似地，每个 income 的可能值在另一个轴上赋予一个唯一的位置。想象 2-D 栅格会有多么大。为了使得栅格压缩到可管理的尺寸，将量化属性的范围划分为区间。这些区间是动态的，在挖掘期间它们可能进一步合并。这种划分过程称作分箱，即区间被看作"箱"。三种常用的分箱策略如下。

(1) 等宽分箱。每个箱的区间长度相同。

(2) 等深分箱。每个箱赋予相同个数的元组。

(3) 基于同质的分箱。箱的大小这样确定，使得每个箱中的元组具有一致分布。

在 ARCS 中使用等宽分箱，每个量化属性的箱尺寸由用户输入。对于涉及两个量化属性的每种可能的箱组合，创建一个 2-D 数组。每个数组单元存放规则右部分类属性每个可能类的对应计数分布。通过创建这种数据结构，任务相关的数据只需要扫描一次。基于相同的两个量化属性，同样的 2-D 数组可以用于产生分类属性的任何值规则。

(1) 找频繁谓词集。一旦包含每个分类计数分布的 2-D 数组设置好，就可以扫描它，以找出也满足最小置信度的频繁谓词集(满足最小支持度)。然后使用规则产生算法，由这些谓词集产生关联规则。

(2) 关联规则聚类。将上一步得到的强关联规则映射到 2-D 栅格上。图 5.7 显示给定量化属性年龄 age 和收入 income，预测规则右端条件 buys(X,"high resolution TV")的 2-D 量化关联规则。得到对应规则：

```
age(X,34) ∧ income(X,"31K...40K") ⇒buys(X,"high resolution TV")
age(X,35) ∧ income(X,"31K...40K") ⇒buys(X,"high resolution TV")
age(X,34) ∧ income(X,"41K...50K") ⇒buys(X,"high resolution TV")
age(X,35) ∧ income(X,"41K...50K") ⇒buys(X,"high resolution TV")
```

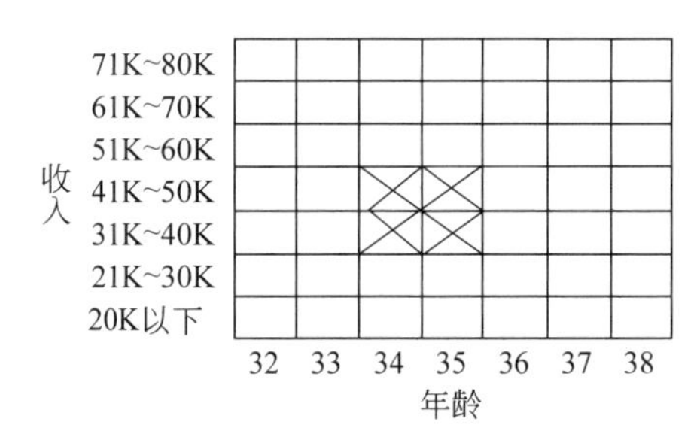

图 5.7 购买高分辨率电视机的顾客元组的 2-D 栅格

能找到一个更简单的规则替换上面 4 个规则吗？注意，这些规则都相当“接近”，在栅格中形成聚类。的确，这些规则可以组合或“聚”在一起，形成下面的规则，它更简单，将上面 4 个规则汇总在一起，并取代它们。

```
age(X,"34...35") ∧ income(X,"31K...50K")⇒buys(X,"high resolution TV")
```

基于栅格的技术假定初始关联规则可以聚集到矩形区域。在进行聚集前，可以使用平滑技术，帮助消除数据中的噪音和奇异值。矩形聚类可能过分简化数据。之前已经提出了一些替换技术，基于其他形状的区域，能够更适合数据，但需要更大的计算量。目前的研究已经提出了一种非基于栅格的技术，后来又提出了更一般化的关联规则生成算法，其中任意个数的量化属性和分类属性可以出现在规则的两端。在这种技术下，量化属性使用等深分箱动态划分，划分根据部分完全性度量组合，该度量量化由于划分而导致部分信息丢失。

5.4 从关联分析到相关分析

“在挖掘了关联规则之后，数据挖掘系统如何指出哪些规则是用户感兴趣的?”这是一个非常重要的问题，而当前的大部分关联规则的挖掘算法都使用支持度-置信度框架。尽管使用最小支持度和置信度阈值排除了一些无兴趣的规则探查，但是仍然会产生一些用户不感兴趣的规则。同时，当使用较低的支持度阈值去挖掘长模式时，这种情况则变得更加突出。这也是关联规则挖掘一直难以成功应用的瓶颈之一。

本节首先介绍相关性分析(Correlation Analysis)，再看看即便是强关联规则为何也可能是无价值的并可能产生误导，最后讨论基于统计独立性和相关分析的其他度量来补充支持度-置信度框架。

5.4.1 相关分析

相关分析是研究现象之间是否存在某种依存关系，并对具有依存关系的现象探讨其相关方向以及相关程度，是研究随机变量之间的相关关系的一种统计方法。相关关系是一种非确定性的关系。例如，以 X 和 Y 分别记录一个人的身高和体重，或分别记录每公顷施肥量与每公顷小麦产量，则 X 与 Y 显然有关系，而又没有确切到可由其中的一个精确地决定另一个的程度，这就是相关关系。

在相关分析中，根据 X 和 Y 的关系，分为如下几种情况。

(1) 正相关。如果 X 与 Y 变化的方向一致，如身高与体重的关系。

(2) 负相关。如果 X 与 Y 变化的方向相反，如吸烟与肺功能的关系。

(3) 不相关。如果 X 和 Y 之前没有明确的函数关系。

相应的，对于相关度的计算方法也会根据情况的不同有所区别，具体来说，计算相关度的方法主要有两种。

(1) Pearson 积差相关系数：对定距连续变量的数据进行计算。

(2) Spearman 和 Kendall 相关系数：对分类变量的数据或变量值的分布明显非正态或分布不明时，在计算过程中需要对离散数据进行排序或对定距变量值求秩。

5.4.2 强规则不一定是有价值的

规则是否有价值可以主观或客观地评估。最终只有用户能够确定规则是否有价值，并且这种判断是非常主观的，会因为用户的不同而有不同的评判结果。然而，根据数据“背后”的统计，客观兴趣度量可以用于清除无价值的规则，而不向用户提供。

下面将通过一个例子来说明有些强关联规则并非是有价值的。

例 5-6 一个误导的强关联规则。假设有一个电子产品商店，涉及计算机游戏和录像。设事件 computer game 表示包含计算机游戏的事务，而 video 表示包含录像的事务。数据库中一共包含 10000 个事务，数据显示 6000 个事务包含计算机游戏，7500 个事务包含录像，而 4000 个事务包含计算机游戏和录像。

假定发现关联规则的数据挖掘程序在该数据上运行，使用最小支持度 30%，最小置信度 60%。将发现下面的关联规则：

```
buys(X, "computer games")⇒buys(X,"videos")  [support=40% ,confidence=66% ]
```

在上述规则中，因为其支持度(support)＝4000/10000＝40%，置信度(confidence)＝4000/6000＝66%，它们分别满足最小支持度和最小置信度阈值，因而是强关联规则。然而，上述规则却是误导的，因为购买录像的可能性是 75%，比 66%还大。事实上，计算机游戏和录像是负相关的，买一种实际上减少了买另一种的可能性。如果不完全理解这种现象，可能根据导出的规则做出不明智的决定。

上面的例子也表明规则 $A \Rightarrow B$ 的置信度有一定的欺骗性，它只是给定 A 和 B 的条件概率估计，并不度量 A 和 B 之间蕴涵的实际强度。因此，寻求支持度-置信度框架的替代，对挖掘有趣的数据联系可能是有用的。

5.4.3 挖掘高度关联的模式

正如在上面看到的，支持度和置信度不足以过滤掉无趣的关联规则。为了处理这个问题，可以使用相关度量来扩充关联规则的支持度-置信度框架。即如下形式的相关规则：

```
A⇒B [support, confidence, correlation]
```

也就是说，相关规则不仅用支持度和置信度度量，而且还用项集 A 和 B 之间的相关度量。

项集 A 的出现独立于项集 B 的出现，即 $P(A\cup B)=P(A)P(B)$；否则，项集 A 和 B 是依赖的和相关的。这个定义容易推广到多于两个项集。A 和 B 的出现之间的相关性通过计算下式度量：

$$\text{lift}(A,B)=\frac{P(A\cup B)}{P(A)P(B)} \tag{5-3}$$

如果式(5-3)的值小于 1，则 A 的出现和 B 的出现是负相关的。如果结果值大于 1，则 A 和 B 是正相关的，意味着每一个的出现都蕴涵另一个的出现。如果结果值等于 1，则 A 和 B 是独立的，它们之间没有相关性。

式(5-3)等价于 $P(B|A)/P(B)$ 或 confidence($A\Rightarrow B$)/support(B)，也称为关联（或相关）规则 $A\Rightarrow B$ 的提升度。换句话说，它评估一个事务出现提升另一个事务的程度。例如，如果 A 对应于计算机游戏的销售，B 对应录像的销售，则给定当前行情，游戏的销售将为录像的销售减少做出贡献。

再看例 5-6 计算机游戏和录像。

例 5-6 为了帮助过滤掉形如 $A\Rightarrow B$ 的误导的“强”关联，需要研究两个项集 A 和 B 怎样才是相关的。设 $\overline{\text{game}}$ 表示例 5-6 中不包含计算机游戏的事务，$\overline{\text{video}}$ 表示不包含录像的事务。事务可以汇总在相依表中。例 5-6 数据的相依表如表 5.6 所示。由该表可以看出，购买计算机游戏的概率 $P(\{\text{game}\})=0.60$，购买录像的概率 $P(\{\text{video}\})=0.75$，而购买二者的概率 $P(\{\text{game, video}\})=0.40$。根据式(5-3)，$P(\{\text{game, video}\})/(P(\{\text{game}\})P(\{\text{video}\}))=0.40/(0.75\times0.60)=0.89$。由于该值明显比 1 小，{game}和{video}之间存在负相关。分子是顾客购买二者的可能性，而分母是如果两个购买是完全独立的可能性。这种负相关不能被支持度-置信度框架识别。

表 5.6 汇总与购买计算机游戏和录像事务的相依表

	game	$\overline{\text{game}}$	$\sum$ row
video	4000	3500	7500
$\overline{\text{video}}$	2000	500	2500
$\sum$ col	6000	4000	10000

另外，还可以利用另外两种相关度量方法：全置信度(all_confidence)和余弦(cosine)。

给定两个项集 A 和 B，A 和 B 的全置信度定义为：

$$\text{all\_confidence}(A,B)=\frac{\sup(A\cup B)}{\max\{\sup(A),\sup(B)\}}=\min\{P(A\mid B),P(B\mid A)\} \tag{5-4}$$

其中，$\max\{\sup(A),\sup(B)\}$是 A 和 B 的最大支持度。因此，all_confidence(A,B)又称两个与 A 和 B 相关的关联规则“$A \Rightarrow B$”和“$B \Rightarrow A$”的最小置信度。

给定两个项集 A 和 B，A 和 B 的余弦度量定义为：

$$\cos(A,B)=\frac{P(A \cup B)}{\sqrt{P(A)P(B)}} \tag{5-5}$$

余弦度量可以看作是调和的提升度度量：两个公式类似，不同之处在于余弦对 A 和 B 的概率乘积取平方根。然而，一个重要的区别是：由于通过取平方根，余弦值仅受到 A、B、$A \cup B$ 的影响，而不受事务总个数的影响。

5.5 基于约束的频繁模式挖掘

数据挖掘过程可以从给定的数据集中发现数以千计的规则，其中大部分规则与用户不相关或用户不感兴趣。通常用户具有很好的判断能力，知道沿什么方向挖掘可能导致有价值的模式，知道他们想要发现什么形式的规则。因此，一种好的启发式方法是让用户说明他们的直觉或期望作为限制搜索空间的约束条件。这种策略称作基于约束的挖掘(Constrained-Based Mining)。这些约束如下。

(1) 知识类型限制。指定要挖掘的知识类型，如关联规则。

(2) 数据限制。指定任务相关的数据集。

(3) 维/层限制。指定所用的维或概念分层结构的层。

(4) 兴趣度限制。指定规则兴趣度阈值或统计度量，如支持度和置信度。

(5) 规则限制。指定要挖掘的规则形式。这种限制可以用元规则(规则模板)表示，如可以出现在规则前项或后项中谓词的最大或最小个数，或属性、属性值和/或聚集之间的联系。

上面的前 4 种限制已在本章的前面讨论，本节讨论使用规则限制对挖掘任务聚焦。这种基于约束的挖掘允许用户根据他们关注的目标说明要挖掘的规则，因此使得数据挖掘过程更有功效。此外，可以使用复杂的挖掘查询优化程序，以便利用用户设置的限制，从而使得挖掘过程更有效率。基于限制的挖掘促进交互式探查挖掘与分析。5.5.1 节讨论元规则制导的挖掘，那里用规则模板的形式说明了语法规则限制。5.5.2 节进一步讨论基于约束条件的规则挖掘方法，指定集合/子集联系、变量的常量初始化和聚集函数。

5.5.1 关联规则的元规则制导挖掘

“元规则有什么作用?”元规则使得用户可以说明他们感兴趣的规则的语法形式。规则的形式可以作为限制，帮助提高挖掘过程的性能。元规则可以根据分析者的经验、期望或对数据的直觉，或者根据数据库模式自动产生。

例 5-7 依然采用电子产品商店的例子，假设你是商店的市场分析员，数据库中已经保存描述顾客的数据(如顾客的年龄、地址和信誉度等)，以及顾客事务的列表。读者需要对找出顾客的特点和他购买的商品之间的关联关系感兴趣。然而，不是要找出反映这种联系的所有关联规则，只需要了解什么样的顾客对教育类软件的销售感兴趣。可以使用一个元规则来说明感兴趣的规则形式。这种元规则的一个例子是：

$$P_1(X,Y) \land P_2(X,W) \Rightarrow \text{buys}(X,\text{"education software"})$$

其中，P_1 和 P_2 是谓词变量，在挖掘过程中被示例为给定数据库的属性；X 是变量，代表顾客；Y 和 W 分别取赋给 P_1 和 P_2 的属性值。典型地，用户要说明一个示例 P_1 和 P_2 需考虑的属性列表；否则，将使用默认的属性集。

一般地，元规则形成一个关于用户希望探查或证实的、他感兴趣的联系的假定。然后，挖掘系统可以寻找与给定元规则匹配的规则。例如，下面的规则匹配或遵守上面描述的元规则。

$$\text{age}(X,\text{"30}\cdots\text{39"}) \land \text{income}(X,\text{"41}\cdots\text{60K"}) \Rightarrow \text{buys}(X,\text{"education software"})$$

元规则如何用于指导挖掘过程？进一步考察这个问题。假定希望挖掘维间关联规则，如上例所示。元规则是形如

$$P_1 \land P_2 \land \cdots \land P_l \Rightarrow Q_1 \land Q_2 \land \cdots \land Q_r$$

的规则模板。其中，$P_i(i=1,2,\cdots,l)$ 和 $Q_j(j=1,2,\cdots,r)$ 是示例谓词或谓词变量。设元规则中谓词的个数为 $p=l+r$。为找出满足该模板的维间关联规则，还需要以下两步：

(1) 找出所有的频繁 p-谓词集 Lp；

(2) 还必须有 Lp 中的 l-谓词子集的支持度或计数，以计算由 Lp 导出的规则置信度。

这是挖掘多维关联规则的典型情况，在前面的章节已介绍。5.5.2 节介绍这些技术的扩展方法，从而导出元规则指导挖掘的有效方法。

5.5.2 基于约束的模式生成：模式空间剪枝和数据空间剪枝

规则约束说明所挖掘规则中变量的期望集合/子集联系、变量的常量初始化和聚集函数。这些可以与元规则指导的挖掘一起使用，或作为它的替代。在本节中，通过考察规则限制，看看怎样使用它们，使得挖掘过程更有效。研究下面一个例子，其中规则限制用于挖掘混合维关联规则。

例 5-8 进一步考察规则约束制导的挖掘。假定电子产品商店里有一个销售多维数据库，包含以下相互关联的关系：

```
sales(customer_name, item_name, transaction_id)
lives(customer_name, region, city)
item(item_name, category, price)
transaction(transaction_id, day, month, year)
```

其中，lives、item 和 transaction 是三个维表，通过三个关键字 customer_name、item_name 和 transaction_id 分别链接到事实表 sales。

关联挖掘查询是“找出这样的销售，对于温哥华 2010 年的顾客，什么样的便宜商品（价格和低于 100 美元）能够促进同类价高商品（最低价为 500 美元）的销售？”该查询可以用 DMQL 数据挖掘查询语言表达如下。为方便讨论，查询的每一行已经编号。

```
(1) mine associations as
(2) lives(C,_, "vancouver") ∧ sales+(C,{I},{S}) ⇒ sales+(C,{J},{T})
(3) from sales
(4) where S.year=2010 and T.year=2010 and I.category=J.category
(5) group by C,I.category
```

```
(6) having sum(I.price)<100 and min(J.price)≥500
(7) with support threshold=1%
(8) with confidence threshold=50%
```

在讨论规则限制之前，再仔细看看上面的查询。第一行是知识类型限制，说明要发现关联模式。第二行说明了元规则。

数据限制在元规则的 lives(_,_,"vancouver")部分指定(住在温哥华的所有顾客)，并在第三行指出只有事实表 sales 需要显示引用。在多维数据库中，变量的引用被简化。例如，S.year=1999 等价于 SQL 语句 from sales S, transaction R where S.transaction_ID =R.transaction_ID and R.year = 1999。所有三个维(lives、item 和 transaction)都使用。层限制如下：对于 lives，只考虑 customer_name，因为只有 city ="Vancouver"在选择中使用；对于 item，只考虑 item_name 和 category，因为它们在查询中使用；对于 transaction，只考虑 transaction_ID，因为 day 和 month 未被引用，而 year 只在选择中使用。

规则限制包含在 where(第四行)和 having(第六行)子句的大部分，如 S.year = 2010、T.year= 2010、I.category =J.category、sum(I.price)<100 和 min(J.price)≥500。最后，第 7 行和第 8 行说明了两个兴趣度限制(即阈值)：1%的最小支持度和 50%的最小置信度。

维/层约束和兴趣约束可以在挖掘后使用，以便过滤发现的规则。尽管在挖掘中使用它们帮助对搜索空间进行剪枝一般更有效、开销更小，但在本节中，重点放在规则约束上。

对于频繁项集挖掘，发现的关联规则可能具有如下 5 类属性：反单调的、单调的、简洁的、可变的、不可变的。对于每一类，将使用一个例子展示它的特性，并解释如何将这类限制用在挖掘过程中。

(1) 反单调性。考虑规则限制 sum(I.price)<100。假定使用类似于 Apriori 的方法(逐层)，对于每次迭代 k，探查 k-项集。其价格和不小于 100 的任何项集都可以由搜索空间剪去，因为向该项集中进一步添加项将会使它更贵，因此不可能满足限制。换句话说，如果一个项集不满足该规则限制，它的任何超集也不可能满足该规则限制。如果一个规则具有这一性质，则称它是反单调的。根据反单调规则限制进行剪枝可以用于类 Apriori 算法的每一次迭代，以帮助提高整个挖掘过程的性能，从而保证数据挖掘任务的完全性。

(2) 单调性。考虑规则限制是 sum(I.price)≥100，则基于限制的处理方法将很不相同。如果项集 I 满足该限制，即集合中的单价和不少于 100，进一步添加更多的项到 I 将增加价格，并且总是满足该限制。因此，在项集 I 上进一步检查该限制是多余的。换言之，如果一个项集满足这个规则限制，则它的所有超集也满足。如果一个规则具有这一性质，则称它是单调的。类似的规则单调限制包括 min(I.price)≤10、count(I)≥10 等。

(3) 简洁性约束。对于这类限制，可以列出并且仅仅列出所有确保满足该限制的集合。即如果一个规则限制是简洁的，可以直接精确地产生满足它的集合，甚至在支持计数开始之前。这避免了产生-测试方式的过大开销。换言之，这种限制是计数前可剪枝的。例如，例 5-8 中的限制 min(J.price)≥500 是简洁的，这是因为能够准确无误地产生满足该限制的所有项集。

(4) 可转变的约束。有些限制不属于以上三类。然而，如果项集中的项以特定的次序排列，则对于频繁项集挖掘过程，限制可能成为单调的或反单调的。例如，限制 avg(I.price)既不是反单调的，也不是单调的。然而，如果事务中的项以单价的递增序添加到项集中，则该限制就成了反单调的，因为如果项集 I 违反了该限制（平均单价大于 100 美元），更贵的商品进一步添加到该项集中不会使它满足该限制。类似地，如果事务中的项以单价的递减序添加到项集中，则该限制就成了单调的。

（5）不可转变的约束。注意，以上讨论并不意味着每种限制都是可变的。例如，sum(S) θv 不是可变的，其中 $\theta \in \{\leqslant, \geqslant\}$ 并且 S 中的元素可以是任意实数。

5.6 小 结

本章首先重点讨论了关联规则挖掘的基本概念，在此基础上进一步介绍了关联规则的类型。针对关联规则的基本概念，讨论了基于 Apriori 算法的关联规则挖掘方法。为了克服 Apriori 算法在复杂度和效率方面的不足，本章进一步探讨了基于 FP-tree 的频繁模式增长算法，用于关联规则的挖掘。在介绍了基本的频繁模式挖掘算法之后，本章又进一步深入讨论了不同类型的关联规则挖掘方面的相关内容，并介绍了基于约束的关联规则挖掘算法。

参考文献

[1] AGRAWAL R, IMIELINSKI T, SWAMI A. Mining association rules between sets of items in large databases[C]. Proceedings of the 1993 ACM SIGMOD international conference on Management of data. 1993: 207-216.

[2] BAYARDO R J. Efficiently mining long patterns from databases[C]. Proceedings of the 1998 ACM SIGMOD international conference on Management of data. 1998: 85-93.

[3] PASQUIER N, BASTIDE Y, TAOUIL R, et al. Discovering frequent closed itemsets for association rules[C]. International Conference on Database Theory. Springer, Berlin, Heidelberg, 1999: 398-416.

[4] AGRAWAL R, SRIKANT R. Mining sequential patterns[C]. Proceedings of the eleventh international conference on data engineering. IEEE, 1995: 3-14.

[5] AGRAWAL R, SRIKANT R. Fast algorithms for mining association rules[C]. Proc. 20th int. conf. very large data bases, VLDB. 1994, 1215: 487-499.

[6] MANNILA H, TOIVONEN H, VERKAMO A I. Ecient algorithms for discovering association rules [C]. KDD-94: AAAI workshop on Knowledge Discovery in Databases. 1994: 181-192.

[7] SAVASERE A, OMIECINSKI E, NAVATHE S. An efficient algorithm for mining association rules in large databases[R]. Georgia Institute of Technology, 1995.

[8] PARK J S, CHEN M S, YU P S. An effective hash-based algorithm for mining association rules[J]. ACM SIGMOD record, 1995, 24(2): 175-186.

[9] TOIVONEN H. Sampling large databases for association rules[C]. VLDB. 1996, 96: 134-145.

[10] BRIN S, MOTWANI R, ULLMAN J D, et al. Dynamic itemset counting and implication rules for market basket data[C]. Proceedings of the 1997 ACM SIGMOD international conference on Management of data. 1997: 255-264.

[11] SARAWAGI S, THOMAS S, AGRAWAL R. Integrating association rule mining with relational database systems: Alternatives and implications[J]. ACM SIGMOD Record, 1998, 27(2): 343-354.

[12] AGARWAL R, AGGARWAL C, PRASAD V V V. A tree projection algorithm for generation of

frequent item sets[J]. Journal of parallel and Distributed Computing, 2001, 61(3): 350-371.

[13] HAN J, PEI J, YIN Y. Mining frequent patterns without candidate generation[J]. ACM SIGMOD record, 2000, 29(2): 1-12.

[14] PI J, HAN J, MAO R. CLOSET: An Efficient Algorithm for Mining Frequent Closed Itemsets[J]. Informatica, 2015, 39(1).

[15] LIU J, PAN Y, WANG K, et al. Mining Frequent Item Sets by Opportunistic Projection[C]. Proceedings of the eighth ACM SIGKDD international conference on Knowledge discovery and data mining. 2002: 229-238.

[16] HAN J, WANG J, LU Y, et al. Tzvetkov. Mining Top-K Frequent Closed Patterns without Minimum Support[C]. 2002 IEEE International Conference on Data Mining, 2002. Proceedings. IEEE, 2002: 211-218.

[17] WANG J, HAN J, PEIJ. CLOSET+Searching for the Best Strategies for Mining Frequent Closed Itemsets[C]. Proceedings of the ninth ACM SIGKDD international conference on Knowledge discovery and data mining. 2003: 236-245.

[18] LIU G, LU H, LOU W, et al. On Computing, Storing and Querying Frequent Patterns. [C]. Proceedings of the ninth ACM SIGKDD international conference on Knowledge discovery and data mining. 2003: 607-612.

[19] ZAKI M J, PARTHASARATHY S, OGIHARA M, et al. Parallel algorithm for discovery of association rules[J]. Data mining and knowledge discovery, 1997, 1(4): 343-373.

[20] ZAKI H. CHARM: An Efficient Algorithm for Closed Itemset Mining[C]. 0-Porc. SIAM Int. Conf. Data Mining, Arlington, VA. 2000.

[21] BUCILA C, GEHRKE J, KIFER D, et al. DualMiner: A Dual-Pruning Algorithm for Itemsets with Constraints[J]. Data Mining and Knowledge Discovery, 2003, 7(3): 241-272.

[22] PAN F, CONG G, TUNG A K H, et al. CARPENTER: Finding Closed Patterns in Long Biological Datasets[C]. Proceedings of the ninth ACM SIGKDD international conference on Knowledge discovery and data mining. 2003: 637-642.

[23] SRIKANT R, AGRAWAL R. Mining generalized association rules[J]. 1995.

[24] HAN J, FU Y. Discovery of multiple-level association rules from large databases[C]. VLDB. 1995, 95: 420-431.

[25] SRIKANT R, AGRAWAL R. Mining quantitative association rules in large relational tables.[C]. Proceedings of the 1996 ACM SIGMOD international conference on Management of data. 1996: 1-12.

[26] FUKUDA T, MORIMOTO Y, MORISHITA S, et al. Data mining using two-dimensional optimized association rules: Scheme, algorithms, and visualization[J]. ACM SIGMOD Record, 1996, 25(2): 13-23.

[27] YODA K, FUKUDA T, MORIMOTO Y, et al. Computing optimized rectilinear regions for association rules[C]. KDD. 1997, 97: 96-103.

[28] MILLER R J, YANG Y. Association rules over interval data[J]. ACM SIGMOD Record, 1997, 26(2): 452-461.

[29] AUMANN Y, LINDELL Y. A Statistical Theory for Quantitative Association Rules[J]. Journal of Intelligent Information Systems, 2003, 20(3): 255-283.

[30] KLEMETTINEN M, MANNILA H, RONKAINEN R, et al. Finding interesting rules from large sets of discovered association rules[C]. Proceedings of the third international conference on Information and knowledge management. 1994: 401-407.

[31] BRIN S, MOTWANI R, SILVERSTEIN C. Beyond market basket: Generalizing association rules to correlations[C]. Proceedings of the 1997 ACM SIGMOD international conference on Management of data. 1997: 265-276.

[32] SILVERSTEINC, BRIN S, MOTWANI R, et al. Scalable techniques for mining causal structures [J]. Data Mining and Knowledge Discovery, 2000, 4(2): 163-192.

[33] TAN P N, KUMAR V, SRIVASTAVA J. Selecting the Right Interestingness Measure for Association Patterns[C]. Proceedings of the eighth ACM SIGKDD international conference on Knowledge discovery and data mining. 2002: 32-41.

[34] OMIECINSKI E. Alternative interest measures for mining associations in databases[J]. IEEE Transactions on Knowledge and Data Engineering, 2003, 15(1): 57-69.

[35] LEE Y K, KIM W Y, CAI Y D, et al. CoMine: Efficient Mining of Correlated Patterns[C]. ICDM. 2003, 3: 581-584.

[36] MEO R, PSAILA G, CERI S. A new SQL-like operator for mining association rules [C]. VLDB. 1996, 96: 122-133.

[37] LENT B, SWAMI A, WIDOM J. Clustering association rules[C]. Proceedings 13th International Conference on Data Engineering. IEEE, 1997: 220-231.

[38] SAVASERE A, OMIECINSKIE, NAVATHE S. Mining for strong negative associations in a large database of customer transactions [C]. Proceedings 14th International Conference on Data Engineering. IEEE, 1998: 494-502.

[39] TSUR D, ULLMAN J D, ABITBOUL S, et al. Query flocks: A generalization of association-rule mining[J]. ACM SIGMOD record, 1998, 27(2): 1-12.

[40] KORN F, L. ABRINIDIS A, KOTIDIS Y, et al. Ratio rules: A new paradigm for fast, quantifiable data mining[J]. 1998.

[41] WANG K, ZHOU S, HAN J. Profit Mining: From Patterns to Actions[C]. International Conference on Extending Database Technology. Springer, Berlin, Heidelberg, 2002: 70-87.

[42] SRIKANT R, VU Q, AGRAWAL R. Mining association rules with item constraints[C]. Conf. on Knowledge Discovery and Data Mining. 1997: 67-73.

[43] NG R, LAKSHMANAN L V S, HAN J, et al. Exploratory mining and pruning optimizations of constrained association rules[C]. Proc. of ACM SIGMOD Conf. 1998: 13-24.

[44] GAROFALAKIS M N, RASTOGIR, SHIM K. SPIRIT: Sequential Pattern Mining with Regular Expression Constraints[J]. VLDB. 1999.

[45] GRAHNE G, LAKSHMANAN L, WANG X. Efficient mining of constrained correlated sets[C]. Proceedings of 16th International Conference on Data Engineering (Cat. No. 00CB37073). IEEE, 2000: 512-521.

[46] PI J, HAN J, LAKSHMANAN L V S. Mining Frequent Itemsets with Convertible Constraints[C]. Proceedings 17th International Conference on Data Engineering. IEEE, 2001: 433-442.

[47] PEI J, HAN J, WANG W. Mining Sequential Patterns with Constraints in Large Databases[C]. Proceedings of the eleventh international conference on Information and knowledge management. 2002: 18-25.

[48] SRIKANT R, AGRAWAL R. Mining sequential patterns: Generalizations and performance improvements[C]. International conference on extending database technology. Springer, Berlin, Heidelberg, 1996: 1-17.

[49] MANNILA H, TOIVONEN H, VERKAMO A I. Discovery of frequent episodes in event sequences

[J]. Data mining and knowledge discovery, 1997, 1(3): 259-289.

[50] ZAKI M. SPADE: An Eficient Algorithm for Mining Frequent Sequences[J]. Machine learning, 2001, 42(1): 31-60.

[51] PEI J, HAN J, PINTO H, et al. PrefixSpan: Mining Sequential Patterns Efficiently by Prefix-Projected Pattern Growth[C]. proceedings of the 17th international conference on data engineering. IEEE Washington, DC, USA, 2001: 215-224.

[52] KURAMOCHI M, KARYPIS G. Frequent Subgraph Discovery [C]. Proceedings 2001 IEEE international conference on data mining. IEEE, 2001: 313-320.

[53] YANG, HAN J, AFSHAR R. CloSpan: Mining Closed Sequential Patterns in Large Datasets [C]. Proceedings of the 2003 SIAM international conference on data mining. Society for Industrial and Applied Mathematics, 2003: 166-177.

[54] YAN X, HAN J. CloseGraph: Mining Closed Frequent Graph Patterns[C]. Proceedings of the ninth ACM SIGKDD international conference on Knowledge discovery and data mining. 2003: 286-295.

[55] KOPERSKIK, HAN J. Discovery of Spatial Association Rules in Geographic Information Databases [C]. International Symposium on Spatial Databases. Springer, Berlin, Heidelberg, 1995: 47-66.

[56] ZAIANE OR, XIN M, HAN J. Discovering Web Access Patterns and Trends by Applying OIAP and Data Mining Technology on Web Logs[C]. Proceedings IEEE International Forum on Research and Technology Advances in Digital Libraries-ADL'98-. IEEE, 1998: 19-29.

[57] ZAIANE OR, HAN J, ZHU H. Mining Recurrent Items in Multimedia with Progressive Resolution Refinement[C]. Proceedings of 16th International Conference on Data Engineering (Cat. No. 00CB37073). IEEE, 2000: 461-470.

[58] GUNOPULOS D, TSOUKATOS I. Efficient Mining of Spatiotemporal Patterns[C]. International Symposium on Spatial and Temporal Databases. Springer, Berlin, Heidelberg, 2001: 425-442.

[59] OZDEN B, RAMASWAMY S, SILBERSCHATZ A. Cyclic association rules[C]. Proceedings 14th International Conference on Data Engineering. IEEE, 1998: 412-421.

[60] HAN J, DONG G, YIN Y. Efficient Mining of Partial Periodic Patterns in Time Series Database [C]. Proceedings 15th International Conference on Data Engineering (Cat. No. 99CB36337). IEEE, 1999: 106-115.

[61] LU H, FENG L, HAN J. Beyond Intra-Transaction Association Analysis: Mining Multi-Dimensional Inter-Transaction As sociation Rules[J]. ACM Transactions on Information Systems (TOIS), 2000, 18(4): 423-454.

[62] YI B K, SIDIROPOULOS N, JOHNSON T, et al. Online Data Mining for Co-Evolving Time Sequences[C]. Proceedings of 16th International Conference on Data Engineering (Cat. No. 00CB37073). IEEE, 2000: 13-22.

[63] WANG W, YANG J, MUNTZ R. TAR: Temporal Association Rules on Evolving Numerical Attributes[C]. Proceedings 17th International Conference on Data Engineering. IEEE, 2001: 283-292.

[64] YANG J, WANG W, YU P S. Mining Asynchronous Periodic Patterns in Time Series Data[J]. IEEE Transactions on Knowledge and Data Engineering, 2003, 15(3): 613-628.

[65] AGARWAL S, AGRAWAL R, DESHPANDE P M, et al. On the computation of multidimensional aggregates[C]. VLDB. 1996, 96: 506-521.

[66] ZHAO Y, DESHPANDE P M, NAUGHTON J F. An array-based algorithm for simultaneous multidimensional aggregates[C]. Proceedings of the 1997 ACM SIGMOD international conference on

Management of data. 1997: 159-170.

[67] GRAY J, et al. Data cube: A relational aggregation operator generalizing group-by, cross-tab and sub-totals[J]. Data mining and knowledge discovery, 1997, 1(1): 29-53.

[68] FANG M, SHIVAKUMAR N, GARCIA-MOLINA H, et al. Computing iceberg queries efficiently [C]. International Conference on Very Large Databases (VLDB'98), New York, August 1998. Stanford Info Lab, 1999.

[69] SARAWAGI S, AGRAWAL R, MEGIDDO N. Discovery-driven exploration of OLAP data cubes [C]. International Conference on Extending Database Technology. Springer, Berlin, Heidelberg, 1998: 168-182.

[70] BEYER K, RAMAKRISHNAN R. Bottom-up computation of sparse and iceberg cubes[C]. Proceedings of the 1999 ACM SIGMOD international conference on Management of data. 1999: 359-370.

[71] HAN J, PEI J, DONG G, et al. Efficient computation of iceberg cubes with complex measures[C]. Proceedings of the 2001 ACM SIGMOD international conference on Management of data. 2001: 1-12.

[72] WANG W, LU H, FENG J, et al. Condensed Cube: An Effective Approach to Reducing Data Cube Size[C]. Proceedings 18th International Conference on Data Engineering. IEEE, 2002: 155-165.

[73] DONG G, HAN J, LAM J, et al. Mining multi-dimensional constrained gradients in data cubes[C]. VLDB. 2001, 1: 321-330.

[74] IMIELIŃSKI T, KHACHIYAN L, ABDULGHANI A. Cubegrades: Generalizing association rules [J]. Data Mining and Knowledge Discovery, 2002, 6(3): 219-257.

[75] LAKSHMANAN L V S, PEI J, HAN J. Quotient cube: How to summarize the semantics of a data cube[C]. VLDB'02: Proceedings of the 28th International Conference on Very Large Databases. Morgan Kaufmann, 2002: 778-789.

[76] XIN D, HAN J, LI X, et al. Star-cubing: Computing iceberg cubes by top-down and bottom-up integration[C]. Proceedings 2003 VLDB Conference. Morgan Kaufmann, 2003: 476-487.

[77] DONG G, LI J. Efficient mining of emerging patterns: Discovering trends and differences[C]. Proceedings of the fifth ACM SIGKDD international conference on Knowledge discovery and data mining. 1999: 43-52.

[78] LIU B, HSU W, MA Y. Integrating classification and association rule mining[C]. KDD. 1998, 98: 80-86.

[79] LI W, HAN J, PEI J. CMAR: Accurate and efficient classification based on multiple class-association rules[C]. Proceedings 2001 IEEE international conference on data mining. IEEE, 2001: 369-376.

[80] WANG H, WANG W, YANG J, et al. Clustering by pattern similarity in large data sets[C]. Proceedings of the 2002 ACM SIGMOD international conference on Management of data. 2002: 394-405.

[81] YANG J, WANG W. CLUSEQ: efficient and effective sequence clustering[C]. Proceedings 19th International Conference on Data Engineering (Cat. No. 03CH37405). IEEE, 2003: 101-112.

[82] FUNG B, WANG K, ESTER M. Large hierarchical document clustering using frequent Itemsets [C]. In Proceedings of SIAM International Conference on Data Mining 2003 (SDM 2003). 2003.

[83] YIN X, HAN J. CPAR: Classification based on predictive association rules[C]. Proceedings of the 2003 SIAM international conference on data mining. Society for Industrial and Applied Mathematics, 2003: 331-335.

[84] EVFIMIEVSKI A, SRIKANT R, AGRAWAL R, et al. Privacy preserving mining of association rules[J]. Information Systems, 2004, 29(4): 343-364.

[85] MANKU G S, MOTWANI R. Approximate frequency counts over data streams[C]. VLDB'02: Proceedings of the 28th International Conference on Very Large Databases. Morgan Kaufmann, 2002: 346-357.

[86] CHEN Y, DONG G, HAN J, et al. Multi-Dimensional regression analysis of time-series data streams[C]. VLDB'02: Proceedings of the 28th International Conference on Very Large Databases. Morgan Kaufmann, 2002: 323-334.

[87] GIANNELLA C, HAN J, PEI J, et al. Mining frequent patterns in data streams at multiple time granularities[J]. Next generation data mining, 2003, 212: 191-212.

[88] EVFIMIEVSKI A, GEHRKE J, SRIKANT R. Limiting privacy breaches in privacy preserving data mining[C]. Proceedings of the twenty-second ACM SIGMOD-SIGACT-SIGART symposium on Principles of database systems. 2003: 211-222.

[89] HUHTALA Y, KARKKAINEN J, PORKKA P, et al. Efficient discovery of functional and approximate dependencies using partitions[C]. Proceedings 14th International Conference on Data Engineering. IEEE, 1998: 392-401.

[90] JAGADISH H V, MADAR J, NG R T. Semantic compression and pattern extraction with fascicles [C]. VLDB. 1999, 99: 186-97.

[91] DASU T, JOHNSON T, MUTHUKRISHNAN S, et al. Mining database structure; or, how to build a data quality browser[C]. Proceedings of the 2002 ACM SIGMOD international conference on Management of data. 2002: 240-251.

第6章 分类和预测

6.1 引言

数据库、数据仓库或者其他信息库中蕴藏着大量知识，这些知识可以为商业、科研等活动的决策提供帮助。分类和预测是两种数据分类形式，它们可以用于提取能够描述重要数据的集合或预测未来数据趋势的模型。分类用于预测数据对象的离散类别，预测用于预测数据对象的连续取值。分类和预测方法已经广泛应用于信贷审批、目标市场营销、医疗诊断、欺诈检测等方面。许多有效的分类和预测算法也已经被提出，但是这些算法大多适用于数据量比较小的情况。最近的数据挖掘研究建立在这些工作之上，更加侧重于处理大规模的数据，目前研究者已经开发了具有可伸缩性特点的分类和预测技术。

本章将介绍数据分类的基本方法与技术。6.2节讨论分类和预测的基本概念。6.3节讨论分类和预测的数据预处理问题以及不同分类方法的对比和评估标准。在接下来几节中，将重点介绍具有代表性的分类方法，包括决策树方法、贝叶斯分类方法、神经网络方法、支持向量机方法和关联分类方法。最后，将讨论提高分类器和预测器准确率的一般性策略。

6.2 基本概念

6.2.1 什么是分类

首先从一个简单的例子来理解什么是分类。在国外大学中，学校需要根据教员目前的等级(助理教授、副教授、教授)以及教龄等信息来预测该教员是否会有资格被授予终身职位。学校希望能够分析已有教员的数据，以便帮助他们猜测具有某些特征的教员是否会被授予终身职位。这个数据分析任务就是一个典型的分类任务，需要利用已有的数据构造一个模型或者分类器来预测一个未作类别标记数据的类别。在该项分类任务中，类别标记有两个，就是"是"或"否"。这些类别标记可以用离散值来表示，例如用1表示"是"，2表示"否"。需要注意的是，这里数值的"序"没有意义，它们只是用于区别不同的类别。

分类过程是一个两步的过程，如图6.1的大学教员数据所示。为了方便解释，数据已经被简化，实际可能会考虑更多的属性。第一步是模型建立阶段，或者称为训练阶段，这一步的目的是描述预先定义的数据类或概念集的分类器。在这一步会使用分类算法分析已有数据(训练集)来构造分类器。训练数据集由一组数据元组构成，每个数据元组假定已经属于一个事先指定的类别(由类别标记属性确定)。

可以将数据元组形式化表示为n维属性向量$X=(x_1,x_2,\cdots,x_n)$，其中$x_i(i=1,2,\cdots,n)$表示元组在数据属性A_i上的度量。在分类中，数据元组也被称为样本，或数据点。分类过程的第一步也可以看作学习一个映射函数$y=f(x)$，对于一个给定元组X，可以通过该

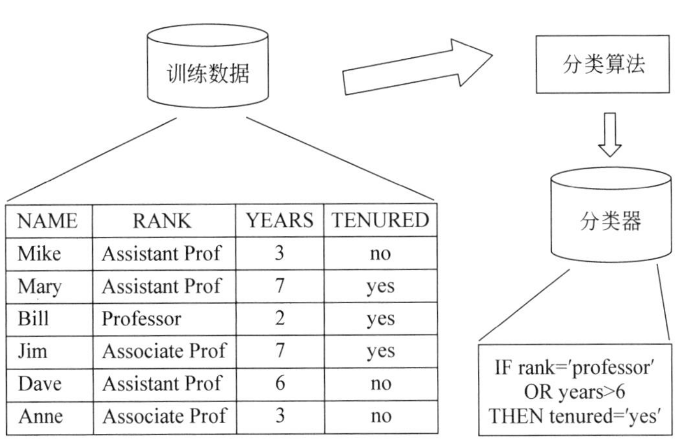

NAME	RANK	YEARS	TENURED
Mike	Assistant Prof	3	no
Mary	Assistant Prof	7	yes
Bill	Professor	2	yes
Jim	Associate Prof	7	yes
Dave	Assistant Prof	6	no
Anne	Associate Prof	3	no

图 6.1　大学教员数据库示意图

映射函数预测其类别标记。该映射函数就是通过使用训练数据集经过学习，最终所得到的模型或者称为分类器，该模型可以表示为分类规则、决策树或数学公式等形式。

在分类的第二步，需要使用第一步得到的分类器进行分类，从而评估分类器的预测准确率，如图 6.2 所示。具体来说，由一组检验元组和相关联的类别标记所组成的测试数据集。分类器的准确率是分类器在给定测试数据集上正确分类的检验元组所占的百分比。需要指出的是，测试数据集是独立于训练数据集的，也就是测试数据集中的数据元组一般不会用来进行训练分类器，训练集中的数据元组也一般不会用来评估分类器准确率，否则会发生过分拟合。如果认为分类器的准确率是可以接受的，则使用该分类器对类别标记未知的数据元组进行分类。

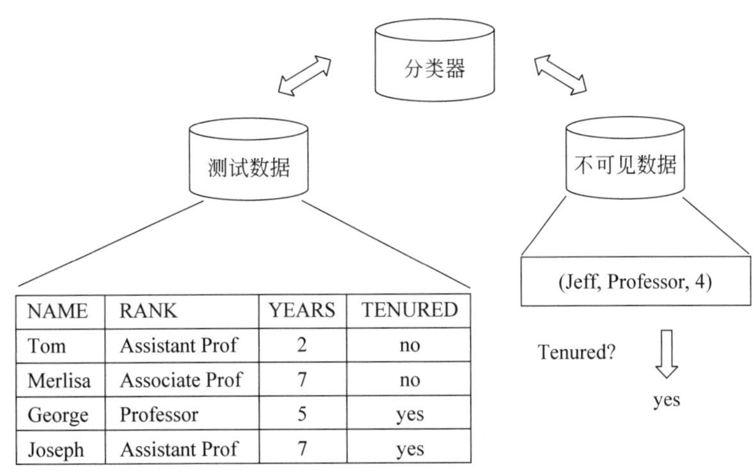

NAME	RANK	YEARS	TENURED
Tom	Assistant Prof	2	no
Merlisa	Associate Prof	7	no
George	Professor	5	yes
Joseph	Assistant Prof	7	yes

图 6.2　分类过程示意图

在机器学习中，分类也往往称为有监督学习。“有监督”指的是用于训练的数据元组的类别标记是已知的，新的数据基于训练数据集进行分类。与之对应的是聚类，在机器学习中称为无监督学习，“无监督”指的是用于训练的数据元组的类别标记是未知的，这种学习旨在识别隐含在数据中的类或簇。

6.2.2 什么是预测

数据预测也是一个两步过程。与数据分类不同的是，对于所需要预测的属性值是连续值，而且是有序的；分类所需要预测的属性值是离散的、无序的。预测器与分类器类似，也可以看作一个映射或者函数 $y=f(x)$，其中 x 是输入元组，输出 y 是连续的或有序的值。与分类相同，测试数据集与训练数据集在预测任务中也应该是独立的。预测的准确率通过对每个检验元组 x，利用 y 的预测值与实际已知值的差来评估。

6.3 关于分类和预测的问题

本节主要讨论分类和预测中的数据预处理问题以及分类方法的比较和评估标准。

6.3.1 准备分类和预测的数据

为了提高最终分类和预测的效果，往往需要对分类和预测所使用的数据进行预处理，预处理一般可以分为以下三个步骤。

(1) 数据清洗。主要目的是减少数据噪声和处理缺失值。尽管大部分分类算法都有某种处理噪声和缺失值的机制，但是该步骤有助于减少学习时的混乱。

(2) 相关分析。目的是移除数据中不相关或冗余的属性。可以利用相关分析来识别任意两个给定的属性是否是统计相关的。如果属性 A_1 和 A_2 是强相关的，那么可能意味着这两个属性之一可以从进一步分析中排除。数据库中也可能包括不相关的属性，这时可以使用属性子集选择，在机器学习中也称为特征选择，找出属性的归约子集，使得使用归约后的属性集的结果概率分布与所有属性得到的原分布尽可能地接近。因此可以使用相关分析和属性子集选择，选择必要的属性，加快分类器训练速度，提高分类器准确率。

(3) 数据转换。目的是泛化或规范化数据。在学习阶段使用神经网络或涉及距离度量的方法时，这一点尤为重要。规范化涉及将所给属性的所有值按比例缩放，使它们的值落入较小的指定区间范围内，如 $[-1,1]$ 或 $[0,1]$。这种距离度量方法可以避免不同属性不同初始值范围对度量结果的影响。

6.3.2 评价分类和预测方法

可以从以下角度评价分类和预测方法。

(1) 准确率。分类准确率指分类器预测新的或先前未出现过的数据元组的类别标记的能力。预测器的准确率指预测器猜测新的或先前未出现过的数据元组的预测属性值的准确程度。

(2) 速度。指建立模型(训练)和使用模型(分类/预测)的时间开销。

(3) 鲁棒性。指分类器或预测器处理噪声值或缺失值数据的能力。

(4) 可伸缩性。指针对大规模数据、分类器或预测器的处理能力。

(5) 可解释性。指分类器或预测器所提供的可理解和洞察的程度。

分类器或预测器在检测集上的准确率和错误率是两个常用的度量准则。检测集上的准确率指的是检测集中被正确分类或预测的元组所占的比例。相反，检测集上的错误率指的是检测集中被错误分类或预测的元组所占的比例。

在实际分类或预测问题中,某些情况会使用更合理的方式来度量准确率。下面介绍一个分析分类器识别不同类元组情况的有用工具,称为混淆矩阵。两个类的混淆矩阵显示在图 6.3 中。其中真正(True Positives)指分类器正确标记的正元组,而真负(True Negatives)是指分类器正确标记的负元组。假正(False Positives)是错误标记的正元组,假负(False Negatives)是错误标记的负元组。利用这 4 个数据,可以得到其他不同的准确率度量方式。

		预测类别	
		是	否
实际类别	是	真正	假负
	否	假正	真负

图 6.3　混淆矩阵示意图

最后介绍如何利用特定的度量准则评估分类器或预测器的准确率。保持、随机子抽样、交叉验证是常用的基于给定数据的随机抽样划分,评估准确率的常用技术。这些技术的使用会增加总体计算开销,但是会有利于模型选择。

保持方法是一般讨论准确率默认的方法。这种方法将给定数据分为两个独立的集合:训练数据集和测试数据集。一般 2/3 的数据作为训练数据集,1/3 的数据作为测试数据集。训练数据集用来建立模型,而准确率通过测试数据集来评估。

随机子抽样方法是保持方法的简单变形,它将保持方法重复 k 次,总的准确率估计取每次迭代准确率的平均值。

在 k-交叉检验中,初始数据随机划分为 k 个互不相交的子集 $S_1, S_2, \cdots, S_k$,每个子集的大小大致相等。训练和测试进行 k 次。在第 i 次迭代,子集 S_i 用作测试集,其余的子集用来训练模型。也就是说,在第一次迭代中,子集 $S_2, \cdots, S_k$ 一起作为训练集,得到第一个模型,并在 S_1 上检验;第二次迭代在子集 $S_1, S_3, \cdots, S_k$ 上训练,并在 S_2 上检验;如此进行。可以看出在 k-交叉检验中每个样本用于训练的次数相同,并且都用来检验一次。对于分类问题,准确率估计就是 k 次迭代正确分类的总数除以初始数据中的元组总数。k-交叉检验相比于随机子抽样方法减少了训练集和测试集使用的随机性。

6.4　决策树分类

决策树分类指的是从类别标记的训练元组中学习决策树。决策树,顾名思义,就是类似于流程图的树形结构。一个决策树由一个根结点和一系列内部结点分支以及若干叶结点构成。每个内部结点只有一个父结点和两个或多个子结点,结点和结点之间形成不同的分支。其中树的每个内部结点代表一个决策过程中所要测试的属性,每个分支代表测试的一个结果,不同属性值代表不同分支,而每个叶结点就代表一个类别。树的最高层结点称为根结点,是整个决策树的开始。可以看出,决策树的基本组成部分为根结点、结点、分支和叶结点。一棵典型的决策树示意图如图 6.4 所示,它表示顾客是否可能购买计算机。

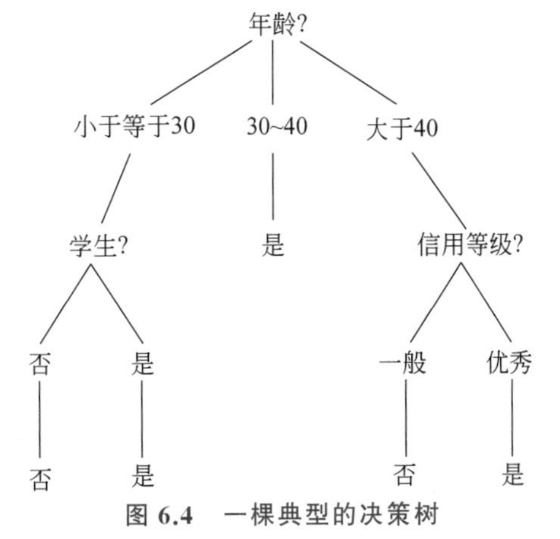

图 6.4　一棵典型的决策树

在利用决策树进行分类时，对于给定的一个类别标号未知的元组 X，在决策树上测试元组的属性值，从决策树的根结点到叶结点的一条路径就形成对该元组的类别预测。决策树容易转化为分类规则。

决策树分类器是非常流行的分类方法。它的构造一般不需要任何领域知识或参数设置，也可以处理高维数据。它对知识的表示是直观的，非常易于理解。用决策树进行学习和分类的步骤是简单和迅速的。一般来说，决策树具有较好的分类准确率。但是决策树的成功应用可能依赖于所拥有的数据。

6.4.1 节介绍基本的决策树学习算法。6.4.2 节介绍流行的属性选择度量，属性选择度量用来选择将元组最好的划分成不同的类属性。6.4.3 节介绍如何从决策树中提取分类规则。6.4.4 节讨论如何加强基本的决策树归纳方法。6.4.5 节介绍决策树归纳在大数据集中的分类。

6.4.1 决策树归纳

最早的决策树算法是由机器学习研究者 Quinlan 提出，称作 ID3。在此基础上，Quinlan 又提出了 ID3 的后继算法 C4.5，成为新的监督学习算法性能的比较基准。1984 年，统计学家 Breiman 等提出了分类与回归树 CART，介绍了二叉决策树的产生思想。ID3 和 CART 在训练元组学习决策树方面都采用了类似的方法。这两个基础算法推动了之后决策树归纳的研究。

在构造决策树方面，ID3、C4.5 和 CART 都采用贪心法，以自顶向下递归的分治方法来构造。

6.4.2 属性选择度量

属性选择度量是一种分裂准则，它是将给定类别标号的训练元组数据集 D“最佳”地划分成个体类的启发式方法。属性选择度量又称为分裂规则，是构造决策树分类器的关键。它根据某种度量得分，决定给定结点的分裂属性，从而分裂给定结点上的元组。选择的标准是要使在每个非叶结点进行属性测试时，使被测试元组的类别信息最大化，保证非叶结点到达各后代叶结点平均路径最短，分类速度较快。如果分类属性是离散的，则可以通过直接枚举的方式构造分枝；但是如果分裂属性是连续的或者只限于构造二叉树，则一个分裂点或一个分裂子集也必须作为分裂准则的一部分来确定。本节介绍非常流行的三种属性选择度量方法：信息增益、增益率和 Gini 指标。

首先介绍信息增益，ID3 使用它作为属性选择度量方法。该度量是基于信息论方面的基础工作。设数据集 S 包含s_i 个类别为 i 的元组，其中 $i \in \{1,2,\cdots,m\}$。对 S 中的元组进行分类，所期望的信息量由如下公式给出：

$$I(s_1,s_2,\cdots,s_m) = -\sum_{i=1}^{m} \frac{s_i}{s} \log_2 \frac{s_i}{s} \tag{6-1}$$

假设现在需要根据属性 A 划分 S 中的元组，其中属性 A 由训练集中具有 v 个不同的属性值$(a_1,a_2,\cdots,a_v)$组成。如果 A 的属性值是离散的，则直接对应于 A 测试上的 v 路分枝，数据集 S 将被划分为 v 个子集$\{S_1,S_2,\cdots,S_v\}$，并且设s_{ij}表示数据子集S_j中类别为 i 的元组个数。理想情况下，希望该划分产生元组的准确分类，即每个划分中的元组都属于同一类别标记，但是这种情况往往不成立。需要有一个量来度量如下情况：为了得到准确的分类还需要多少期望信息量。这个量由下式给出，也称为属性 A 的信息熵：

$$E(A)=\sum_{j=1}^{v}\frac{s_{1j}+\cdots+s_{mj}}{s}I(s_{1j},\cdots,s_{mj}) \tag{6-2}$$

在属性 A 上分裂的信息增益定义为：

$$\text{Gain}(A)=I(s_1,s_2,\cdots,s_m)-E(A) \tag{6-3}$$

它是原来的信息需求与基于属性 A 划分后的信息需求之差，表示通过属性 A 得到了多少。在选择分裂属性时，选择具有最高信息增益 Gain(A)的属性 A 作为结点的分裂属性。这使得完成元组分类所需要的信息量最小，即最小化 $E(A)$。

下面举例说明如何用信息增益进行决策树的属性选择，从而对给定结点进行分裂。表 6.1 是一组带有类别标记的训练元组集合 S，其中，buys_computer 是类别标记。类标号属性有两个不同的值，即{yes, no}。设类 P 对应 yes，类 N 对应 no。其中，类 P 有 9 个元组，类 N 有 5 个元组。由 S 中元组首先创建根结点，为了选择分裂属性，必须计算每个属性的信息增益。由式(6-1)可以得出将 S 中元组正确分类所需要的期望信息为：

$$I(p,n)=I(9,5)=-\frac{9}{14}\log_2\left(\frac{9}{14}\right)-\frac{5}{14}\log_2\left(\frac{5}{14}\right)=0.940$$

下面从属性 age 开始依次计算各属性的信息熵。对于属性 age，属性值为“<=30”的有两个属于类 P，3 个属于类 N；属性值为“31～40”的有 4 个属于类 P，0 个属于类 N；属性值大于 40 的有 3 个属于类 P，两个属于类 N。则

$$E(\text{age})=\frac{5}{14}I(2,3)+\frac{4}{14}I(4,0)+\frac{5}{14}I(3,2)=0.694$$

以属性 age 划分所得到的信息增益为：

$$\text{Gain}(\text{age})=I(p,n)-E(\text{age})=0.246$$

类似地，可以得到：

$$\text{Gain}(\text{income})=0.029$$
$$\text{Gain}(\text{student})=0.151$$
$$\text{Gain}(\text{credit\_rating})=0.048$$

表 6.1 学生基本信息表

age	income	student	credit_rating	buys_computer
<=30	high	no	fair	no
<=30	high	no	excellent	no
31～40	high	no	fair	yes
>40	medium	no	fair	yes
>40	low	yes	fair	yes
>40	low	yes	excellent	no
31～40	low	yes	excellent	yes
<=30	medium	no	fair	no

续表

age	income	student	credit_rating	buys_computer
<=30	low	yes	fair	yes
>40	medium	yes	fair	yes
<=30	medium	yes	excellent	yes
31～40	medium	no	excellent	yes
31～40	high	yes	fair	yes
>40	medium	no	excellent	no

由于 age 在所有属性中具有最高的信息增益，因此选择属性 age 作为根结点的分裂属性。根结点用 age 标记，并对每个属性生长出一个分枝，然后根据该属性对元组作出划分。对每个产生的结点再执行相同的步骤，以此计算最终会生成一棵决策树。

上述涉及的属性都是离散值，如果涉及连续属性值应该如何计算信息增益？这时必须要确定最佳的分裂点。具体来说，首先根据属性 A 将数据集 S 中的值进行排序。典型地，每对相邻值的中间值作为可能的分裂点。这样属性 A 给定的 v 个值，则有 $v-1$ 种可能的分裂，对每个分裂点计算期望信息量，其中划分的子集个数为 2，S_1 是满足 $A \leqslant \text{split\_point}$ 的集合，而 S_2 是满足 $A > \text{split\_point}$ 的集合。最终选择的分裂点是 $v-1$ 个可能分裂点中使期望信息量最大的那个点。

信息增益偏向于选择具有大量值的那些属性作为分裂属性。例如 ID 是充当数据表示的一个属性，以属性值 ID 进行分裂将导致大量划分，每个划分只包含一个元组。基于该划分对数据集 S 分类所需要的信息量为 0。这样以该属性划分得到的信息增益最大，但是显然这种划分对分类来说是不合理的。

ID3 的后继 C4.5 算法采用增益率来克服信息增益在这方面的问题，增益率使用分裂信息值将信息增益规范化。分裂信息值定义如下：

$$\text{SplitInfo}_A(S) = -\sum_{j=1}^{v} \frac{|S_j|}{|S|} \times \log_2\left(\frac{|S_j|}{|S|}\right) \tag{6-4}$$

该值表示通过属性 A 将数据集 S 划分成 v 个部分所产生的信息量。增益率定义为：

$$\text{GainRatio}(A) = \frac{\text{Gain}(A)}{\text{SplitInfo}(S)} \tag{6-5}$$

选择具有最大增益率的属性作为分裂属性。计算前面例子中属性 income 的增益率，首先

$$\text{SplitInfo}_{\text{income}}(S) = -\frac{4}{14} \times \log_2\left(\frac{4}{14}\right) - \frac{6}{14} \times \log_2\frac{6}{14} - \frac{4}{14} \times \log_2\frac{4}{14} = 0.926$$

则 $\text{GainRatio(income)} = \frac{0.029}{0.926} = 0.031$。

下面介绍另一种属性选择度量指标，称为 Gini 指标，CART 中使用了这种指标。该指标定义数据划分或训练集 S 的不纯度，定义如下：

$$\text{Gini}(S) = 1 - \sum_{i=1}^{m} \left(\frac{S_i}{S}\right)^2 \tag{6-6}$$

Gini 指标只考虑属性的二元划分。如果属性 A 是离散值,则考虑其所形成的所有子集,其中不包括全集和空集。每个子集 S_A 可看作属性 A 的形如“$A \in S_A$?”的二元测试。如果属性 A 是连续值,则考虑每个可能的分裂点,这类似上述计算连续值属性的信息增益所采用的策略。

如果一个数据集 S 在属性 A 上被划分为两个子集合 S_1 和 S_2,则在属性 A 上划分 S 的 Gini 指标定义为:

$$\mathrm{Gini}_A(S)=\frac{|S_1|}{|S|}\mathrm{Gini}(S_1)+\frac{|S_2|}{|S|}\mathrm{Gini}(S_2) \tag{6-7}$$

按属性 A 进行二元分裂导致的不纯度变化量为:

$$\Delta\mathrm{Gini}(A)=\mathrm{Gini}(S)-\mathrm{Gini}_A(S) \tag{6-8}$$

选取不纯度变化量最大的属性(或等价地具有最小 Gini 指标的属性)作为分裂属性。该属性和它的分裂子集(离散属性)或分裂点(连续属性)一起形成分裂准则。

还是以表 6.1 中的数据集 S 为例,首先计算 S 的不纯度:

$$\mathrm{Gini}(S)=1-\left(\frac{9}{14}\right)^2-\left(\frac{5}{14}\right)^2=0.459$$

如果考虑属性 income 及子集{low, medium},则基于该划分的 Gini 值为:

$$\begin{aligned}\mathrm{Gini}_{\mathrm{income}\in\{\mathrm{low,medium}\}}(S)&=\left(\frac{4}{14}\right)\mathrm{Gini}(S_1)+\left(\frac{6}{14}\right)\mathrm{Gini}(S_2)\\&=0.443=\mathrm{Gini}_{\mathrm{income}\in\{\mathrm{high}\}}(S)\end{aligned}$$

类似地,可以得到:

$$\mathrm{Gini}_{\mathrm{income}\in\{\mathrm{low,high}\}}(S)=0.458$$
$$\mathrm{Gini}_{\mathrm{income}\in\{\mathrm{medium}\}}(S)=0.458$$
$$\mathrm{Gini}_{\mathrm{income}\in\{\mathrm{medium,high}\}}(S)=0.450$$
$$\mathrm{Gini}_{\mathrm{income}\in\{\mathrm{low}\}}(S)=0.450$$

由此对于属性 income 的最好二元划分在{low, medium}或{high}上。

总体来说,信息增益、增益率和 Gini 系数是三种常用的属性选择度量指标,一般都能返回较好的结果。但是它们都有各自的选择偏向。信息增益倾向于多值数据;增益率虽然克服了信息增益倾向于多值数据的问题,但是它倾向于不平衡的分裂,即其中一个划分可能比其他划分小得多;Gini 系数指标偏向于多值属性,而且当类的数目很大时会出现困难,另外它还倾向于导致相等大小和相等纯度的划分,也就是说倾向于一种均衡的划分。

目前也已经提出了其他许多属性选择度量方法,如 C-SEP、MDL 和 G-statistics 等。但是所有的度量都具有某种偏向,还未发现一种度量能够显著优于其他度量,大部分度量在特定的条件下能产生较好的结果。

6.4.3 提取分类规则

已经基本了解了如何从训练集中建立一个决策树分类器。但是所建立的决策树往往很大,不容易理解。本节讨论如何从决策树中提取 IF-THEN 规则,建立基于规则的分类器。相比于决策树,这种规则更便于人理解,特别是当决策树非常大时。

当从决策树中提取规则时,对从根结点到每个叶结点的路径建立一条规则。存放类别标记的叶结点形成规则的 THEN 部分，而路径上的其他结点依次用 AND 连接形成规则的 IF 部分。以图 6.4 中的决策树为例，提取的规则如下所示：

```
R1: IF 年龄 "<=30" AND student="否" THEN buys_computer="否"
R2: IF 年龄 "<=30" AND student="是" THEN buys_computer="是"
R3: IF 年龄 in"31~40" THEN buys_computer="是"
R4: IF 年龄 ">40" AND credit_rating="优秀" THEN buys_computer="是"
R5: IF 年龄 ">40" AND credit_rating="一般" THEN buys_computer ="是"
```

由上面讨论可知，从决策树中提取规则是相对容易的，但是应注意的是每个叶结点都对应一条规则，导致有时候提取出的规则集并不比决策树简单多少，这时往往需要对结果规则集进行剪枝，以去除重复的子树以及不相关的和冗余的属性测试。

6.4.4 基本决策树归纳的增强

简单归纳一下对基本决策树归纳的增强方式。

(1) 在决策树归纳中，允许决策树存在具有连续值的属性，这时通常将连续的属性值分成多个连续的区间，每个区间对应一个离散的值，这样连续值的属性就转化成为新的离散值属性。

(2) 在决策树归纳中可以处理缺失的属性值，一般有两种方式：一种方式是将最常见的属性值赋予该属性，另一种方式是以概率的方式选择可能的属性值。

(3) 在决策树归纳中可以创建新的属性。基于那些被稀疏表示的已有属性，可以创建新的属性，这样可以减少碎片、重复和复制的产生。

6.4.5 在大数据集中的分类

分类是一个经典的问题，在统计学和机器学习领域都被广泛的研究。但是存在一个很重要的问题需要解决，就是分类算法扩展性的问题。在实际应用中，数据集中可能存在成百上千万的样本，每个样本可能有成百上千的属性，分类算法需要在大的数据集中获得合理的训练速度和学习准确率。

为什么在大规模的数据挖掘中，决策树被较广泛地应用呢？

(1) 它相对于其他分类方法有较快的学习速度。

(2) 生成的决策树能够很容易转换为简单易于理解的分类规则。

(3) 它能够使用 SQL 语句对数据库进行访问。

(4) 它与其他分类方法相比有着可比较的分类准确率。

6.5 贝叶斯分类

贝叶斯分类方法是统计学的分类方法，它利用概率统计知识预测给定元组属于特定类的概率。贝叶斯分类基于贝叶斯定理。最简单的贝叶斯分类算法称为朴素贝叶斯分类法。该方法虽然简单，但是却在实际应用中表现出了很高的准确率和效率，而且可以应用到大型数据库中。

朴素贝叶斯法有一个重要的前提假设，即一个属性值对分类的影响独立于其他属性值。

这一假设也称为类条件独立性。该假设的目的是为了简化计算。贝叶斯信念网络是一种图模型,它能刻画属性子集之间的依赖关系,贝叶斯信念网也可以用于分类。当类条件独立性满足或近似满足时,朴素贝叶斯方法往往可以获得很高的准确度。否则,可以考虑使用贝叶斯信念网络进行分类。

6.5.1 节首先介绍贝叶斯分类的基本理论,即贝叶斯定理。6.5.2 节学习朴素贝叶斯分类法。贝叶斯信念网络在 6.5.3 节介绍。最后简要介绍如何根据给定数据学习贝叶斯信念网络。

6.5.1 贝叶斯定理

假设 X 是一个未知标记的数据元组。H 是某种假设,如数据元组 X 属于特定类 C。对于分类问题,需要计算 $P(H|X)$,即对于给定元组 X,假设 H 成立的概率。$P(H|X)$是在条件 X 下 H 的后验概率。

$P(H)$称作假设 H 的先验概率。它是在观测数据之前根据以往经验和分析得到的概率,反映了问题的背景知识。$P(X)$是元组 X 被观测到的概率,或者说是 X 的先验概率。$P(X|H)$是在假设 H 成立的条件下,元组 X 被观测到的概率,或者说是在条件 H 下 X 的后验概率。

给定训练数据 X,在条件 X 下,H 的后验概率服从贝叶斯定理:

$$P(H \mid X)=\frac{P(X \mid H)P(H)}{P(X)} \tag{6-9}$$

式(6-9)也可以简单地描述为:后验 = 似然×先验 / 证据因子。$P(X|H)$、$P(H)$和 $P(X)$可以由给定的数据估计,因此贝叶斯定理提供了由 $P(X|H)$、$P(H)$和 $P(X)$计算后验概率 $P(H|X)$的方法。6.5.2 节介绍如何在朴素贝叶斯分类中使用贝叶斯定理。

6.5.2 朴素贝叶斯分类

朴素贝叶斯分类有一个简单的前提假设,即属性之间是条件独立的,也称为类条件独立性假设。假定每个元组可表示为 $X=(x_1,x_2,\cdots,x_n)$,其中,x_k 描述属性A_k 的值,$k=1,2,\cdots,n$,并且总共有 m 个类$C_1,C_2,\cdots,C_m$,则该条件可以形式化为:

$$P(X \mid C_i)=\prod_{k=1}^{n}P(x_k \mid C_i) \tag{6-10}$$

以属性大小为 2,属性值分别为y_1和y_2的元组为例,元组$[y_1,y_2]$出现在当前类 C 中的概率是y_1出现在当前类 C 的概率与y_2出现在当前类 C 的概率之积。即

$$P([y_1,y_2]|C)=P(y_1|C)\times P(y_2|C)$$

由上述,朴素贝叶斯分类认为属性之间没有依赖关系。对于给定元组 X,由贝叶斯定理可以分别计算:

$$P(C_i \mid X)=\frac{P(X \mid C_i)P(C_i)}{P(X)} \quad (i=1,2,\cdots,m) \tag{6-11}$$

朴素贝叶斯分类法将元组 X 归于具有最高后验概率 $P(C_i|X)$的那个类C_i 中(类C_i 称为最大后验假设)。即若元组 X 被归类于C_i,当且仅当

$$P(C_i|X)>P(C_j|X)$$

由于 $P(X)$ 对所有类都是常数，$P(C_i|X)$ 最大可以转化为 $P(X|C_i)P(C_i)$ 最大，如果概率未知，通常假设这些类的先验概率是相等的，即 $P(C_1)=P(C_2)=\cdots=P(C_m)$，这样可以进一步将 $P(C_i|X)$ 最大转化为 $P(X|C_i)$ 最大。另外，也可以通过给定数据来估计类的先验概率，如类 C_i 的先验概率 $P(C_i)$ 可以用训练集中属于 C_i 类的元组数所占训练元组总数的比例来估计。这样利用朴素贝叶斯方法进行分类，有待解决的就是如何计算概率 $P(X|C_i)$。

如果没有类条件独立性假设，$P(X|C_i)$ 的计算可能是很困难的，特别是当属性数目很大时。但是由类条件独立假设，可以根据式(6-10)将 $P(X|C_i)$ 的计算转化为计算 $P(x_k|C_i)$。对于 $P(x_k|C_i)$ 的计算需要考虑下面两种情形。

(1) 如果 A_k 是离散值属性，则 $P(x_k|C_i)$ 可由属性 A_k 的值为 x_k 且属于类 C_i 的元组数目除以属于类 C_i 的元组数目。

(2) 如果 A_k 是连续值属性，通常假定连续值属性服从均值为 μ，方差为 σ 的高斯分布，由下式定义：

$$g(x,\mu,\sigma)=\frac{1}{\sqrt{2\pi}\sigma}e^{-\frac{(x-\mu)^2}{2\sigma^2}}$$

则 $P(x_k|C_i)=g(x_k,\mu_{C_i},\sigma_{C_i})$，其中 μ_{C_i} 和 σ_{C_i} 是 C_i 类训练元组的属性 A_k 的均值和标准差。

下面还是以表 6.1 来阐述朴素贝叶斯分类的工作过程。假设需要分类的元组 X = (age≤30, Income = Medium, Student = yes, Credit_rating = Fair)。现在根据朴素贝叶斯分类方法，要将 X 归到合适的类别。为此需要计算 $P(X|C_i)P(C_i)$，$i=1,2$，并找到使 $P(X|C_i)P(C_i)$ 最大的那个 C_i。首先计算 $P(X|C_i)$，计算结果如下：

$$P(\text{age}=\text{"}\leqslant 30\text{"}|\text{buys\_computer}=\text{"yes"})=\frac{2}{9}=0.222$$

$$P(\text{age}=\text{"}\leqslant 30\text{"}|\text{buys\_computer}=\text{"no"})=\frac{3}{5}=0.6$$

$$P(\text{income}=\text{"medium"}|\text{buys\_computer}=\text{"yes"})=\frac{4}{9}=0.444$$

$$P(\text{income}=\text{"medium"}|\text{buys\_computer}=\text{"no"})=\frac{2}{5}=0.4$$

$$P(\text{student}=\text{"yes"}|\text{buys\_computer}=\text{"yes"})=\frac{6}{9}=0.667$$

$$P(\text{student}=\text{"yes"}|\text{buys\_computer}=\text{"no"})=\frac{1}{5}=0.2$$

$$P(\text{credit\_rating}=\text{"fair"}|\text{buys\_computer}=\text{"yes"})=\frac{6}{9}=0.667$$

$$P(\text{credit\_rating}=\text{"fair"}|\text{buys\_computer}=\text{"no"})=\frac{2}{5}=0.4$$

然后计算 $P(C_i)$，计算结果如下：

$$P(\text{buys\_computer}=\text{"yes"})=\frac{9}{14}=0.643$$

$$P(\text{buys\_computer}=\text{"no"})=\frac{5}{14}=0.357$$

最后计算 $P(X|C_i)P(C_i)$，计算结果如下：

$$P(X|\text{buys\_computer}=\text{"yes"})P(\text{buys\_computer}=\text{"yes"})$$
$$=0.222\times0.444\times0.667\times0.667\times0.643=0.028$$
$$P(X|\text{buys\_computer}=\text{"no"})P(\text{buys\_computer}=\text{"}no\text{"})$$
$$=0.6\times0.4\times0.2\times0.4\times0.357=0.007$$

由此可得

$$P(X|\text{buys\_computer}=\text{"yes"})P(\text{buys\_computer}=\text{"yes"})>$$
$$P(X|\text{buys\_computer}=\text{"no"})P(\text{buys\_computer}=\text{"no"})$$

所以元组 X 属于类 buys_computer="yes"。

朴素贝叶斯方法的优势在于易于实现，而且在大多数情况下能够获得较好的分类准确率。它的劣势在于它的类条件独立性假设，如果数据的各个属性之间有比较强的依赖关系，朴素贝叶斯方法往往不能取得较好的结果。如何处理属性之间的依赖关系呢？贝叶斯信念网络是一个较好的选择。

6.5.3 贝叶斯信念网络

首先考虑 n 个变量的联合概率分布 $P(X_1,X_2,\cdots,X_n)$，可以将它写为：

$$\begin{aligned}P(X_1,X_2,\cdots,X_n)&=P(X_1)P(X_2\mid X_1)\cdots P(X_n\mid X_1,X_2,\cdots,X_{n-1})\\&=\prod_{i=1}^{n}P(X_i\mid X_1,X_2,\cdots,X_{i-1})\end{aligned}\tag{6-12}$$

对于任意X_i，如果存在 $\pi(X_i)\subseteq\{X_1,X_2,\cdots,X_{i-1}\}$，使得给定 $\pi(X_i)$，X_i 与$\{X_1,X_2,\cdots,X_{i-1}\}$中的其他变量条件独立，即

$$P(X_i\mid X_1,X_2,\cdots,X_{i-1})=P(X_i\mid\pi(X_i))\tag{6-13}$$

则可得

$$P(X_1,X_2,\cdots,X_n)=\prod_{i=1}^{n}P(X_i\mid\pi(X_i))\tag{6-14}$$

这样就得到了联合分布的一个分解，其中当 $\pi(X_i)=\varnothing$时，$P(X_i|\pi(X_i))$为边缘分布 $P(X_i)$。在式(6-13)的分解中变量X_i 的分布直接依赖$\pi(X_i)$的取值。如果给定 $\pi(X_i)$，则 X_i 与$\{X_1,X_2,\cdots,X_{i-1}\}$中的其他变量条件独立。可以构造一个有向图来表示这些依赖和独立关系。

(1) 每个变量都表示为一个结点；

(2) 对于每个结点X_i，都从 $\pi(X_i)$中每个结点画一条有向边到X_i。

例如，假设有 4 个变量 X,Y,Z,P，若 $\pi(X)=\pi(Y)=\varnothing$，$\pi(Z)=\{X,Y\}$，$\pi(P)=Y$。可以得到如图 6.5 所示的有向图。

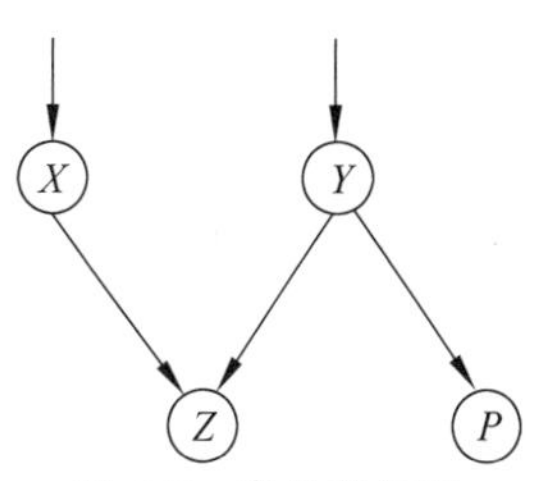

图 6.5 变量关系图

这个图使得变量之间的关系一目了然，变量 Z 依赖变量 X 和 Y，变量 P 依赖变量 Y。那么变量 Z 具体如何依赖变量 X 和 Y？条件概率分布 $P(Z|X,Y)$定量回答了这个问题。类似地，变量 $P(P|Y)$定量刻画了变量 P 如何依赖变量 Y。变量 X 和 Y 不依赖其他变量，$P(X)$和 $P(Y)$给出了它们的边缘分布。图 6.5

所示的有向图与这 5 个概率分布合在一起就构成了一个贝叶斯信念网络，也简称为贝叶斯网络。

贝叶斯网络是一个有向无环图，图中的结点代表随机变量，可以对应实际数据中的某个属性。结点间的边代表变量之间的直接依赖关系。如果有一条边由结点 X 到结点 Y，则称 X 是 Y 的双亲或直接前驱，而 Y 是 X 的后代。给定一个结点的所有双亲，则该结点有条件的独立于图中它的非后代。贝叶斯网络的每个结点都附有一个概率分布，根结点 X 所附的是它的边缘分布 $P(X)$，而非根结点所附的是它的条件概率分布 $P(X|\pi(X))$。贝叶斯信念网络允许在变量子集之间定义类条件独立性，它是一种提供因果关系的图模型，可以对其进行学习。训练后的贝叶斯信念网络可以用来分类。

图 6.6 是表示 6 个布尔变量的简单贝叶斯网络，图中的边表示因果知识。例如病人是否得肺癌(Lung Cancer)受其家庭病史(Family History)和是否吸烟(Smoker)的影响。如果知道病人得了肺癌，那么变量 Family Histroy 和 Smoker 就不再提供关于变量 PositiveXRay 的任何附加信息。如果知道病人吸烟(即满足 Smoker)，那么变量 Lung Cancer 条件独立于变量 Emphysema(肺气肿)。对于贝叶斯网络中的每一个变量 X，有一个条件概率表，它说明条件分布 $P(X|\pi(X))$。图 6.6 中也给出了变量 LungCancer 的条件概率表。

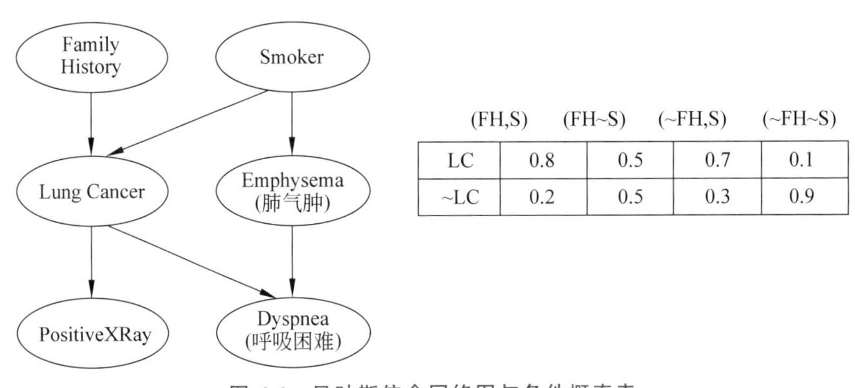

	(FH,S)	(FH~S)	(~FH,S)	(~FH~S)
LC	0.8	0.5	0.7	0.1
~LC	0.2	0.5	0.3	0.9

图 6.6　贝叶斯信念网络图与条件概率表

在利用贝叶斯网络进行分类时，网络中的结点可以选作输出结点，代表类标记属性。可以有多个输出结点，代表类标记的不同属性值。分类过程不仅返回单个类别标记，还可以返回概率分布，给出属于每个类的概率。但是需要解决的问题是如何根据已有数据建立贝叶斯网络，这涉及贝叶斯网络学习的问题，将在 6.5.4 节中简要介绍。

6.5.4　贝叶斯网络学习

贝叶斯网络中的变量可以是观测的，或隐藏在所有或某些训练的元组之中。隐藏数据的情况也称为缺失值或不完全数据。在进行贝叶斯网络学习时，有多种可能的情况。

(1) 给定网络拓扑结构，且所有变量都是可以观测的。这种情况只需要学习每个变量的条件概率表。

(2) 网络拓扑结构已知，且一些变量是隐藏的。这种情况可以利用梯度下降的方法，类似于神经网络学习。

(3) 网络拓扑结构未知,所有变量都是可以观测的。这种情况可以搜索模型空间,重构网络拓扑结构。因为网络结构大小随结点数目增多呈指数增长,所以一般都采用启发式的搜索方法,在较短的时间内获得较优的网络拓扑结构。

(4) 网络拓扑结构未知,所有变量都是隐藏的。这种情况下还没有好的算法来解决这个问题。

关于贝叶斯网络学习的细节问题,可以参见本章相关的参考文献。

6.6 神经网络

首先回顾一下有关分类问题。分类问题实质上可以看作一个数学映射问题,分类的任务是预测元组的类别标记。举个例子,需要判定一个网页是否是个人主页,那么首先确定网页是个人主页要具备哪些特征属性 $A_j(j=1,2,\cdots,n)$,例如对于该问题可以设定 A_1 是单词 homepage 出现的次数,A_2是单词 welcome 出现的次数等,则每个网页就可以通过一个向量 $\boldsymbol{X}_i=(x_{i1},x_{i2},\cdots,x_{in})$来表示,其中 x_{ij} 表示向量 $\boldsymbol{X}_i$ 中属性 A_j 的值。分类就是要得到一个映射函数$y_i=f(X_i)$,$y_i\in\{+1,-1\}$。

分类器可以分为线性的和非线性的。线性分类器指所得到的映射函数是线性的。线性分类器求解二分类问题可以用图 6.7 来形象化地描述。在斜线上方的数据点属于类×,在斜线下方的点属于类 O。SVM 和感知机都是典型的线性分类器。

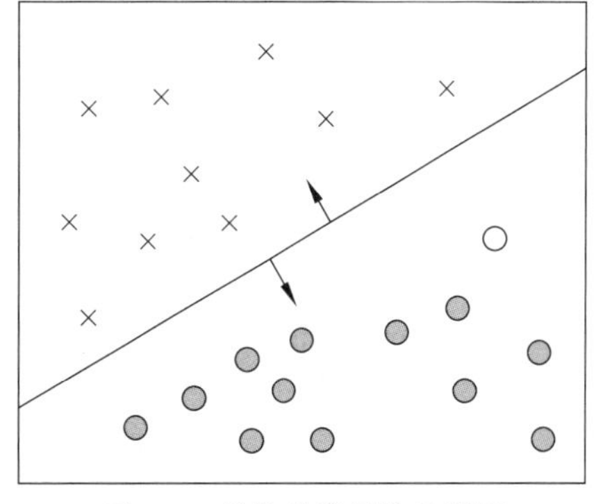
图 6.7 线性分类器的示意图

分类器从模型方面又可以分为两种,分别是产生式模型和判别式模型。产生式模型由数据学习联合概率分布 $P(X,Y)$,然后求出条件概率密度 $P(Y|X)$作为预测的模型,即产生式模型:

$$P(Y \mid X)=\frac{P(X,Y)}{P(X)}$$

这种方法之所以称为产生式方法,是因为模型给定了输入 X 产生输出 Y 的生成关系。典型的产生式模型有朴素贝叶斯方法和隐马尔可夫模型。判别式模型由数据直接学习决策函数 $f(X)$或者条件概率分布 $P(Y|X)$作为预测的模型,即判别模型。判别模型关心的是对给定的输入 X,应该预测什么样的输出 Y。典型的判别模型包括决策树、支持向量机和神经网络等。

基于判别式模型的分类器的优势在于其①预测准确率一般较高(相对于贝叶斯方法而言);②方法的鲁棒性较好,在训练数据中存在错误时仍能够较好工作;③对于学习得到的目标函数的评价非常快,在这方面贝叶斯网络方法就比较慢。它的劣势在于①分类器训练时间较长;学习所得到的映射函数比较难于理解,但是贝叶斯网络在这方面就具有一定的优势,例如贝叶斯网络就可以比较容易地用来进行模式发现;②判别式模型比较难融入领域知识,而贝叶斯网络则不同,可以以先验概率的方式融入领域知识。

本章所要介绍的神经网络分类方法就是一种比较典型的基于判别式模型的分类器。

6.6.1 神经网络简介

神经网络是对生物系统的模拟，实际上生物系统是一个很好的学习系统。神经网络算法固有的并行性使其具有较高的计算效率。

感知器是一种特殊的神经网络模型，由美国心理学家 Rosenblatt 在 1959 年提出。它一层为输入层，另一层为计算单元，感知器特别适合于简单的模式分类问题。感知器以一个实数值向量作为输入，然后计算这些输入的线性组合，如果结果大于某个阈值，就输出 1，否则输出 −1。更精确地，设输入为实值向量 $\boldsymbol{X}=(x_1,x_2,\cdots,x_n)$，那么感知器计算的输出为：

$$o(X)=\begin{cases}1 & w_0+w_1x_1+w_2x_2+\cdots+w_nx_n>0\\ -1 & \text{其他}\end{cases} \tag{6-15}$$

其中，w_i 是实数常量，或者称为权值，用来决定输入 x_i 对感知器输入的贡献率。数量w_0是一个阈值，为了使感知器的输出为 1，输入的加权和必须超过阈值。

感知器可以看作是 n 维实例空间中一种超平面形式的决策面。对于超平面一侧的实例，感知器输出为 1，对于另一侧的实例输出为 −1。感知器在用于分类时可以适用于样本集线性可分的情况。

6.6.2 多层神经网络

由 6.6.1 节可知，单个感知器仅能够表示线性决策面。多层神经网络能够表示种类繁多的非线性曲面。图 6.8 描述了一个典型的多层网络结构，多层神经网络由一个输入层、一个或多个隐藏层和一个输出层组成。每层由若干个神经元组成，层间的神经元为全连接，而层内的神经元无连接。一般地，输入层和输出层神经元的个数由训练集所确定，网络的输入对应每个训练元组测量的属性。各层神经元之间的连接是有权重的，每个神经元的输入由连接到它的各个神经元的输出加权和确定(输入层除外)。多层神经网络的隐藏层数目是任意的，但是实践中通常只用一层。一般来说，给定足够多的隐藏单元和足够的训练样本，多层神经网络可以逼近任何函数。

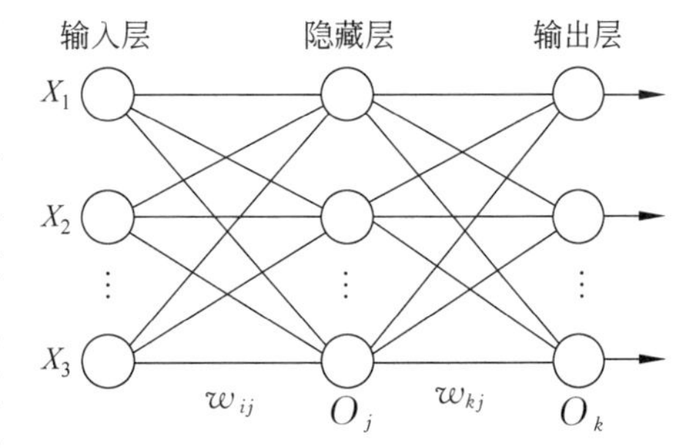

图 6.8 一个典型的神经网络结构图

需要指出的是，为了使神经元的输出是输入的非线性可微函数，需要利用激活函数作用于隐藏层和输出层每个单元的净输入。为了便于解释，假设一个隐藏或输出单元为 j，单元 j 的输入来自上一层的输出，w_{ij}是由上一层单元 i 到单元 j 的连接权重，O_i 是上一层单元 i 的输出，θ_j 是单元 j 的偏倚。则单元 j 的净输入为：

$$I_j=\sum_i w_{ij}O_i+\theta_j \tag{6-16}$$

然后需要利用激活函数作用于I_j，激活函数可以使用 S 形(Sigmoid)函数，也称为逻辑斯谛(Logistic)函数。给定单元 j 的净输入，则由 S 形函数，单元 j 的输出O_j可以计算为：

$$O_j = \frac{1}{1+e^{-I_j}} \tag{6-17}$$

6.6.3 神经网络训练

神经网络的训练目标是得到一组权重，使得训练集中的元组尽可能地被正确分类。神经网络的训练一般有如下过程。

(1) 随机初始化权重。

(2) 将输入元组逐个输入给神经网络。

(3) 对于每个输入元组，执行如下过程：

① 每个单元的净输入计算为这个单元所有输入的线性组合；

② 使用激活函数计算输出值；

③ 更新权重值和偏差值。

需要注意的是，在神经网络训练之前需要设计神经网络的拓扑结构，用户必须说明输入层的单元数、隐藏层数、每个隐藏层的单元数和输出层的单元数，以确定网络拓扑。对训练元组中的每个属性的测量输入值进行规范化有助于加快学习过程。一般可以对输入值进行归一化，使得它们落入 0.0～1.00。离散值属性可以重新编码，每个域上的值对应一个输入单元。例如，如果属性 A 有三个可能的值 $\{a_0, a_1, a_2\}$，则可以分配三个输入单元表示 A。可以用 I_0, I_1, I_2 作为输入单元，每个单元初始化为 0。如果 $A=a_0$，则 I_0 置为 1；如果 $A=a_1$，则 I_1 置为 1；如此下去。神经网络可以用来分类(预测给定元组的类标号)和预测(预测连续值输出)。对于分类，一个输出单元可以用来表示两个类(其中值 1 表示一个类，值 0 表示另一个类)。如果多于两个类，则每个类使用一个输出单元。

隐藏层单元数目的确定没有明确的规则。它的设计本身就是一个尝试的过程。另外，权重初值也会影响结果的准确性。一旦网络经过训练后，准确率不能接受，通常会使用不同的网络拓扑，调整初始权重值，重新训练。

6.6.4 后向传播

后向传播是一种流行的多层神经网络训练方法，该方法迭代地处理训练元组数据集，将每个元组的网络预测与实际已知的目标值比较。目标值可以是训练元组的已知类别标记(对于分类问题)或连续值(对于预测)。对于每个训练样本，修改权重使网络预测和实际目标值之间的均方误差最小。修改“后向”进行，即由输出层经由每个隐藏层到第一个隐藏层，所以称作后向传播。一般来说，后向传播权重会收敛，学习过程停止，但是收敛条件并不能保证。

后向传播算法的主要步骤如下。

(1) 初始化权重。网络的权重初始化为很小的随机数(如－1～1)。每个单元有一个关联的偏倚，也类似地初始化为较小的随机数。每个训练元组 X 按以下步骤处理。

(2) 向前传播输入。对每个隐藏层或输出单元 j，根据式(6-16)计算 I_j，然后再由式(6-17)进一步计算 O_j，并最终计算出神经网络的预测结果。

(3) 向后传播误差。这一步通过更新权重和偏倚向后传播误差。对于输出层单元 j，误差Err_j计算如下：

$$Err_j = O_j(1-O_j)(T_j-O_j) \tag{6-18}$$

其中，T_j是单元j基于给定训练元组的已知目标值。$O_j(1-O_j)$实质上是S形函数的导数。

对于隐藏层单元j，考虑下一层中j连接到单元的误差加权和。则隐藏层单元j的误差为：

$$Err_j = O_j(1-O_j)\sum_k Err_k w_{jk} \tag{6-19}$$

其中，w_{jk}是单元j到下一较高层单元k的连接权重，Err_k是单元k的误差。权重由式(6-20)和式(6-21)更新：

$$\Delta w_{ij} = (l)Err_j O_i \tag{6-20}$$

$$w_{ij} = w_{ij} + \Delta w_{ij} \tag{6-21}$$

其中，Δw_{ij}是权重w_{ij}的改变；l是学习速率，通常取0.0～1.0的常数，一种经验的设置是将学习率设置为$1/t$，t是当前训练集迭代的次数。

偏倚由式(6-22)和式(6-23)更新：

$$\Delta \theta_j = (l)Err_j \tag{6-22}$$

$$\theta_j = \theta_j + \Delta \theta_j \tag{6-23}$$

其中，$\Delta \theta_j$是偏倚θ_j的改变。

如果每处理一个元组就更新权重和偏倚，这称作实例更新。另一种方式是将权重和偏倚的增量累计到变量中，在处理完训练集中所有元组之后再更新权重和偏倚，该方式称为周期更新，扫描训练集中所有元组的一次迭代是一个周期。实例更新在实践中更为常见，因为通常会产生更好的结果。

那什么时候后向传播过程停止呢？可以从下面几个终止条件中选取。

(1) 前一周期所有的Δw_{ij}都小于某个指定的阈值；

(2) 前一周期误分类的元组百分比小于某个阈值；

(3) 超过预先设定的最大周期数。

再来看一下后向传播算法的时间复杂度。给定$|D|$个元组和w个权重，每个周期需要$O(D\times w)$时间。然而在实践中，网络收敛的时间是不确定的，周期数在最坏情况下可能与输入规模呈指数关系。

下面通过例子说明后向传播算法的具体工作过程。图6.9给出了一个多层神经网络的示意图。

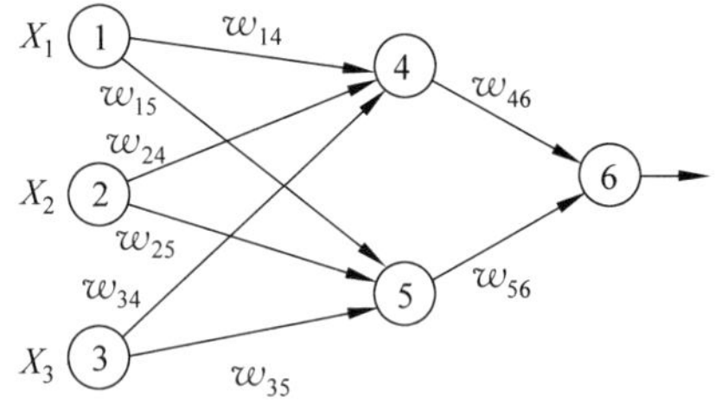

图6.9 神经网络示意图

设学习率$l=0.9$，第一个训练元组为$X=\{1,0,1\}$，其类标号为1。初始输入、权重和偏倚值设置如下：

$$w_{14}=0.2, w_{15}=-0.3, w_{24}=0.4, w_{25}=0.1, w_{34}=-0.5,$$

$$w_{35}=0.2, w_{46}=-0.3, w_{56}=-0.2$$

$$\theta_4=-0.4, \theta_5=0.2, \theta_6=0.1$$

下面首先计算每个单元的净输入和输出。

单元 4 的净输入为：$I_4=0.2+0-0.5-0.4=-0.7$

单元 4 的输出为：$O_4=\dfrac{1}{1+e^{0.7}}=0.332$

单元 5 的净输入为：$I_5=-0.3+0+0.2+0.2=0.1$

单元 5 的输出为：$O_5=\dfrac{1}{1+e^{-0.1}}=0.525$

单元 6 的净输入为：$I_6=(-0.3)(0.332)-(0.2)(0.525)+0.1=-0.105$

单元 6 的输出为：$O_6=\dfrac{1}{1+e^{0.105}}=0.474$

每个单元的误差计算如下。

单元 6 的误差为：

$\mathrm{Err}_6=(0.474)(1-0.474)(1-0.474)=0.1311$

单元 5 的误差为：

$\mathrm{Err}_5=(0.525)(1-0.525)(0.1311)(-0.2)=-0.0065$

单元 4 的误差为：

$\mathrm{Err}_4=(0.332)(1-0.332)(0.1311)(-0.3)=-0.0087$

最后计算权重和偏倚的更新。

$w_{46}=w_{46}+\Delta w_{46}=-0.3+(0.9)(0.1311)(0.332)=-0.261$

$w_{56}=w_{56}+\Delta w_{56}=-0.2+(0.9)(0.1311)(0.525)=-0.138$

$w_{14}=w_{14}+\Delta w_{14}=0.2+(0.9)(-0.0087)(1)=0.192$

$w_{15}=w_{15}+\Delta w_{15}=-0.3+(0.9)(-0.0065)(1)=-0.306$

$w_{24}=w_{24}+\Delta w_{24}=0.4+(0.9)(-0.0087)(0)=-0.4$

$w_{25}=w_{25}+\Delta w_{25}=0.1+(0.9)(-0.0065)(0)=0.1$

$w_{34}=w_{34}+\Delta w_{34}=-0.5+(0.9)(-0.0087)(1)=-0.508$

$w_{35}=w_{35}+\Delta w_{35}=0.2+(0.9)(-0.0065)(1)=0.194$

$\theta_6=\theta_6+\Delta\theta_6=0.1+(0.9)(0.1311)=0.218$

$\theta_5=\theta_5+\Delta\theta_5=0.2+(0.9)(-0.0065)=0.194$

$\theta_4=\theta_4+\Delta\theta_4=-0.4+(0.9)(-0.0087)=-0.408$

6.6.5 网络剪枝和规则抽取

一般来说，全连接的神经网络很难表达，如果有 n 个输入层结点，h 个隐藏层结点，m 个输出层结点，则总共的权重数目将会达到 $h(n+m)$。如果想从神经网络中提取规则，通常是首先进行网络剪枝。可以剪去对训练后网络影响最小的加权链，以简化网络结构。例如，如果删除一些加权链而不导致网络分类的准确率下降，则应该删除这些加权链。

当训练后的网络已剪枝，某些方法将进行链、单元或活跃值聚类。在一种方法中，使用聚类发现给定训练的两层神经网络中每个隐藏单元共同活跃值的集合，然后分析每个隐藏单元这些活跃值的组合，导出涉及这些活跃值与对应输出单元组合的规则。类似地，研究输入值和活跃值的集合，导出描述输入和隐藏单元层联系的规则。最后两个规则的集合可以结合在一起，形成 IF-THEN 规则。当然，其他算法可以导出其他形式的规则。

6.7 支持向量机

本节主要讲述支持向量机，支持向量机是一种非常流行的监督学习算法，简称为 SVM。该算法可以针对线性和非线性的数据。它利用一种非线性转换，将原始训练数据映射到高维空间上。在新的高维空间中，它搜索线性最优分类超平面，或者说是搜索一两个不同类型之间分离的决策边界。通过非线性映射将数据映射到一个足够高的维度上，来自两个不同类的数据总可以被一个超平面所分离。SVM 使用支持向量（基本训练元组）和边缘（由支持向量定义）来发现超平面。

SVM 是由 Vapnik 和他的同事在 1992 年提出，其基础工作早在 20 世纪 60 年代就已经建立，其中包括 Vapnik 和 Chervonenkis 关于统计学理论的早期工作。SVM 的训练时间一般较长，但准确度往往很高。主要是由于它能够很好地对复杂的非线性决策边界进行建模（间隔最大化）。SVM 与其他模型相比，不太容易产生过拟合的现象。SVM 可以用于预测和分类，目前已经在手写数字识别、对象识别、说话人识别，以及基准时间序列预测检验等方面得到了广泛的应用。

6.7.1 数据线性可分的情况

对于一个元组 $\boldsymbol{X}$，假设类别标记有 $+1$ 和 -1 两种。SVM 需要找到一个权向量 $\boldsymbol{W}=\{w_1,w_2,\cdots,w_n\}$ 和一个偏倚 b，当 $\boldsymbol{X}$ 类别标记为 $+1$ 时，$\boldsymbol{W}\cdot\boldsymbol{X}+b\geqslant 0$；当类别标记为 -1 时，$\boldsymbol{W}\cdot\boldsymbol{X}+b<0$。为了能够反映分类的置信度，希望当 $\boldsymbol{X}$ 类别标记为 $+1$ 时，$\boldsymbol{W}\cdot\boldsymbol{X}+b$ 是一个尽可能大的正数；而当类别标记为 -1 时，$\boldsymbol{W}\cdot\boldsymbol{X}+b$ 是一个尽可能小的负数。

首先引入函数边缘和几何边缘的概念。给定一个训练元组 $\boldsymbol{X}_i$，令 y_i 是其类别标记，则定义该训练元组的函数边缘如下：

$$\hat{\gamma_i}=y_i(\boldsymbol{W}\cdot\boldsymbol{X}_i+b) \tag{6-24}$$

根据设定，$\hat{\gamma_i}$ 的值实质上就是 $|\boldsymbol{W}\cdot\boldsymbol{X}_i+b|$。函数边缘的大小反映元组类别标记为 $+1$ 或 -1 的置信度。

继续考虑 $\boldsymbol{W}$ 和 b，如果按比例同时增大 $\boldsymbol{W}$ 和 b，例如在 $(\boldsymbol{W}\cdot\boldsymbol{X}_i+b)$ 前面乘以正的常数 α，那么 $(\boldsymbol{W}\cdot\boldsymbol{X}_i+b)$ 会扩大相应的 α 倍，但是这对问题求解并没有影响。因为需要求解的是 $\boldsymbol{W}\cdot\boldsymbol{X}_i+b=0$，同时增大 $\boldsymbol{W}$ 和 b 对结果没有影响。所以为了限制得到唯一的 $\boldsymbol{W}$ 和 b，需要引入归一化的条件，这个归一化之后再考虑。

上述定义的函数边缘是针对某个元组的，现在定义训练集上的函数边缘，假设训练集由元组 $\boldsymbol{X}_1,\boldsymbol{X}_2,\cdots,\boldsymbol{X}_m$ 构成，则训练集上的函数边缘定义为：

$$\hat{\gamma}=\min_{i=1,2,\cdots,m}\hat{\gamma_i} \tag{6-25}$$

接下来引入几何间隔，如图 6.10 所示。

点 B 在 $\boldsymbol{W}\cdot\boldsymbol{X}+b=0$ 的分割面上，且是点 A 在该分割面上的投影。向量 $\overrightarrow{BA}$ 的方向是 $\boldsymbol{W}$，单位向量为 $\dfrac{\boldsymbol{W}}{|\boldsymbol{W}|}$。设 A 点为 $\boldsymbol{X}_i$，则点 A 到分割面 $\boldsymbol{W}\cdot\boldsymbol{X}+b=0$ 的距离为

$$\gamma_i=\frac{|\boldsymbol{W}\cdot\boldsymbol{X}_i+b|}{\|\boldsymbol{W}\|} \tag{6-26}$$

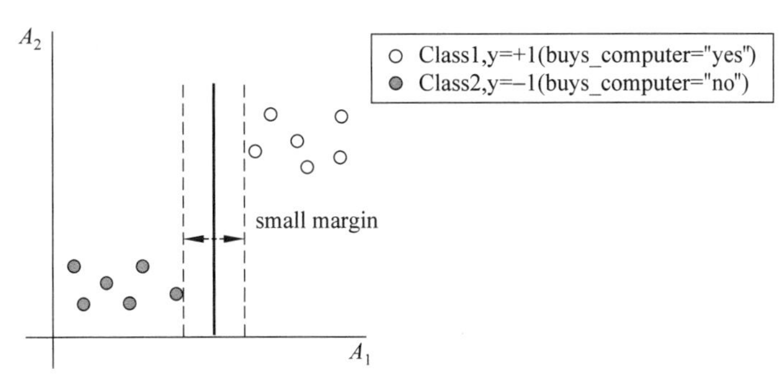

(a) 普通分类超平面

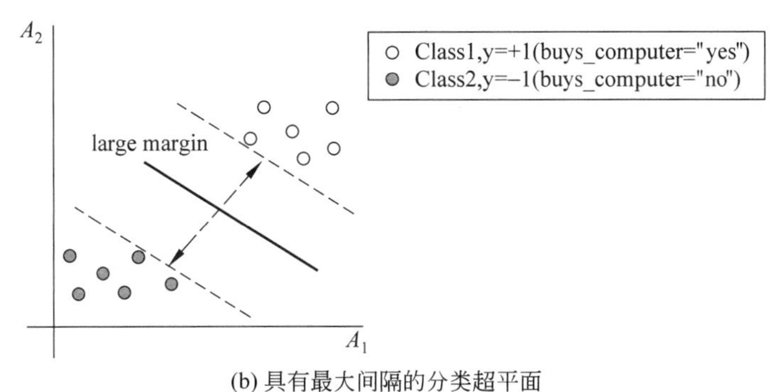

(b) 具有最大间隔的分类超平面

图 6.10 基于超平面的分类示意图

式(6-26)可以进一步表示为：

$$\gamma_i = y_i\left(\frac{\boldsymbol{W}}{\|\boldsymbol{W}\|}\boldsymbol{X}_i + \frac{b}{\|\boldsymbol{W}\|}\right) \tag{6-27}$$

可以发现，当 $\|\boldsymbol{W}\|=1$ 时，几何边缘即函数边缘。同样，可以定义全局的几何边缘：

$$\gamma = \min_{i=1,2,\cdots,m} \gamma_i \tag{6-28}$$

SVM 的目标是寻求一个超平面，使得离超平面较近的点能有更大的间距。我们不是考虑所有的点都尽可能远离超平面，而是关心让离超平面最近的点能够具有最大的间距。可以形式化为如下优化问题：

$$\max_{\gamma,W,b} \gamma$$
$$\text{s.t.}\ y_i(\boldsymbol{W}\cdot\boldsymbol{X}_i + b) \geqslant \gamma$$
$$\|\boldsymbol{W}\| = 1$$

至此，SVM 的分类模型已经定义出来，如果求得 $\boldsymbol{W}$ 和 b，那么对于一个未知元组，就可以实现分类。这个分类器称为最优边缘分类器。现在的问题就是如何求解 $\boldsymbol{W}$ 和 b。由于约束 $\|\boldsymbol{W}\|=1$ 不是凸函数，通过几何边缘和函数边缘的关系 $\gamma=\frac{\hat{\gamma}}{\|\boldsymbol{W}\|}$ 改写上式为：

$$\max_{\hat{\gamma},W,b} \frac{\hat{\gamma}}{\|\boldsymbol{W}\|}$$
$$\text{s.t.}\ y_i(\boldsymbol{W}\cdot\boldsymbol{X}_i + b) \geqslant \hat{\gamma}$$

这时的目标函数仍然不是凸函数，仍然无法使用优化工具求解。前面已经提到同时增

大 $\boldsymbol{W}$ 和 b 对结果没有影响，但是需要的是 $\boldsymbol{W}$ 和 b 的确定值，而不是它们的一组倍数值，因此需要限制 $\hat{\gamma}$，以保证最后的解是唯一的。为了简便，取 $\hat{\gamma}=1$，即将训练集上的函数边缘定义为1，也就是将离超平面最近的点的距离定义为 $\frac{1}{\|\boldsymbol{W}\|}$。这样求 $\frac{1}{\|\boldsymbol{W}\|}$ 的最大值也就是求 $\frac{1}{2}\|\boldsymbol{W}\|^2$ 的最小值。则优化问题可以进一步改写为：

$$\min_{\boldsymbol{W},b}\frac{1}{2}\|\boldsymbol{W}\|^2$$

$$\text{s.t.}\, y_i(\boldsymbol{W}\cdot\boldsymbol{X}_i+b)\geqslant 1$$

该问题是一个典型的二次规划问题，通过优化软件可以直接求解。支持向量指的是离所求得超平面最近的那些样本点。

一旦求解完成后，可以根据拉格朗日公式将最大边缘超平面改写成如下决策边界：

$$d(\boldsymbol{X}^{\mathrm{T}})=\sum_{i=1}^{l}y_i\alpha_i\boldsymbol{X}_i\boldsymbol{X}^{\mathrm{T}}+b \tag{6-29}$$

其中，y_i 是支持向量$\boldsymbol{X}_i$ 的类标号，$\boldsymbol{X}^{\mathrm{T}}$ 是检验元组，α_i 和 b 是由上述的优化或SVM算法自动确定的数值参数，l 是支持向量的个数。

6.7.2 数据线性不可分的情况

在6.7.1节讨论了对线性可分数据分类的SVM，如果数据不是线性可分的，如何通过SVM进行分类呢？可以扩展上述的线性SVM，对线性不可分的数据创建非线性SVM。这种SVM能够发现输入空间中的非线性决策边界。具体如何扩展呢？主要有两个步骤。第一步，用非线性映射将原输入数据变换到较高维空间。第二步，在新的空间内搜索线性分离超平面。可以用线性SVM公式求解。在新空间找到的最大边缘超平面对应于原空间中非线性的分离超曲面。接下来介绍如何将数据变换到新的较高维的空间。

首先举个例子，有一个三维输入向量 $\boldsymbol{X}=(x_1,x_2,x_3)^{\mathrm{T}}$，定义映射 $\varphi(\boldsymbol{X})=(\varphi_1(\boldsymbol{X}),\varphi_2(\boldsymbol{X}),\varphi_3(\boldsymbol{X}),\varphi_4(\boldsymbol{X}),\varphi_5(\boldsymbol{X}))^{\mathrm{T}}$，其中，$\varphi_1(\boldsymbol{X})=x_1$，$\varphi_2(\boldsymbol{X})=x_2$，$\varphi_3(\boldsymbol{X})=x_3$，$\varphi_4(\boldsymbol{X})=x_1^2$，$\varphi_5(\boldsymbol{X})=x_1x_2$，$\varphi_6(\boldsymbol{X})=x_1x_3$。这样，$\varphi(\boldsymbol{X})$将三维输入向量映射到六维空间 $\boldsymbol{Z}$ 中。在新的空间中决策超平面为 $d(\boldsymbol{Z})=\boldsymbol{W}\cdot\boldsymbol{Z}+b$，在新的空间中利用线性SVM求解 $\boldsymbol{W}$ 和 b，然后替换回去，使得在新的空间中的超平面对应于原来三维输入空间中的非线性二次多项式 $d(\boldsymbol{Z})=w_1x_1+w_2x_2+w_3x_3+w_4(x_1)^2+w_5x_1x_2+w_6x_1x_3+b$。

现在存在两个问题。第一，如何选择较高维的空间进行非线性映射；第二，如何减小计算开销。下面先解决第二个问题，因为在映射后的新的空间中求解线性超平面，可以将式(6-29)中的 $\boldsymbol{X}$ 简单替换为 $\varphi(\boldsymbol{X})$，$\boldsymbol{X}_i$ 简单替换为 $\varphi(\boldsymbol{X}_i)$。对于一个检验元组 $\boldsymbol{X}$，需要在新的空间里计算 $\varphi(\boldsymbol{X})$与每个支持向量 $\varphi(\boldsymbol{X}_i)$的点积。在训练中也需要多次计算类似的点积，以便找出最大边缘超平面。这样计算开销很大，但是观察式(6-29)，发现训练元组仅出现在点积 $\varphi(\boldsymbol{X}_i)\cdot\varphi(\boldsymbol{X})$中。可定义核函数如下：

$$K(\boldsymbol{X}_i,\boldsymbol{X}_j)=\varphi(\boldsymbol{X}_i)\cdot\varphi(\boldsymbol{X}_j)=\varphi(\boldsymbol{X}_i)^{\mathrm{T}}\varphi(\boldsymbol{X}_j) \tag{6-30}$$

这样每当形如 $\varphi(\boldsymbol{X}_i)\cdot\varphi(\boldsymbol{X})$ 出现在训练算法中时，就用 $K(\boldsymbol{X}_i,\boldsymbol{X}_j)$ 来替换它，所有的计算都在原来的输入空间中进行，这个维度可能要低得多。看一个例子，假设 $\boldsymbol{X},\boldsymbol{Z}\in\mathbb{R}^n$，$K(\boldsymbol{X},\boldsymbol{Z})=(\boldsymbol{X}^{\mathrm{T}}\boldsymbol{Z})^2$，展开得：

$$K(\boldsymbol{X},\boldsymbol{Z})=(\boldsymbol{X}^{\mathrm{T}}\boldsymbol{Z})^2=\left(\sum_{i=1}^{n}x_i z_i\right)\left(\sum_{j=1}^{n}x_j z_j\right)$$

$$=\sum_{i=1}^{n}\sum_{j=1}^{n}(x_ix_j)(z_i z_j)=\varphi(\boldsymbol{X})^{\mathrm{T}}\varphi(\boldsymbol{Z})$$

根据上式，如果 $n=3$，则

$$\varphi(\boldsymbol{X})=(x_1x_1,x_1x_2,x_1x_3,x_2x_1,x_2x_2,x_2x_3,x_3x_1,x_3x_2,x_3x_3)^{\mathrm{T}}$$

计算高维的 $\varphi(\boldsymbol{X})^{\mathrm{T}}\varphi(\boldsymbol{Z})$ 需要 $O(n^2)$ 时间，而计算 $(\boldsymbol{X}^{\mathrm{T}}\boldsymbol{Z})^2$ 只需要 $O(n)$ 时间代价。

实际上，不需要知道映射 φ 究竟是什么，只需知道核函数 K 即可。下面讨论第一个问题。因为定义了核函数，这个问题也就归结为需要选用什么样的核函数。先看如下的一个核函数：

$$K(\boldsymbol{X},\boldsymbol{Z})=(\boldsymbol{X}^{\mathrm{T}}\boldsymbol{Z}+c)^2=(\boldsymbol{X}^{\mathrm{T}}\boldsymbol{Z})^2+2c(\boldsymbol{X}^{\mathrm{T}}Z)+c^2$$

$$=\sum_{i=1}^{n}\sum_{j=1}^{n}(x_ix_j)(z_i z_j)+\sum_{i=1}^{n}(\sqrt{2c}\,x_i)(\sqrt{2c}\,z_i)+c^2$$

则当 $n=3$ 时，相应的映射为：

$$\varphi(\boldsymbol{X})=(x_1x_1,x_1x_2,x_1x_3,x_2x_1,x_2x_2,x_2x_3,x_3x_1,x_3x_2,x_3x_3,$$
$$\sqrt{2c}\,x_1,\sqrt{2c}\,x_2,\sqrt{2c}\,x_3,c)^{\mathrm{T}}$$

其中，参数 c 控制了一阶 x_i 和二阶 x_ix_j 的相对权重。更一般地，核函数

$$K(\boldsymbol{X},\boldsymbol{Z})=(\boldsymbol{X}^{\mathrm{T}}\boldsymbol{Z}+c)^d \tag{6-31}$$

对应的映射后的新空间维度为 C_{n+d}^{d}。尽管映射后的新空间维度是 $O(n^d)$，但是计算 $K(\boldsymbol{X},\boldsymbol{Z})$ 只需花费 $O(n)$ 的时间开销，而且不需要知道在这个非常高维的空间中 $\varphi(\boldsymbol{X})$ 具体是什么表现形式。式(6-31)称为 d 次多项式核。

下面从一个稍微不同的角度来看核函数。直观上来说，$\varphi(\boldsymbol{X})$ 和 $\varphi(\boldsymbol{Z})$ 接近时，也许期望核函数 $K(\boldsymbol{X},\boldsymbol{Z})=\varphi(\boldsymbol{X})^{\mathrm{T}}\varphi(\boldsymbol{Z})$ 较大。相反地，当 $\varphi(\boldsymbol{X})$ 和 $\varphi(\boldsymbol{Z})$ 比较远离时，例如这两个向量几乎垂直时，$K(\boldsymbol{X},\boldsymbol{Z})=\varphi(\boldsymbol{X})^{\mathrm{T}}\varphi(\boldsymbol{Z})$ 应该较小。可以认为 $K(\boldsymbol{X},\boldsymbol{Z})$ 是 $\varphi(\boldsymbol{X})$ 和 $\varphi(\boldsymbol{Z})$ 相似性的一个度量，或者说是 $\boldsymbol{X}$ 和 $\boldsymbol{Z}$ 相似性的度量。

由这种直观上的意义，对于某个学习问题，可以提出函数 $K(\boldsymbol{X},\boldsymbol{Z})$，该函数可以合理地刻画 $\boldsymbol{X}$ 和 $\boldsymbol{Z}$ 之间的相似程度。例如，可以选择

$$K(\boldsymbol{X},\boldsymbol{Z})=\exp\left(-\frac{\|\boldsymbol{X}-\boldsymbol{Z}\|^2}{2\sigma^2}\right) \tag{6-32}$$

这是一个合理的 $\boldsymbol{X}$ 和 $\boldsymbol{Z}$ 之间相似性的度量。如果值接近1，那么表示 $\boldsymbol{X}$ 和 $\boldsymbol{Z}$ 很接近；如果值接近0，那么表示 $\boldsymbol{X}$ 和 $\boldsymbol{Z}$ 离得很远。那么可以在SVM中使用式(6-32)中定义的 K 吗？答案是肯定的，式(6-32)定义的函数称为高斯核，它对应于一个无穷维的映射函数 φ。

那么现在存在这样的一个问题，什么样的 $K(\boldsymbol{X},\boldsymbol{Z})$ 是一个有效的核函数呢？即 $K(\boldsymbol{X},\boldsymbol{Z})$ 可以改写成 $\varphi(\boldsymbol{X})^{\mathrm{T}}\varphi(\boldsymbol{Z})$ 的形式。下面来解决这个问题。

假设由 m 个元组构成的集合为 $\boldsymbol{X}=(\boldsymbol{X}_1,\boldsymbol{X}_2,\cdots,\boldsymbol{X}_m)$，将任意两个 $\boldsymbol{X}_i$ 和 $\boldsymbol{X}_j$ 代入函数 K 中，计算 $K_{ij}=K(\boldsymbol{X}_i,\boldsymbol{X}_j)$。现在引入 $m\times m$ 的矩阵 $\boldsymbol{H}$，其中第 i 行、第 j 列的元素由 K_{ij} 来定义，该矩阵称为核矩阵。假设 K 是一个有效的核函数：

$$K_{ij}=K(\boldsymbol{X}_i,\boldsymbol{X}_j)=\varphi(\boldsymbol{X}_i)^{\mathrm{T}}\varphi(\boldsymbol{X}_j)=\varphi(\boldsymbol{X}_j)^{\mathrm{T}}\varphi(\boldsymbol{X}_i)=K(\boldsymbol{X}_j,\boldsymbol{X}_i)=K_{ji}$$

因此矩阵 $\boldsymbol{H}$ 是一个对称矩阵。设 $\varphi_k(\boldsymbol{X})$ 为 $\varphi(\boldsymbol{X})$ 的第 k 维坐标，$\boldsymbol{Z}=(z_1,z_2,\cdots,z_m)^{\mathrm{T}}$ 为任意 m 维向量，则

$$\begin{aligned}\boldsymbol{Z}^{\mathrm{T}}K\boldsymbol{Z}&=\sum_{i=1}^{m}\sum_{j=1}^{m}z_i K_{ij} z_j=\sum_{i=1}^{m}\sum_{j=1}^{m}z_i\varphi(\boldsymbol{X}_i)^{\mathrm{T}}\varphi(\boldsymbol{X}_j)z_j\\&=\sum_{i=1}^{m}\sum_{j=1}^{m}z_i\left(\sum_{k=1}^{m}\varphi_k(\boldsymbol{X}_i)\varphi_k(\boldsymbol{X}_j)\right)z_j\\&=\sum_{i=1}^{m}\sum_{j=1}^{m}\sum_{k=1}^{m}z_i\varphi_k(\boldsymbol{X}_i)\varphi_k(\boldsymbol{X}_j)z_j\\&=\sum_{k=1}^{m}\sum_{i=1}^{m}\sum_{j=1}^{m}(z_i\varphi_k(\boldsymbol{X}_i))(z_j\varphi_k(\boldsymbol{X}_j))\\&=\sum_{k=1}^{m}(\sum_{i=1}^{m}z_i\varphi_k(\boldsymbol{X}_i))^2\geqslant 0\end{aligned}$$

因为 $\boldsymbol{Z}$ 是任意的，所以 $\boldsymbol{H}$ 是半正定矩阵。

因此，如果 K 是一个有效的核函数，那么相应的核矩阵 $\boldsymbol{H}\in\mathbb{R}^{m\times m}$ 是对称的半正定矩阵。更一般地，这不仅是一个必要条件，而且是一个充分条件，即如果对任意 $\boldsymbol{X}=(\boldsymbol{X}_1,\boldsymbol{X}_2,\cdots,\boldsymbol{X}_m)$，$m<\infty$，相应的核矩阵是半正定的，那么 K 是一个有效的核函数。

需要指出的是，核函数不仅仅使用在 SVM 上，但凡一个学习算法可以写成只有输入变量之间的内积形式 (x,z)，就可以使用核函数 $K(\boldsymbol{X},\boldsymbol{Z})$ 去替换，这样可以很好地改善算法的性能。

另外，SVM 也可以用来解决多分类问题。给定 m 个类，一种简单的方法是训练 m 个分类器，每类一个（分类器 j 学习返回正值，而对其他类返回负值）。检验元组分派到对应于最大正距离的类。

6.7.3 支持向量机和神经网络的对比

目前已经讨论了神经网络和支持向量机，接下来对这两个方法进行一些简单的对比。

(1) SVM 是一个相对比较新的概念，而神经网络是一个相对比较旧的概念。

(2) SVM 是一个确定性的算法，而神经网络是一个非确定性的算法。

(3) SVM 具有很好的泛化特性，而神经网络虽然有较好的泛化特性，但是没有很强的数学基础。

(4) SVM 可以使用二次规划技术进行批量学习，而神经网络比较容易以增量的形式进行学习。

(5) SVM 可以使用核函数对复杂的函数进行学习，而神经网络使用多层感知器的方式学习复杂的函数。相对而言，SVM 在这方面技巧性更高。

6.8 关联分类

关联分类是基于关联规则的。在关联分类中，关联规则的产生和分析旨在用于分类。下面将简要介绍关联分类的有效性以及常见的关联分类算法。

6.8.1 为什么有效

关联分类为什么有效呢？首先关联规则表现了频繁地出现在给定数据集中的属性-值对之间的强关联关系。关联分类搜索频繁模式(属性-值对的合取)与类标号之间的强关联。由于关联规则考察了多属性之间的高置信度关联，这种方法可以克服决策树归纳一次只考察一个属性的局限性。已经有研究表明，关联分类诸如C4.5等传统的分类方法更加准确。

一般地，关联规则挖掘是一个两步的过程。第一步是频繁项集挖掘，它搜索反复出现在数据集中的属性-值对的模式，其中每个属性-值对看作项，多个属性-值对形成频繁项集。第二步是规则产生，它分析频繁项集，以便产生关联规则。所有的关联规则在准确率(或置信度)和它们实际代表的数据集的比例(或支持度)方面必须满足一定的标准。分类是基于对一组关联规则的评价。在关联分类中，关联规则可以表示成如下形式：

$$p_1 \wedge p_2 \cdots \wedge p_l \rightarrow \text{"}A_{\text{class}} = C\text{"}(\text{conf}, \text{sup})$$

其中，项p_i是形如(A_i, v)的属性-值对，其中A_i是属性，取值为v。规则的前件是项p_1，p_2，…，p_l的合取($n \geqslant l$，n是数据中元组的属性数目)，且与类标记C相关联。conf是表示规则的置信度，它是指在数据集中满足规则前件的元组中，具有类标记C的元组所占的百分比。sup是表示规则的支持度，它是指在数据集中满足规则前件且具有类标记C的元组所占的百分比。

6.8.2节中简要介绍常见的关联分类算法。

6.8.2 常见关联分类算法

最早、最简单的关联分类算法是CBA(Classification-Based Association，基于分类的关联)。它使用迭代的频繁项集挖掘方法，类似于Apriori算法，多遍扫描数据集，导出频繁项集用来产生和测试更长的项集。在找出满足最小置信度和最小支持度阈值的规则完全集后，分析分类器中的内容。CBA使用启发式方法构造分类器，规则按照它们的置信度和支持度递减优先级组织。如果规则集具有相同的前件，则选取具有最高置信度的规则代表该集合。实验表明，CBA在大数据集上性能要优于C4.5。

CMAR(Classification based on Multiple Association Rules，基于多关联规则的分类)在频繁项集挖掘和分类器构造方面都不同于CBA。CMAR采用FP增长算法的变形来发现满足最小支持度和最小置信度阈值的规则完全集。在分类上它是基于对多个规则的统计分析。

CPAR(Classification based on Predictive Association Rules，基于预测的关联规则分类)采用了与CBA和CMAR不同的方法产生规则，它基于称作FOIL的分类规则产生算法。在分类时，如果多个规则满足新元组X，那么CPAR将这些规则按类分组，然后根据期望准确率使用每组中最好的k个规则来预测类标记。由于CPAR产生的规则比CMAR少得多，因此对于大的数据集，CPAR更加有效。

6.9 分类准确率

在利用某个算法，针对训练数据集建立了分类器或预测器后，需要评估该分类器预测未知数据的准确率。也可能是试验了不同的方法建立了多个分类器(预测器)，并希望比较它们的准确率。什么是准确率？如何估计？有没有提高学习模型准确率的策略？接下来将讨论如何解决这些问题。

6.9.1 估计错误率

分类器在给定检验集上的准确率是分类器正确分类的检验集元组所占的百分比。有时也称为总体识别率。也可以说分类器 M 的误差率或误分类率为 $1-\mathrm{Acc}(M)$，其中，$\mathrm{Acc}(M)$是 M 的准确率。如果使用训练集评估模型的误差率，则该值称为再代入误差。这种误差是实际误差率的乐观估计，对应的准确率也是乐观的，因为并未在没有见过的元组上进行过检验。

准确率度量也不是适用于所有的情况。例如，已经训练过的分类器将医疗数据元组分类为 cancer 和 not_cancer。90%的准确率似乎对分类器来说已经相当准确了，但是，如果实际上只有 3%～4%的训练元组是 cancer，那么 90%的准确率并不能让人接受。例如该分类器只能对 not_cancer 的元组进行正确分类。在这种情况下需要分别评估分类器识别元组 cancer(正元组)的情况和识别元组 not_cancer(负元组)的情况。可以分别使用灵敏性(sensitivity)和特效性(specificity)度量，灵敏度也称为真正率，即正确识别的正元组的百分比；而特效性是真负率，即正确识别的负元组的百分比。另外，可以用精度(precision)表示标记为 cancer，实际上是 cancer 的元组的百分比。

$$\mathrm{sensitivity}=\frac{\mathrm{t\_pos}}{\mathrm{pos}}$$

$$\mathrm{specificity}=\frac{\mathrm{t\_neg}}{\mathrm{neg}}$$

$$\mathrm{precision}=\frac{\mathrm{t\_pos}}{\mathrm{t\_pos}+\mathrm{f\_pos}}$$

其中，t_pos 是真正(正确分类的 cancer 元组)数目，pos 是正元组数；t_neg 是真负(正确分类的 not_cancer 元组)数目，neg 是负元组数；而 f_pos 是假正(错误标记为 cancer 的 not_cancer 元组)数目。可以证明准确率是灵敏性和特效性的函数：

$$\mathrm{accuracy}=\mathrm{sensitivity}\,\frac{\mathrm{pos}}{\mathrm{pos}+\mathrm{neg}}+\mathrm{specificity}\,\frac{\mathrm{neg}}{\mathrm{pos}+\mathrm{neg}}$$

真正、真负、假正和假负也可以用于评估与分类器模型相关的代价和收益。例如与错误地预测癌症患者未患癌症(假负)相关联的代价比与将非癌症患者分类为癌症患者(假正)相关联的代价大得多。在这种情况下可以赋予每种错误以不同的代价，使一种类型的错误比另一种类型重要。

6.9.2 装袋和提升

装袋和提升是提高分类器和预测器准确率的一般策略。如图 6.11 所示，它们都是采用集成方法的例子，它们将 k 个学习得到的模型(分类器或预测器)$M_1,M_2,\cdots,M_k$ 组合起来，创建一个新的改进的复合模型M^*。装袋和提升均可用于分类和预测。

装袋的过程比较简单。给定 d 个元组的集合，如果集成需要 k 个模型，则该算法迭代 k 次。对于每次迭代 i，对原始元组集合 D 进行有放回的抽样，总共抽样 d 次，形成训练集合

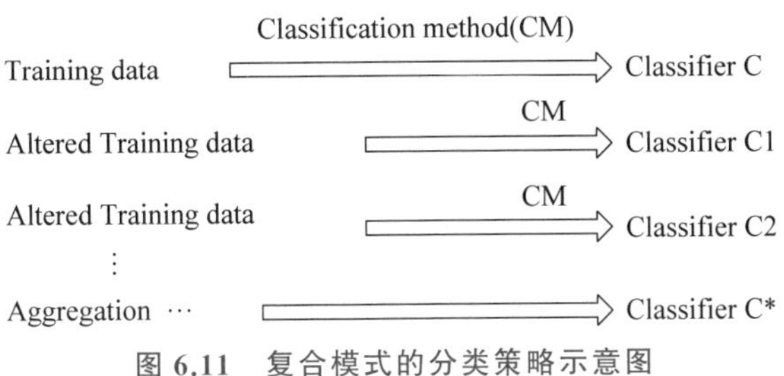

图 6.11　复合模式的分类策略示意图

D_i。由于是有放回的抽样，D 中的某些元组可能不会出现在D_i 中，而某些元组可能在D_i 中出现多次。对抽样得到的训练集合D_i，利用学习算法进行学习，得到一个分类器M_i。对一个未知类别标记的元组 X 进行分类，每个分类器M_i 返回它的类预测，计作一票。装袋分类器M^* 统计得票，并将得票最高的类赋予 X。通过取给定检验元组每个预测的平均值，装袋也可以用于连续值的预测。

通过装袋集成的分类器在准确率方面通常显著优于从原训练数据 D 导出的单个分类器。它对于噪声数据也不太敏感，鲁棒性更好。准确率的提高是由于复合模型降低了个体分类器的方差。对于预测，可以从理论上证明，通过装袋集成的预测器可以提高由 D 导出的单个预测器的准确率。

在提升方法中，对每个训练元组赋予一个权重，并迭代地学习 k 个分类器。在学习得到分类器M_i 后，更新权重，使得其后的分类器M_{i+1}更加关注被M_i 误分类的训练元组。最终通过提升方法得到的分类器M^* 组合每个个体分类器，其中每个个体分类器投票的权重是其准确率的函数。提升方法也可以进行扩展，用于预测连续值。

下面介绍一个比较常用的提升算法——AdaBoost。假设想通过 AdaBoost 提高某种学习方法的准确率。给定数据集 D，它包含 d 个已知类别标记的元组(X_1, y_1)，(X_2, y_2)，…，(X_d, y_d)，其中y_i 是元组X_i 的类标号。算法初始时，给每个元组设置相等的权重 $1/d$，紧接着算法进行 k 次迭代。对每次迭代 i，首先从原始数据集 D 中进行有放回的抽样，总共抽样 d 次，形成大小为 d 的数据集D_i。每个元组在抽样中选中的概率由它的权重来决定。利用学习算法训练抽样得到的数据集D_i，可以得到分类器M_i。然后使用D_i 作为测试集，计算 M_i 的误差，计算公式如下：

$$\text{error}(M_i) = \sum_{j=1}^{d} w_j \times \text{err}(X_j)$$

其中，$\text{err}(X_j)$表示元组X_j 的误分类误差，如果分类器M_i 将元组X_j 正确分类，则 $\text{err}(X_j)$ 为 1，否则它为 0。如果 $\text{error}(M_i)>0.5$，则舍弃M_i，并重新将权重初始化为 $1/d$，进而重新产生M_i；否则需要对训练元组的权重根据分类情况进行调整。如果元组错误分类，则该元组的权重应该相应增加，否则应该相应减少。元组的权重反映的是将元组正确分类的难易程度，权重越高对该元组越容易产生错误分类。当使用这些权重值产生下一次的训练集时，权重越高的元组就受到更多的重视。这里的出发点是某些分类器对某些比较难分类的元组可能效果比其他分类器好，这样更关注上一次迭代错误分类的元组，可以在产生的各个分类器之间进行互补。具体来说，在算法第 i 次迭代进行权重更新时，对每个正确分类的元组，其权重乘以 $\text{error}(M_i)/(1-\text{error}(M_i))$。当所有正确分类的元组的权重都被更新了，再归一化每个元组的权重。这样，被错误分类的元组权重增加，而被正确分类的元组权重减少。

当利用 AdaBoost 算法得到一个集成的分类器后，如何用该集成分类器进行未知元组 X 的类别标记预测呢？装袋方法中每个分类器都有相同的表决权，而提升方法与之不同，每个分类器的表决权都赋予了一个权重。分类器的误差率越低，它的准确率就越高，因此它的表决权重就越高。在 AdaBoost 算法中，分类器M_i 的表决权重为 $\ln\frac{1-\text{error}(M_i)}{\text{error}(M_i)}$。对于每个类 c，将元组 X 的类别标记预测为类 c 的分类器的权重求和，具有和最大的类就是元组 X 的类别标记。

装袋和提升都能显著提高学习算法的分类准确率，但是提升倾向于得到更高的准确率。提升由于关注误分类元组，因此有可能出现过分拟合的危险，而装袋不太受过分拟合的影响。

6.10 小　　结

分类与预测问题是数据挖掘领域中一类重要的应用问题。对被分类对象赋予离散型的标称划分就是分类；在连续域范围上计算未知的映射值就是预测。本章重点介绍了几类典型的分类和预测模型，包括决策树、朴素贝叶斯分类方法、人工神经元网络、支持向量机和关联分类等。在实际工作中，面对不同的被分类问题特点，可根据实际情况选择最好的分类方法。另外，为了克服训练数据集规模小的情况，本章中介绍了交叉验证的策略。针对某一个特定问题，如果多个不同的分类模型都呈现出弱分类器的特征，本章还介绍了以 AdaBoost 为代表的装袋与提升策略，以实现集成多个弱分类器的特点，提高分类的准确度。

参考文献

[1] APTÉ C, WEISS S. Data mining with decision trees and decision rules[J]. Future generation computer systems, 1997, 13(2-3): 197-210.

[2] BISHOP C M. Neural networks for pattern recognition[M]. New York: Oxford university press, 1995.

[3] LI B, FRIEDMAN J, OLSHEN R A, et al. Classification and regression trees (CART)[J]. Biometrics, 1984, 40(3): 358-361.

[4] BURGES C J C. A tutorial on support vector machines for pattern recognition[J]. Data mining and knowledge discovery, 1998, 2(2): 121-167.

[5] CHAN P K, STOLFO S J. Learning Arbiter and Combiner Trees from Partitioned Data for Scaling Machine Learning[C]. KDD. 1995, 95: 39-44.

[6] COHEN W W. Fast effective rule induction[C]. Machine learning proceedings 1995. Morgan Kaufmann, 1995: 115-123.

[7] CONG G, TAN K L, TUNG A K H, et al. Mining top-k covering rule groups for gene expression data[C]. Proceedings of the 2005 ACM SIGMOD international conference on Management of data. 2005: 670-681.

[8] DOBSON A J. An Introduction to Generalized Linear Models[M]. New York: Chapman and

Hall, 1990.

[9] DONG G, LI J. Efficient mining of emerging patterns: Discovering trends and differences[C]. Proceedings of the fifth ACM SIGKDD international conference on Knowledge discovery and data mining. 1999: 43-52.

[10] DUDA R O, STORK D G, HART P E. Pattern Classification: Pattern Classification [M]. Hoboken: John Wiley & Sons, 2001.

[11] FAYYAD U M. Branching on attribute values in decision tree generation[C]. AAAI. 1994: 601-606.

[12] FREUND Y, SCHAPIRE R E. A decision-theoretic generalization of on-line learning and an application to boosting[J]. Journal of computer and system sciences, 1997, 55(1): 119-139.

[13] GEHRKE J, RAMAKRISHNAN R, GANTI V. Rainforest-a framework for fast decision tree construction of large datasets[C]. VLDB. 1998, 98: 416-427.

[14] GEHRKE J, GANTI V, RAMAKRISHNAN R, et al. BOAT—optimistic decision tree construction [C]. Proceedings of the 1999 ACM SIGMOD international conference on Management of Data. 1999: 169-180.

[15] HASTIE T, TIBSHIRANI R, FRIEDMAN J. The elements of statistical learning: Data mining, inference, and prediction[M]. Chicago: The University of Chicago Press. 2001.

[16] HECKERMAN D, GEIGER D, CHICKERING D M. Learning Bayesian networks: The combination of knowledge and statistical data[J]. Machine learning, 1995, 20(3): 197-243.

[17] KAMBER M, WINSTONE L, GONG W, et al. Generalization and decision tree induction: efficient classification in data mining[C]. Proceedings Seventh International Workshop on Research Issues in Data Engineering. High Performance Database Management for Large-Scale Applications. IEEE, 1997: 111-120.

[18] LIU B, HSU W, MA Y. Integrating classification and association rule mining[C]. Kdd. 1998, 98: 80-86.

[19] LI W, HAN J, PEI J. CMAR: Accurate and efficient classification based on multiple class-association rules[C]. Proceedings 2001 IEEE international conference on data mining. IEEE, 2001: 369-376.

[20] LIM T S, LOH W Y, SHIH Y S. A comparison of prediction accuracy, complexity, and training time of thirty-three old and new classification algorithms [J]. Machine learning, 2000, 40 (3): 203-228.

[21] MAGIDSON J. Thechaid approach to segmentation modeling: Chi-squared automatic interaction detection[J]. Advanced methods of marketing research, 1994: 118-159.

[22] MEHTA M, AGRAWAL R, RISSANEN J. SLIQ: A fast scalable classifier for data mining[C]. International conference on extending database technology. Springer, Berlin, Heidelberg, 1996: 18-32.

[23] MITCHELL T M. Machine Learning[M]. New York: McGraw Hill, 1997.

[24] MURTHY S K. Automatic construction of decision trees from data: A multi-disciplinary survey[J]. Data mining and knowledge discovery, 1998, 2(4): 345-389.

[25] QUINLAN J R. Induction of decision trees[J]. Machine learning, 1986, 1(1): 81-106.

[26] QUINLAN J R, CAMERON-JONES R M. FOIL: A midterm report[C]. European conference on machine learning. Springer, Berlin, Heidelberg, 1993: 1-20.

[27] QUINLAN J R. C 4.5: Programs for machine learning[M]. San Mateo: Morgan Kaufmann, 1993.

[28] QUINLAN J R. Bagging, boosting, and C4. 5[C]. AAAI/IAAI, Vol. 1. 1996: 725-730.

[29] RASTOGI R，SHIM K. PUBLIC：A decision tree classifier that integrates building and pruning[J]. Data Mining and Knowledge Discovery，2000，4(4)：315-344.

[30] SHAFER J，AGRAWAL R，MEHTA M. SPRINT：A scalable parallel classifier for data mining [C]. VLDB. 1996，96：544-555.

[31] SHAVLIK W J，DIETTERICH T G. Readings in machine learning[M]. San Mateo：Morgan Kaufmann，1990.

[32] PANG-NING T，STEINBACH M，KUMAR V. Introduction to data mining[M]. Boston：Addison-Wesley. 2005.

[33] WEISS S M，KULIKOWSKI C A. Computer systems that learn：classification and prediction methods from statistics，neural nets，machine learning，and expert systems[M]. San Mateo：Morgan Kaufmann Publishers Inc.，1991.

[34] WEISS S M，INDURKHYA N. Predictive Data Mining：A Practical Guide[M]. San Mateo：Morgan Kaufmann，1997.

[35] WITTEN I H，FRANK E，HALL M A，et al. Practical machine learning tools and techniques[J]. Data Mining. 2005，2：4.

[36] YIN X，HAN J. CPAR：Classification based on predictive association rules[C]. Proceedings of the 2003 SIAM international conference on data mining. Society for Industrial and Applied Mathematics，2003：331-335.

[37] YU H，YANG J，HAN J. Classifying large data sets using SVMs with hierarchical clusters[C]. Proceedings of the ninth ACM SIGKDD international conference on Knowledge discovery and data mining. 2003：306-315.

[38] HECKERMAN D. Bayesian networks for data mining[J]. Data mining and knowledge discovery，1997，1(1)：79-119.

第7章 深度学习

7.1 引　　言

深度学习(Deep Learning)是近些年兴起的一种具有极大潜力的数据挖掘和分析方法,其在自然语言处理、音频分析和计算机视觉等各个领域都发挥着越来越重要的作用。相比于传统的机器学习方法,深度学习不依赖人工构建的手工特征,能够借助梯度下降等优化算法直接从原始数据中学到泛化能力更强,预测效果更好的学习型表示。经过十多年的快速发展,深度学习的模型结构变得愈加复杂,数据处理和分析能力也越来越强大。但是,这些复杂的模型结构本质上还是由各种基础神经网络构成,通过“搭积木”的方式构建适用于特定任务的网络模型。本章将对其中最常用的两大类基础神经网络进行介绍和梳理,包括卷积神经网络和循环神经网络。前者适用于处理空间数据,后者适用于处理时间数据。因此,两者的结合可用于处理各种常见的现实数据类型。需要指出的是,限于本书篇幅和内容特点,本章对深度学习的介绍以方法思想为主,不会涉及具体的数学原理,深入一步的内容可参考本章给出的参考文献。

本章的内容安排如下:7.2节介绍卷积神经网络的基本概念,使用技巧,以及典型的网络结构及其应用;7.3节介绍循环神经网络的基础模型及其两类改进模型,以及典型的结构和应用;7.4节总结分析现阶段主流的深度学习框架;7.5节是本章内容小结。

7.2 卷积神经网络

卷积神经网络(Convolutional Neural Network, CNN)是应用广泛的一类前馈神经网络。相比于全连接结构,CNN有局部连接、权重共享等显著特点,是近些年深度学习在计算机视觉诸多任务中取得突破性成果的基石。此外,CNN逐渐在自然语言处理、推荐系统和语音识别等领域得到广泛应用。本节首先以二维数据为例介绍卷积的核心转换过程,并解析此过程的两个关键参数,进一步泛化到多维卷积操作。接着,介绍CNN中池化层的作用,在此基础上得到一类典型的CNN通用结构。最后,以图像识别和语义分割为例介绍CNN的应用场景。

7.2.1 卷积运算

卷积是CNN中的核心操作,通常用符号⊗表示。以二维卷积为例,将卷积核在输入区域上进行“从左至右、从上至下”的平移操作。如图7.1所示,每到达一个位置时,便将对应位置的数值与卷积核进行相乘再相加,得到的新值作为当前局部区域的输出值。由此可见,卷积核里面的数值充当了权重参数,并且在整个平移转换过程中所有位置均共享同一个卷积核,这恰是CNN中局部连接和权值共享的核心体现。这种设计具有两个显著优点:①参数规模更小，由于不同区域共享权值，因此仅需少量的参数便能实现全域连接；②平移不变性，由于一般都采用较小的卷积核并且计算过程以位置平移为牵引，因此当输入数据发生平移时，卷积核参数的学习也会产生同等的偏移，对预测结果没有影响。

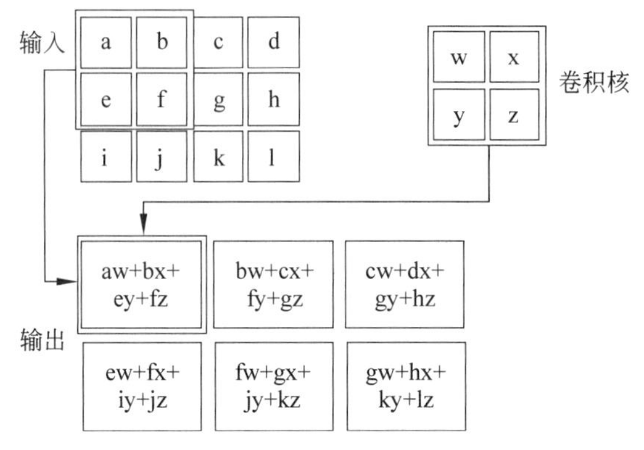

图 7.1 二维卷积的变换示例

在上述过程中，涉及两个重要的超参数：步长(stride)和填充长度(padding)。步长指卷积核在平移过程中每次滑动的距离，如图 7.2 所示。默认情况下步长被设置为 1，表示卷积核每次向右或者向下平移 1 个距离单位。若步长大于 1，输出特征图的大小也会成倍缩小，可以大幅降低特征的维度大小，一定程度上能够缓解过拟合问题[①]，不过这种情况下会丢失部分输入信息。填充长度指进行卷积运算前在输入数据四周填充数据的范围大小，如图 7.3 所示。由于平移过程中存在边界效应，即卷积核的边界不能超过输入数据的范围，这使得输出数据的尺寸会略小于输入数据，缩减的大小等于卷积核大小的一半(若为小数，则向下取整)。在某些场景下，为了使得输出尺寸与输入保持一致，则需要提前在输入数据的四周填充一定的临时空间。在实践中，卷积核的大小通常为奇数“1，3，5，…”，这时可以很方便地设置填充长度为“0，1，2，…”，从而使得输出大小与输入一致。而根据填充的数值大小也可将此操作细分为“0 填充”“1 填充”“均值填充”等。

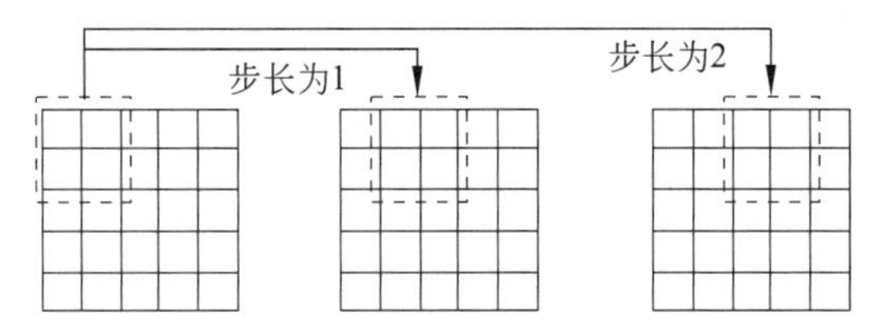

图 7.2 卷积步长示意图

7.2.2 卷积层

前面提到，卷积层的核心操作在于卷积运算。但是在处理不同类型的数据时，需要采用不同的卷积模式。本书依据卷积核的自由度确定卷积的不同模式。其中，自由度指确定卷积核大小时可以设置的参数数量。下面介绍自由度为 1、2 和 3 时的三种常见情景，分别对

① 过拟合指模型在训练数据上表现良好，但在测试数据上表现很差，即模型过度拟合训练数据，泛化能力不足。

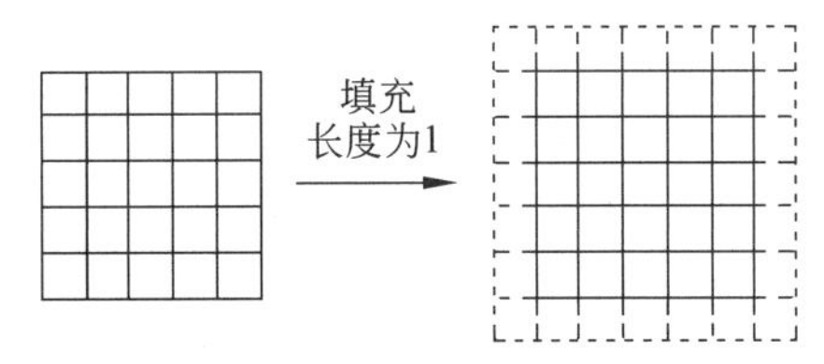

图 7.3　卷积填充长度示意图

应一维、二维和三维卷积，在此基础上也可以很方便地将其扩展到任意维度。

1）一维卷积 Conv1D

一维卷积中仅用一个参数便可以确定卷积核大小，通常被用于文本等时序数据的学习过程。图 7.4 是一种经典的文本卷积(Text-CNN)结构。在此结构中，卷积被用于提取相邻词之间的关系，其唯一的卷积核参数指示每次卷积运算时需要考虑的词窗口大小，图中的池化层将在 7.2.3 节介绍。此外，一维卷积在语音信号处理中也取得了较好的效果，能够在不损失预测准确率的同时，极大降低时间性能的开销。

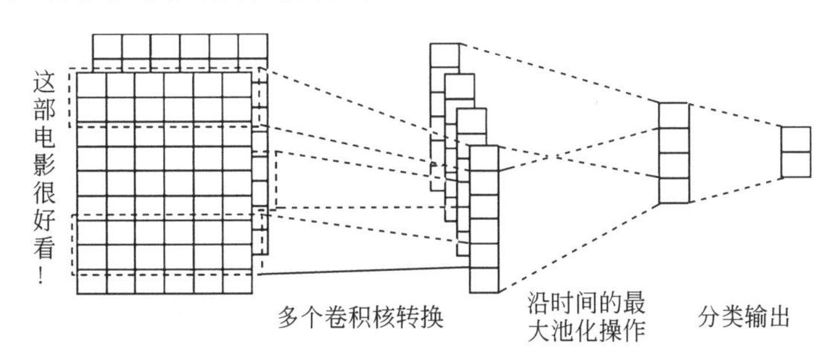

图 7.4　典型的文本卷积结构

2）二维卷积 Conv2D

二维卷积核大小由长度和宽度两个自由参数确定，常被用于图像等二维数据的处理中，也是目前应用最为广泛的一类卷积模式。如图 7.5 所示，一张图像在经过不同的卷积核转

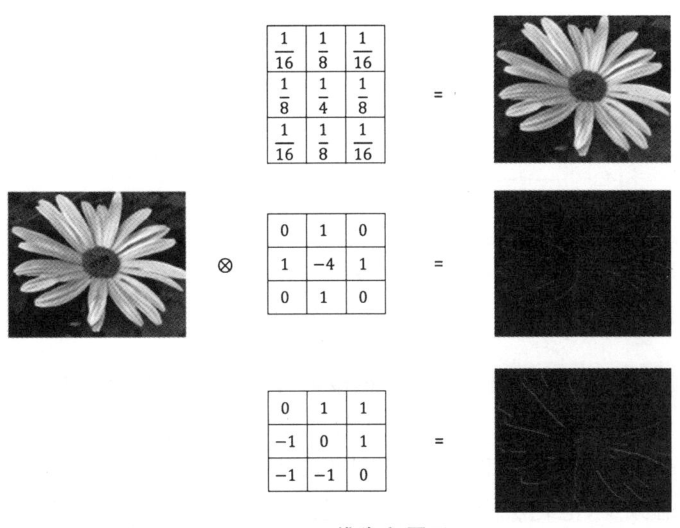

图 7.5　二维卷积图示

换后，可以得到多种图像特征。早期，依靠专家知识通过手工构造的方式进行卷积核的设计，现在通过深度学习优化算法，能够自动从原始数据中学到期望最大化的卷积核数值。至今，二维卷积已在人脸识别、物体检测等诸多计算视觉任务领域取得了成功应用。

3）三维卷积 Conv3D

与图像对应，视频是一类典型的三维数据，其在图像的维度基础上加入了时间信息。这时便需要使用三维卷积进行建模，Conv3D 的卷积核大小由长度、宽度和深度三个参数确定。其中，长宽用于模拟视频中每一帧图像的空间维度，深度用于模拟时间维度，如图 7.6 所示。

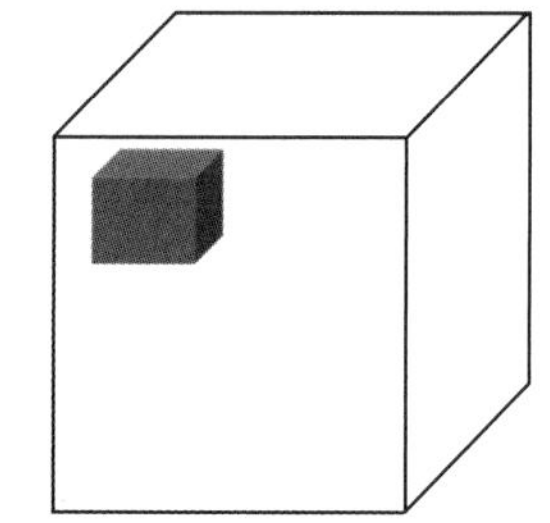
图 7.6　三维卷积图示

由此，便可以针对不同的数据和任务场景，选择不同的卷积模式。实际上，在每一类卷积模式中，卷积核的真实维度大小往往比名称上多一个维度，其原因在于每个数据位置由若干维特征组成，此时卷积核将沿着特征维度进行复制式扩展。例如，文本中的词向量大小，图像中的通道数量都是数据特征的维度。并且，在一个卷积层中，会使用多个不同的卷积核进行特征学习，每个卷积核得到的结果都将被视为一类独立的特征，最终得到的输出是所有特征堆叠的结果。

7.2.3　池化层

上一节中提出的卷积层并不会显著减少特征映射的神经元个数，即输出尺寸不会显著减少。因此，研究者们提出了池化（pooling）层的概念，将一定区域特征的均值或者最值作为此区域的输出值，以达到简化特征数量的目的。与卷积层对应，池化层也有一维、二维、三维等不同形式，并且在每一种形式上，按照池化方式可将其分为均值池化、最大值池化和最小值池化，如图 7.7 所示。

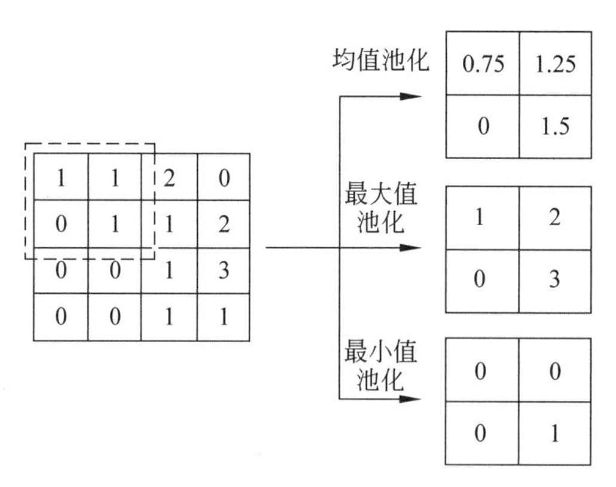

图 7.7　不同的池化方式图示

但是，与卷积层不同的是，池化层是一种没有任何参数的计算过程，因此并不会显著增大性能开销。此外，池化层还可以起到降低数据噪声的目的。例如，图像中存在部分噪点时，通过池化操作可以去除或者平滑这些噪点值，从而消解噪点带来的性能影响。再结合输出单元数量的显著减少，池化层能够很大程度上缓解过拟合问题。与卷积步长相比，池化层充分考虑了所有数据信息，因此在实践中效果更佳。

7.2.4 典型结构及其应用

图 7.8 展示了卷积神经网络的典型结构，其由 N 个卷积模块组构成，每个卷积模块组中包括 M 个带非线性激活的卷积层和 b 个池化层。一般地，每个卷积模块组的输出可以被视为一类学习型特征。这种结构已经成为通用卷积神经网络的基础，众多经典网络都是它的衍生实现，如 AlexNet、VGG16 等。在具体设计之前，有必要了解深层卷积神经网络的学习特点。图 7.9 展示了 VGG16 网络中不同深度的卷积模块得到的特征可视化结果。从图中可以看出浅层的模块容易学到边缘纹理等浅层形状特征，而深层的模块则偏好于概念化的深层语义特征。但限于现阶段深度学习的“黑盒”特性[1]，仍然难以对每层的结果进行逐一解释。最后，将得到的图像特征表示输入到全连接层[2]中进行分类和学习。

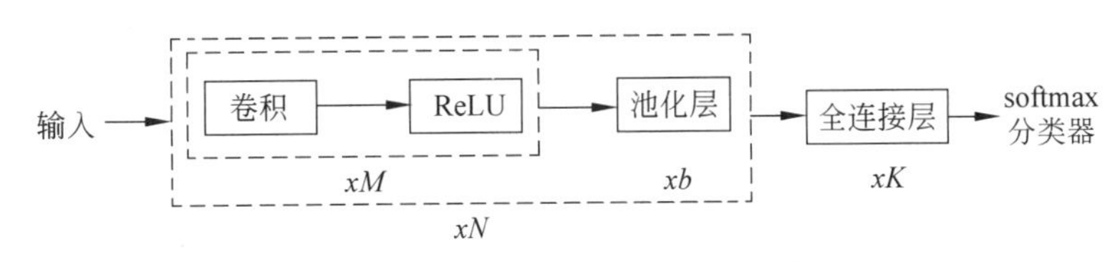

图 7.8 卷积神经网络的典型结构

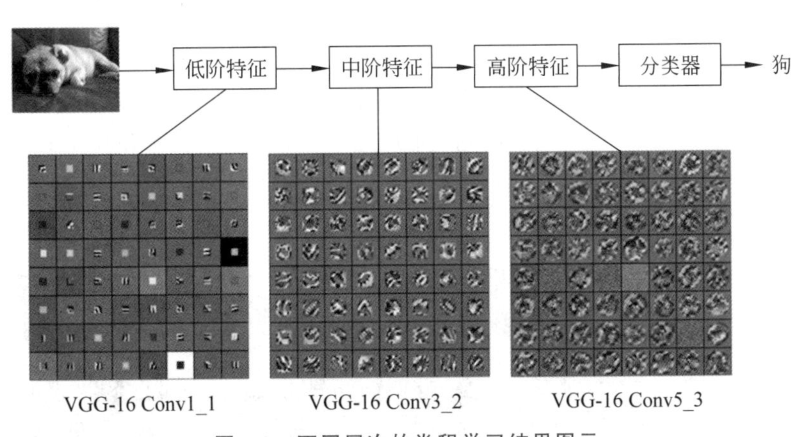

图 7.9 不同层次的卷积学习结果图示

历经数年的发展，卷积神经网络已经有了可观的应用场景，包括图像识别、语义分割、实例分割、目标检测、图像生成等。甚至在风靡一时的围棋大战中，AlphaGo 的身上也有 CNN 的很多应用。下面，针对其中的图像识别和语义分割进行简要介绍。

1) 图像识别

2010 年，李飞飞等研究者在 ImageNet 数据项目基础上举办一年一度的大规模视觉识别挑战赛(ILSVRC)[3]。这个比赛自开办之初便吸引了大量研究者的关注，同时催生了大量新的神经网络模型。如图 7.10 所示，从 2012 年开始，基于卷积神经网络的模型开始在这个比赛中大放异彩，并不断演化，相继诞生了 AlexNet、VGG、GoogleNet 和 ResNet 等经典的

① “黑盒”指深度学习模型类似一个看不见内部结构的盒子，参与者对于盒子中得到的结果无法做出准确解释。

② 等同于第 6 章中讲到的前馈神经网络。

③ https://image-net.org/challenges/LSVRC/

深度卷积神经网络模型。2017 年，由于模型取得的图像识别性能远超人类平均水平，所以这个比赛就不再延续下去。但由此诞生的诸多模型已经成为了 CNN 在计算机视觉领域的应用基础。

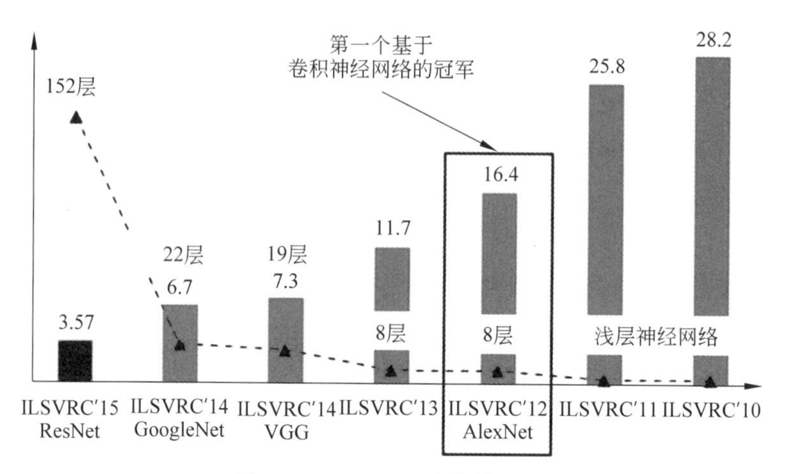

图 7.10　ImageNet 比赛的结果

2）语义分割

语义分割（semantic segmentation）需要模型实现像素级别的物体检测，如图 7.11 所示。相比于图像识别，其难度和复杂度显著增加。在深度卷积神经网络出现之前，传统的图像算法基于人工经验采用多种手工特征相结合的方式处理，但实践效果并不理想。近几年，CNN 在此领域取得了重大进展，各种基于 CNN 的模型层出不穷，如 FCN、DeepLab 等。此类模型在医学图像的影像领域也取得了很好的分割效果，具有广泛的应用场景。

图 7.11　语义分割效果图示（图源 Mask R-CNN）

7.3　循环神经网络

上一节介绍的卷积神经网络在处理图像这类空间特征明显的数据时效果很好，但在处理时序性数据时的表现却差强人意。主要原因有两个：其一，不存在层内连接，即每一层内部的神经单元之间没有联系，割裂了时序数据中相邻时间步的前后时序关系；其二，固定了输入数据的大小,但是时序数据的长度通常是变化的,固定的长度容易带来信息噪声(补长)或者信息丢失(去尾)。为此,本节将介绍循环神经网络(Recurrent Neural Network, RNN),以及它的两种变体——长短期记忆神经网络(Long Short-Term Memory, LSTM)和门控循环单元网络(Gated Recurrent Unit, GRU)。

7.3.1 循环神经网络

整体上,RNN 的结构由输入层,隐藏层和输出层组成,如图 7.12 左侧所示。图中隐藏层两端之间的连接(图中虚线)表示前一个时刻的输出结果会被送入到下一个时刻作为输入,展开图如图 7.12 右侧所示。可见,RNN 在生成当前时刻的输出时会综合考虑前面所有时刻的数据输入:

$$\boldsymbol{h}_t = f(\boldsymbol{W}_{xh}\boldsymbol{x}^{(t)} + \boldsymbol{W}_{hh}\boldsymbol{h}^{(t-1)})$$

$$\boldsymbol{y}_t = g(\boldsymbol{W}_{hy}\boldsymbol{h}_t)$$

其中,$\boldsymbol{h}_t$ 是时刻 t 的隐状态向量;$\boldsymbol{x}^{(t)}$ 是时刻 t 的输入向量;$\boldsymbol{W}_{xh}$、$\boldsymbol{W}_{hh}$、$\boldsymbol{W}_{hy}$ 分别是 RNN 中的输入、隐状态和输出的权重向量。需要指出的是,所有时间步的权重都是共享的,因此 RNN 中的参数数量并不会随着时间的延伸而增加。

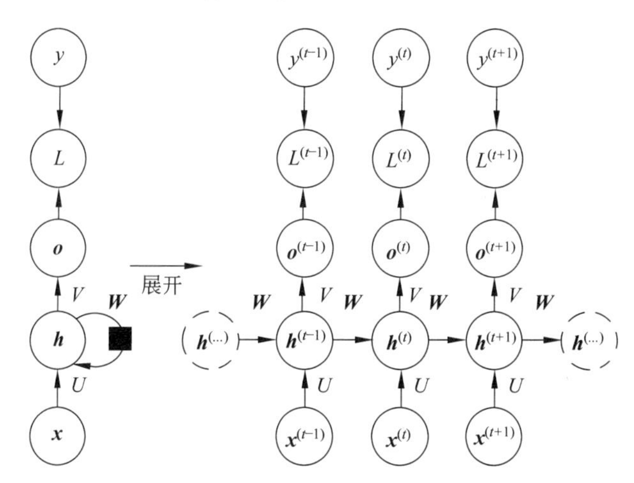

图 7.12 RNN 图示

但是,在实际应用中,RNN 存在两个较为明显的缺陷:①前向传播中,当数据时序较长时,隐状态 h_t 难以表示前面所有时序的信息,导致出现记忆丢失的问题;②反向传播中,梯度消失和梯度爆炸问题。在通过链式法则输出损失对权重 $\boldsymbol{W}_{xh}$ 和 $\boldsymbol{W}_{hh}$ 的梯度时,由于乘积效应[①],导致梯度值接近于零或者无穷大。这两个缺陷致使简单的 RNN 仅适用于时序较短的模型。为此,研究者基于 RNN 提出了一系列改进模型,其中 LSTM 和 GRU 是两种效果较好,被广泛应用的网络模型。下面对这两种模型分别进行介绍。

7.3.2 长短期记忆神经网络

为了解决 RNN 中记忆丢失的问题, LSTM 引入了三个门控单元实现记忆的选择性更

① 多个较小数相乘结果接近于零,多个较大数相乘结果接近于无穷大。

新和遗忘机制，分别是输入门，遗忘门和输出门：

$$i_t=\sigma(\boldsymbol{W}_i\boldsymbol{x}_t+U_i\boldsymbol{h}_{t-1}+b_i)$$

$$f_t=\sigma(\boldsymbol{W}_f\boldsymbol{x}_t+U_f\boldsymbol{h}_{t-1}+b_f)$$

$$o_t=\sigma(\boldsymbol{W}_o\boldsymbol{x}_t+U_o\boldsymbol{h}_{t-1}+b_o)$$

其中，i_t、f_t、o_t 分别表示输入门、遗忘门和输出门；$\sigma(\cdot)$是 Sigmoid 激活函数，其值在区间(0,1)内，可以充当门控作用。

从上述公式中可以看出，三个门都是综合输入 $\boldsymbol{x}_t$ 和隐状态 $\boldsymbol{h}_{t-1}$ 得到的结果。在此基础上，为了解决梯度消失和梯度爆炸问题，LSTM 对 RNN 中的隐状态进行了改进，在隐状态 $\boldsymbol{h}$ 的基础上引入了长时记忆 c，并将 $\boldsymbol{h}$ 视为短时记忆，这也是 LSTM 名字的由来：

$$\hat{c_t}=\tanh(\boldsymbol{W}_c\boldsymbol{x}_t+U_c\boldsymbol{h}_{t-1}+b_c)$$

$$c_t=\boldsymbol{f}_t\odot\boldsymbol{c}_t+\boldsymbol{i}_t\odot\hat{\boldsymbol{c}_t}$$

$$h_t=\boldsymbol{o}_t\odot\tanh(\boldsymbol{c}_t)$$

图 7.13 展示了 LSTM 的计算结构。首先，遗忘门选择当前长时记忆中的哪些信息应该被延续下去，即使得长时记忆遗忘部分信息。其次，输入门选择短时记忆和当前输入中的哪些信息应该被加入到长时记忆中。最后，输出门选择叠加当前输入信息后的长时记忆中哪些信息可以作为当前时刻的输出。这些精巧的设计使得 LSTM 可以学习到更长的时间依赖关系，并且不会出现梯度消失和梯度爆炸。

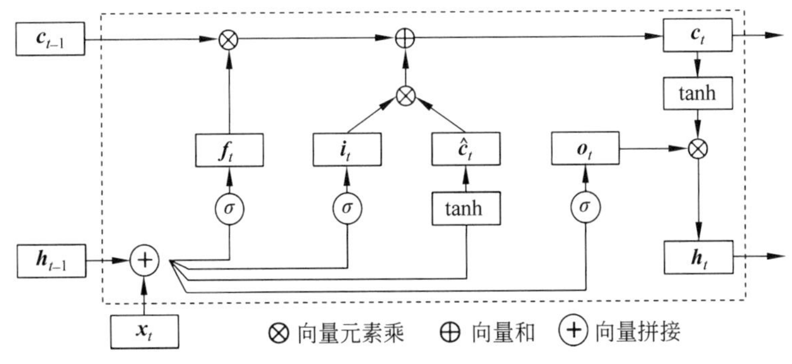

图 7.13　LSTM 内部结构图示

7.3.3　门控循环单元网络

与 LSTM 类似，GRU 也是采用门控单元实现记忆的遗忘和更新机制。值得一提的是，LSTM 是于 1997 年提出的模型，而 GRU 是于 2014 年提出的，因此在结构上 GRU 参考了 LSTM 的部分结构设计。但是，GRU 内部仅包括两个门控单元，用更少的参数达到了与 LSTM 相当的效果。在 LSTM 中，输入门和遗忘门其实是互补关系，同时用两个门有点冗余。因此，GRU 将输入门和遗忘门合并为一个门：更新门，同时将输出门改进为重置门。其中，更新门用来控制当前的状态需要遗忘多少历史信息和接收多少新信息，重置门用来控制候选状态中有多少信息是从历史信息中得到的。

图 7.14 展示了 GRU 的内部结构，其更新方式如下：

$$r_t=\sigma(\boldsymbol{W}_r\boldsymbol{x}_t+\boldsymbol{U}_r\boldsymbol{h}_{t-1})$$

$$z_t = \sigma(\boldsymbol{W}_z \boldsymbol{x}_t + \boldsymbol{U}_z \boldsymbol{h}_{t-1})$$
$$h'_t = \tanh(\boldsymbol{W}_c \boldsymbol{x}_t + \boldsymbol{U}(\boldsymbol{r}_t \odot \boldsymbol{h}_{t-1}))$$
$$h_t = \boldsymbol{z}_t \odot \boldsymbol{h}_{t-1} + (1 - \boldsymbol{z}_t) \odot \boldsymbol{h}'_t$$

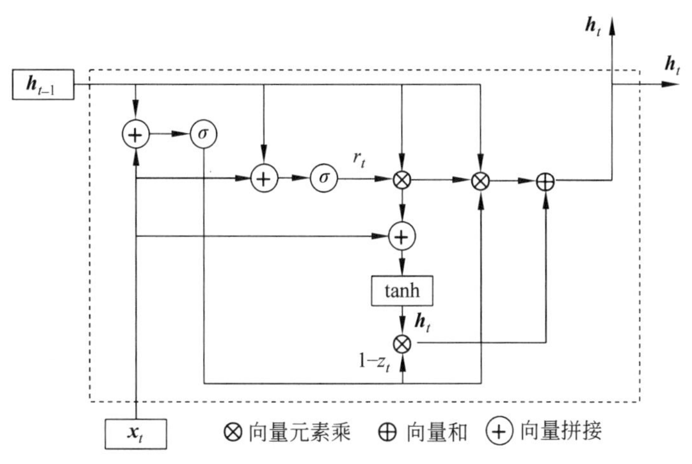

图 7.14　GRU 内部结构图示

虽然 GRU 相比于 LSTM 开销更小，但是在建模过程中，久经考验的 LSTM 还是开发人员的首选模型。实际上，与 CNN 相比，不管是 LSTM、GRU，还是 RNN，它们的计算开销都很大。由于后一个时间步的计算需要依赖前一个时间步的输出，因此循环神经网络中均仅能采用串行计算的方式，无法发挥神经网络中并行计算的优势。

7.3.4　双向循环神经网络

前面谈到的所有循环神经网络都仅考虑了过去输入对当前输入的作用，忽略了未来输入的作用，即它们都只是单向结构。但是，通过简单设计，它们均可以很方便地转换为双向循环神经网络结构(Bi-RNN)，如图 7.15 所示。因为同时考虑过去和未来的输入信息，所以 Bi-RNN 通常会有更好的预测效果。不过，这种网络不适用于需要实时预测的场景，例如实时翻译。

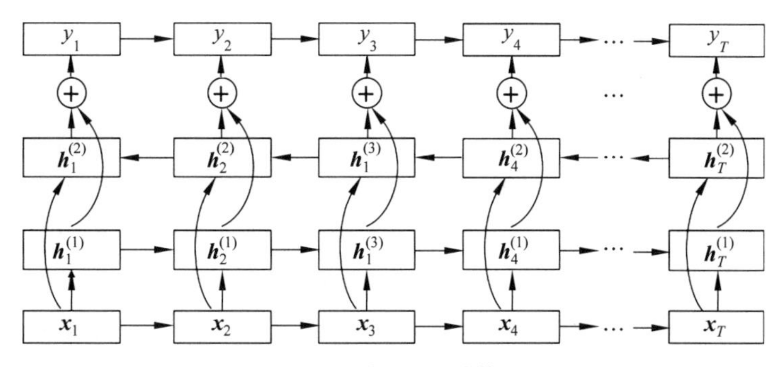

图 7.15　双向 RNN 结构图示

7.3.5 典型结构及其应用

如图7.16所示，根据输入与输出的数量，可将常见的循环神经网络结构分成三大类：多对一、同步多对多和异步多对多。下面分别对这三种结构及其应用做简单介绍。

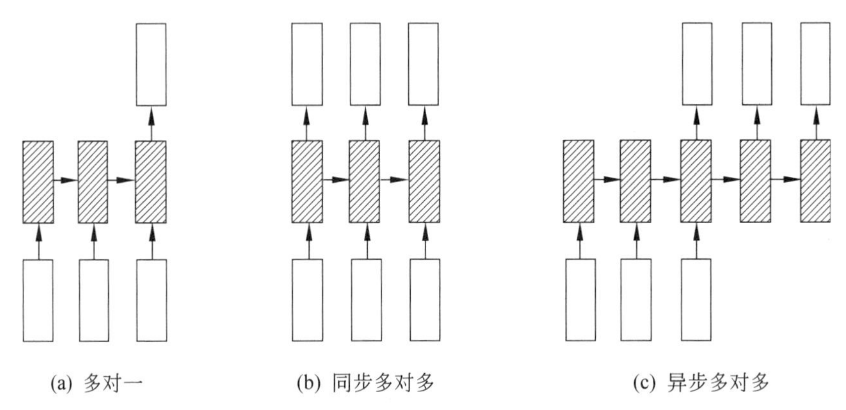

图7.16 三种典型的循环神经网络结构图示

（1）多对一。

此结构以多个时间步数据作为输入，输出为一个，如图7.16(a)所示。其中，输出可以是第一个或者最后一个细胞单元的隐状态，也可以是所有细胞单元隐状态的均值。这种结构被广泛应用于各种以时序数据作为输入的分类任务。例如，在文本情感分析中，考虑输入句子“这部电影太好看了！”，模型输入多个词或者字，输出一个整体的表示用于生成正向的情感类别。另外，在视频属性识别中，可以先用深度卷积神经网络提取单帧图片的学习型表示，再将多帧图片的表示输入到循环神经网络中进行视频属性分类，这种做法的判别效果会略优于直接用Conv3D，但计算效率上不如后者。

（2）同步多对多。

多对多的结构指输入和输出都是多个时间步，同步指输出信息是实时产生的，没有滞后性，如图7.16(b)所示。这种结构在实时的生成式任务场景下被广泛应用，一个典型代表是语音识别。输入当前的语音数据，模型产生对应的文本转译信息。

（3）异步多对多。

对应于同步多对多，异步的多对多结构则是先对输入数据进行整体建模，得到输入数据的全局表示，再利用此表示作为后续任务的初始隐状态，得到多个时间步的输出，如图7.16(c)所示。这种结构也被称为“序列到序列”(Seq2Seq)，在机器翻译等应用中对实时性要求不高的生成式场景下应用较多。

此外，与CNN不同的是，RNN结构很难往深处发展，主要受到两个方面因素的影响：其一，由于时间的单向流动性，多层RNN无论在层内还是层间均只能串行计算，运行开销显著增加；其二，不同于CNN，多层RNN连接并不会带来显著的效果增益，因为每层RNN的感受野都是相同的，往深度发展带来的效果不如调节隐状态的维度大小。针对这些问题，近两年研究者们开始尝试基于位置编码和注意力策略，希望模型能够在学习到数据中时序位置信息的同时，不丢失并行计算的优势。这种新的结构可以将网络做得更深，感兴趣的读者可以阅读本章参考文献进一步学习。

7.4 常用的深度学习框架

通过前述介绍，读者对深度学习的基本结构有了一些初步认识。如今随着深度学习的高速发展，大量简单易用的深度学习框架相继出现，这些框架中已经定义好了用于构建模型的基础模块，包括本章介绍的 CNN、RNN 等。表 7.1 总结了现阶段主流的 5 种深度学习框架。除了表格中所列的框架之外，还有一些早期的深度学习框架，包括 Caffe、Theano 等，但这些早期的框架基本都被现在的主流框架所取代。从表中可以看出，目前所有的主流框架均支持 Python 语言，并且 Python 版本的完备性最高，这也使得 Python 成为深度学习的主要编程语言。当然，现有的模块结构仅是基础，研究者和相关行业人员需要结合具体的任务需求和这些模块的作用，才能搭建出时效性高、预测效果好的深度学习模型。

表 7.1 常用的深度学习框架总结

名　称	发布时间	发布者	支持语言	特　　点
Tensorflow	2015 年 11 月	Google	Python、C++、Java、Go 等	功能完善，计算效率高，适合企业级部署
PyTorch	2016 年 10 月	Facebook	Python	Torch 的 Python 版，简单易用，动态性强，适合科研人员
MxNet	2015 年 9 月	DMLC①	Python、R、Go 等	扩展性强，时效性高
Keras	2015 年 3 月	弗朗索瓦・肖莱	Python	高级 API，封装性好，但定制性较差，适合初学者
PaddlePaddle	2018 年 10 月	百度	Python、C++	集成性高，方便部署，适合企业级部署

7.5 小　　结

深度学习模型已经在多个数据挖掘领域取得了重大突破，掌握此类模型已经成为数据分析人员的基本能力。本章从概念理解的角度，重点介绍了深度学习中的卷积神经网络和循环神经网络。这两种模型在处理空间和时间类型数据上有独特的优势，而将两者进行巧妙结合可以得到各种实用的数据分析模型。此外，本章还对目前主流的深度学习框架做了简要总结，便于相关领域从业人员在实际工作中快速掌握深度学习的基本逻辑和对应的操作技能。

参考文献

[1] BENGIO Y, GOODFELLOW I, COURVILLE A. Deeplearning[M]. Boston: MIT press, 2017.
[2] LECUN Y, BENGIO Y. Convolutional networks for images, speech, and time series[J]. The

① DMLC，全称是 Distributed (Deep) Machine Learning Community，该社区位于美国，但创始人以及大部分成员为中国人，包括李沐，陈天奇等

handbook of brain theory and neural networks, 1995, 3361(10): 1995.

[3] ZHOU X, LI Y, LIANG W. CNN-RNN based intelligent recommendation for online medical pre-diagnosissupport[J]. IEEE/ACM Transactions on Computational Biology and Bioinformatics, 2020.

[4] KHAN A, SOHAIL A, ZAHOORA U, et al. A survey of the recent architectures of deep convolutional neural networks[J]. Artificial Intelligence Review, 2020, 53(8): 5455-5516.

[5] DOS SANTOS C, GATTI M. Deep convolutional neural networks for sentiment analysis of short texts[C]. Proceedings of COLING 2014, the 25th International Conference on Computational Linguistics: Technical Papers. 2014: 69-78.

[6] ZHANG S, ZHANG S, HUANG T, et al. Speech emotion recognition using deep convolutional neural network and discriminant temporal pyramid matching[J]. IEEE Transactions on Multimedia, 2017, 20(6): 1576-1590.

[7] KRIZHEVSKY A, SUTSKEVER I, HINTON G E.Imagenet classification with deep convolutional neural networks[J]. Advances in neural information processing systems, 2012, 25: 1097-1105.

[8] SIMONYAN K, ZISSERMAN A. Very deep convolutional networks for large-scale image recognition [J]. arXiv preprint arXiv:1409.1556, 2014.

[9] SZEGEDY C, LIU W, JIA Y, et al. Going deeper with convolutions[C]. Proceedings of the IEEE conference on computer vision and pattern recognition. 2015: 1-9.

[10] HE K, ZHANG X, REN S, et al. Deep residual learning for image recognition[C]. Proceedings of the IEEE conference on computer vision and pattern recognition. 2016: 770-778.

[11] LONG J, SHELHAMER E, DARRELL T. Fully convolutional networks for semantic segmentation [C]. Proceedings of the IEEE conference on computer vision and pattern recognition. 2015: 3431-3440.

[12] CHEN L C, PAPANDREOU G, KOKKINOS I, et al.Deeplab: Semantic image segmentation with deep convolutional nets, atrous convolution, and fully connected crfs[J]. IEEE transactions on pattern analysis and machine intelligence, 2017, 40(4): 834-848.

[13] HOCHREITER S, SCHMIDHUBER J. Long short-term memory[J]. Neural computation, 1997, 9(8): 1735-1780.

[14] CHUNG J, GULCEHRE C, CHO K H, et al. Empirical evaluation of gated recurrent neural networks on sequence modeling[J]. arXiv preprint arXiv:1412.3555, 2014.

[15] VASWANI A, SHAZEER N, PARMAR N, et al. Attention is All you Need[C]. Advances in neural information processing systems. 2017: 5998-6008.

第8章　聚类分析

聚类(clustering)是通过一定的算法将原始数据划分为多个数据簇(cluster)的过程。聚类分析(cluster analysis)起源于分类学，作为人类认识事物的基本手段之一，已经在多个学科和研究领域得到了广泛的应用，如统计学、生物学等学科以及计算机科学中的人工智能、机器学习、模式识别、数据挖掘等研究领域。由于聚类分析方法本身作为多元统计分析方法的一部分，其中一些成熟方法如 k-均值等已经集成在一些商业统计软件中，如 S-Plus、SPSS 等。

从机器学习的观点来看，聚类分析也可视为一种非监督学习(unsupervised learning)模型。分类是一种监督学习(supervised learning)的过程，即使用已知类别的训练数据得到一个分类的模型。所以聚类与分类的主要区别在于是否需要预先定义好类别。也就是说，聚类分析只依靠数据本身来确定数据之间的关系。这使得聚类分析有很大的优越性，特别适合处理大量的原始数据。

聚类分析方法的应用体现在数据挖掘领域各类问题之中。例如，在数据的预处理中，对于简单的数据，可以通过聚类方法将其整合到数据仓库中；对于复杂的数据，可用聚类分析构造出逻辑库，使数据标准化，方便后续处理。也可通过聚类分析对数据的不同属性分析结果发现数据之间隐含的有趣联系。

在数据挖掘领域中，聚类分析得到了广泛的发展，是一个活跃的研究方向。已经有许多成熟的方法，新的方法也在不断涌现。本章结构安排如下：8.1 节主要介绍聚类分析的定义、主要应用、性能指标以及所使用的数据类型；8.2 节主要介绍聚类方法的分类和聚类中相似度的度量方法——距离度量方法；8.3 节主要介绍基于分割的聚类方法；8.4 节主要介绍基于层次的聚类方法；8.5 节主要介绍基于密度的聚类方法；8.6 节主要介绍基于网格的聚类方法；8.7 节主要介绍基于模型的聚类方法；8.8 节主要介绍奇异值检测方法；8.9 节是本章内容小结。

8.1　聚类分析的定义和数据类型

8.1.1　聚类的定义

对于聚类分析，给出一个形式化的定义。

定义 8.1　给定一个数据集 $D=\{x_i \mid x_i \in \mathbf{R}^m, i \in \mathbf{Z}, 1 \leqslant i \leqslant n\}$，根据一定的规则 Γ，求得一个整数 k 和一个矩阵：

$$\boldsymbol{M}=\begin{bmatrix} p_{11} & \cdots & p_{1k} \\ \vdots & \ddots & \vdots \\ p_{n1} & \cdots & p_{nk} \end{bmatrix} \tag{8-1}$$

其中，满足 $\sum_{j=1}^{k} p_{ij}=1\ (i=1,2,\cdots,n)$，$0 \leqslant p_{ij} \leqslant 1$。

对上述定义作几点说明。

(1) 矩阵 $\boldsymbol{M}$ 中第 i 行表示数据 x_i 的聚类结果。定义中表明了最一般的情况，即对每个数据的聚类结果是一个概率分布，x_i 以 p_{ij} 的权值属于第 j 类，这种聚类也称作模糊聚类(fuzzy clustering)。通常情况下，所做的聚类分析都是互斥聚类(exclusive clustering)，即 $p_{ij}\in\{0,1\}$，也就是在矩阵 $\boldsymbol{M}$ 中的数值或者为0或者为1。由于 $\sum_{j=1}^{c} p_{ij}=1$ 的限制，$\boldsymbol{M}$ 的每一行只有一个元素为1，标明了 x_i 的聚类结果。

(2) 在理想状况下，希望聚类分析可以得到分类数量 k，但有时出于不同的需要，一些算法需要将分类的数量 k 作为算法的一个输入。这样可以简化算法过程并且提高性能，对于很多实际问题，这是可以接受的。

(3) 规则 Γ 决定了聚类的结果，希望聚类分析得到的结果满足下述的条件：同一个簇内部数据样本之间有很大的相似性，但是不同簇内部的数据相似性很小。数据之间相似性是通过定义一个距离或者相似性系数来判别的，当然这个距离可以是常用的欧氏距离，也可以是其他满足一定条件的度量。度量方法将在后面详细介绍。

8.1.2 聚类分析和主要应用

聚类分析是一个根据待分类的数据构建聚类模型的建模过程。完整的聚类分析主要包括数据预处理、特征计算和抽取、聚类模式发现以及结果解释4个阶段。

在数据预处理阶段，主要的任务是将由问题直接得到的原始数据在去除噪音的基础上标准化。这主要包括数据的属性选择、数据清洗以及数据的中心化和标准化。属性选择是指恰当地从数据集中选取出合适的字段，可以有效减少计算量并提高聚类效果。数据清洗的主要任务是剔除空值和噪声值并修正数据的错误。所谓中心化就是将变量的观测值调整到相同的基点，通常在每个数据上减去这一维变量的平均值。

特征计算和提取用来进行数据之间的相似性度量，如距离或是相似系数。使用者根据需要确定度量数据距离或者相似性的方法，形成表明数据关系的数据结构，如相似矩阵等。这种特征提取有时候是基于数据本身的，如基于链接的聚类方法。更一般的情况是将原始数据向特定空间映射后完成的。

聚类模式发现就是利用不同的聚类方法得到聚类结果。没有一种聚类算法适合所有的数据集合。通常情况下，数据的聚类分析是一个交互的过程，有时需要人工的干预。首先是可以利用先验知识辅助分析，还可以结合具体的问题，对一些参数给予限制。随着技术的发展，还可以利用可视化的方法，直观地看到数据的隐含关系。这对于快速准确的分析是十分有帮助的。

聚类分析的常规应用主要在传统的模式识别上、空间地理信息系统(GIS)的数据分析、经济学和互联网数据分析等。例如，在GIS中，通过聚类发现特征空间来建立主题索引；在空间数据挖掘中，检测并解释空间中的簇；文档的自动分类；分析Web日志数据来发现相似的访问模式。

在市场销售方面，可以帮助市场人员发现客户中的不同群体，然后用这些知识来开展一个目标明确的市场计划；在土地使用方面，在一个陆地观察数据库中标识那些土地使用相似的地区;在保险业,可以标识那些有较高平均赔偿成本的客户;在城市规划方面,可以根据类型、价格、地理位置等来划分不同类型的住宅;在地震研究领域,可以根据地质断层的特点把已观察到的地震中心分成不同的类等。

8.1.3 聚类分析方法的性能指标

性能指标表示了一个算法的优劣程度,那么什么是一个好的聚类方法? 直观上来看,一个好的聚类方法要能产生高质量的聚类结果,也就是簇。这些簇要具备以下两个特点: 第一,同一簇内相似性高;第二,不同簇间相似性低。聚类结果的好坏取决于该聚类方法采用的相似性评估方法以及该方法的具体实现,还取决于该方法是否能发现某些还是所有的隐含模式。具体来说,主要的性能指标有以下几个方面。

(1) 可扩展性。主要包括聚类分析算法对原始数据的规模和维度的适应性。也就是要求所设计的聚类算法不仅在一般规模的数据集上有良好的性能,同时要求在大规模数据上也能够得到很好的结果。在数据维度方面,由于高维数据计算复杂度大,数据稀疏,因此分析的难度大大增加。理想的聚类分析算法可以在不同的数据维度上都有良好的表现。

(2) 自适应性。主要指聚类算法对不同数据类型的处理能力、对参数的依赖性、对数据对象输入顺序是否敏感以及对簇形状的适应性。

(3) 鲁棒性。指算法对噪音是否敏感,因为实际的分析数据不是理想的、完美的。数据集中一定包含噪声数据,这些数据会对聚类的结果产生一定的影响。理想的聚类算法应该能尽可能克服噪声的影响,从而得到真实的聚类结果。

(4) 可解释性。聚类的结果容易解释。这需要算法的结果可以给出直观上的、物理上的解释。聚类分析的结果是要用作挖掘数据所隐含的关系。聚类算法不仅要给出结果,还要能解释所得到的结果,这样能更好地利用数据。

8.1.4 聚类分析使用的数据类型

聚类分析中常使用的数据结构主要有数据矩阵(Data Matrix)和相异度矩阵(Dissimilarity Matrix)。数据矩阵就是被聚类的数据的一种表示方式。对于一个数据集 $D=\{x_i \mid x_i \in \mathbf{R}^m, i \in \mathbf{Z}, 1 \leqslant i \leqslant n\}$,一共有 n 个数据,每一个数据有 m 维。那么可以使用 $n \times m$ 的矩阵表示整个数据,如式(8-2)所示。

$$\text{Data}=\begin{bmatrix} x_1 \\ x_2 \\ \vdots \\ x_n \end{bmatrix}=\begin{bmatrix} x_{11} & x_{12} & \cdots & x_{1m} \\ x_{21} & x_{22} & \cdots & x_{2m} \\ \vdots & \vdots & \ddots & \vdots \\ x_{n1} & x_{n2} & \cdots & x_{nm} \end{bmatrix} \tag{8-2}$$

相异度矩阵用于存放 n 个对象两两之间的相异程度。这个矩阵一般是一个 $n \times n$ 的矩阵,但是由于相异度需要满足一定的条件,因此相异度矩阵为对称阵,而且对角线上的值相等。若使用距离作为相异度,那么对角线上的值为 0;若使用相似系数作为度量,那么对角线上的值为 1,如式(8-3)所示。

$$\begin{bmatrix} d_{11} & & & \\ d_{21} & d_{22} & & \\ \vdots & \vdots & \ddots & \\ d_{n1} & d_{n2} & \cdots & d_{nn} \end{bmatrix} \tag{8-3}$$

聚类分析使用的数据类型主要有区间标度变量(interval-scaled variables)、二元变量(binary variables)、标称型(nominal)、序数型(ordinal)、比例型变量(ratio variables)以及混合类型变量(variables of mixed types)。

由于原始数据各个属性的范围、单位等各不相同，为了将变量的观测值调整到相同的基点，通常在原始数据上减去对应变量的均值，即

$$x'_{ij}=x_{ij}-\bar{x}_j \tag{8-4}$$

其中

$$\bar{x}_j=\frac{1}{n}\sum_{i=1}^{n}x_{ij} \tag{8-5}$$

规范化是在中心化的基础上再作变换，确保变量的变化范围相等。常用的规范化方法有最大值归一化、总和规范化、均值标准差规范化以及极差规范化。

1. 最大值归一化

将数据对象的每一维属性除以该属性上的最大值。这种方法将数据归一化到−1～1之间。这种方法对于服从均匀分布的数据效果较好，但是对于噪声的处理能力不强。

$$x'_{ij}=\frac{x_{ij}}{\max\limits_{i}|x_{ij}|} \tag{8-6}$$

2. 总和规范化

将数据对象的各个分量除以全体数据在这个分量的总和。这种方法得到的结果使得全体数据在每个分量上的和都为1。计算方法如下：

$$x'_{ij}=\frac{x_{ij}}{\sum\limits_{i=1}^{n}x_{ij}} \tag{8-7}$$

3. 均值标准差规范化

这种规范化方法特别适用于数据服从正态分布这种情况。这种规范化方法得到的数据均值为0，方差为1。计算方法如下：

$$x'_{ij}=\frac{x_{ij}-\mu_j}{\sigma_j} \tag{8-8}$$

4. 极差规范化

这种规范化方法使得数据的最大值为1，最小值为0。

$$x'_{ij}=\frac{x_{ij}-\bar{x}_j}{R_j} \tag{8-9}$$

其中

$$R_j=\max_{1\leqslant i\leqslant n}x_{ij}-\min_{1\leqslant i\leqslant n}x_{ij} \tag{8-10}$$

8.2 聚类分析方法分类与相似性质量

8.2.1 聚类分析方法分类

聚类方法主要包括基于划分的方法、基于分层的方法、基于密度的方法、基于网格的方法和基于模型的方法。

基于划分的方法是一种自顶向下的方法，对于给定的 n 个数据，将其划分为 k 个簇，使得每个数据属于且仅属于一个簇。在每个簇之中的数据相似，而不同簇之间的数据不相似。通常这种类型的算法要求给出数据分类的个数，也就是划分数 k。如果穷举各种划分方法，再计算每种划分方法的优劣是不可行的，因为这样计算的复杂度很高，对于数量稍多的数据就失效了。所以可行的算法都采用了启发式的方法，即在开始的时候先将数据进行一次划分，在此基础上尝试改变数据的划分，也就是在不同簇之间移动一些数据。再根据某一个准则函数，通过不断的迭代而得到最终的结果。常用的方法有 k-均值算法、k-中心点算法和 CLARANS 等。在 k-均值算法中，每个簇用该簇中的数据均值来表示。在 k-中心点算法中，使用该簇中的距离中心点最近的一个数据对象来表示每个簇。这两种方法在中小规模的数据并且数据的分布为大小相近的球形簇时效果较好。

基于分层的方法总体上看包含分裂层次聚类方法和聚集层次聚类方法。分裂层次聚类方法是一种自顶向下的方法，而聚集层次聚类方法是一种自底向上的方法。由于划分的单向性，这种方法的最大困难在于聚类过程中的分裂和合并等操作的选择。不适宜的分裂和合并会影响算法的聚类结果。每次的合并和分裂都需要检验大量的数据对象和聚类，计算量较大，算法效率较低。常用的层次聚类方法主要有最短距离法、最长距离法、BIRCH、CURE 以及 Chameleon 等方法。分层聚类方法有利于发现链状簇。

基于密度的方法主要思想为：只要一个区域中的点密度大于某个阈值，就将其加入相邻的簇中。基于密度的方法通过不断地寻找被低密度分割的高密度区域来达到聚类的目的。这种方法可以用于消除数据中的噪声。常用的基于密度的方法有 DBSCAN、OPTICS 和 DENCLUE 等。

基于网格的方法将对象空间划分为有限数目的网格单元以形成网格结构。所有的聚类都是在网格上完成的。这一类算法的处理速度较快，其处理时间独立于数据对象的数目，仅仅依赖于量化空间的单元数目。缺点是只能发现边界是水平或者是垂直的聚类，而不能检测到斜边界。不适用于聚类高维的数据，因为单元的数目随着维数的增加而成指数级的增长。基于网格的算法存在网格单元的数目和大小与计算精度以及计算复杂度的平衡问题。单元格数目太少则精度会降低，单元格数目太多则算法的复杂度过高。有代表性的算法主要有 STING、WaveCluster 和 CLIQUE 等方法。

基于模型的方法就是假设每个聚类数据属于某种模型，寻找符合模型规律的数据对象，从而完成聚类。这种方法利用统计方法，试图优化给定数据和某些数学模型之间的拟合关系。这种方法主要有神经网络法和统计方法。

8.2.2 连续变量的距离与相似性度量

这里所说的距离是指在聚类定义中所需要的界定数据之间相似性的度量。一般的，每个数据点都以一个向量表示，所以距离应该定义为两个向量的函数。由于表示数据点的向量的不同类型，如连续的、离散的或者是两者混合形式的，距离的定义也应该具有不同的形式。但是由于聚类问题的需要，距离应该满足以下条件：

(1) 自反性，即 $\forall \boldsymbol{x}_i \in \boldsymbol{D}$，有

$$\mathrm{Dis}(\boldsymbol{x}_i, \boldsymbol{x}_i) = 0 \tag{8-11}$$

(2) 对称性，即 $\forall \boldsymbol{x}_i, \boldsymbol{x}_j \in \boldsymbol{D}$，有

$$\mathrm{Dis}(\boldsymbol{x}_i, \boldsymbol{x}_j) = \mathrm{Dis}(\boldsymbol{x}_j, \boldsymbol{x}_i) \tag{8-12}$$

(3) 正定性，即 $\forall \boldsymbol{x}_i, \boldsymbol{x}_j \in \boldsymbol{D}$，有

$$\mathrm{Dis}(\boldsymbol{x}_i, \boldsymbol{x}_j) \geqslant 0 \tag{8-13}$$

(4) 满足三角不等式，即 $\forall \boldsymbol{x}_i, \boldsymbol{x}_j, \boldsymbol{x}_k \in \boldsymbol{D}$，有

$$\mathrm{Dis}(\boldsymbol{x}_i, \boldsymbol{x}_j) + \mathrm{Dis}(\boldsymbol{x}_j, \boldsymbol{x}_k) \geqslant \mathrm{Dis}(\boldsymbol{x}_i, \boldsymbol{x}_k) \tag{8-14}$$

设需要聚类分析的数据对象为 $\boldsymbol{x}_1, \boldsymbol{x}_2, \cdots, \boldsymbol{x}_n$，$d_{ij}$ 表示 $\boldsymbol{x}_i, \boldsymbol{x}_j$ 的距离，则可以将数据对象的距离写成如下矩阵：

$$\boldsymbol{D} = \begin{bmatrix} d_{11} & d_{12} & \cdots & d_{1n} \\ d_{21} & d_{22} & \cdots & d_{2n} \\ \vdots & \vdots & \ddots & \vdots \\ d_{n1} & d_{n2} & \cdots & d_{nn} \end{bmatrix} \tag{8-15}$$

由于聚类分析中，距离需要满足自反性、对称性、正定性以及三角不等式等条件，易知矩阵 $\boldsymbol{D}$ 是一个对称矩阵，且对角线上的元素为 0。常用作距离度量方法有 Minkowski 距离、Euclidean 距离和余弦距离等，常用距离定义如表 8.1 所示。

表 8.1 各类距离的定义

名 称	定 义
Minkowski 距离	$D_{ij} = \left(\sum_{k=1}^{d} \lvert x_{ik}, x_{jk} \rvert^{n}\right)^{\frac{1}{n}}$
Euclidean 距离	$D_{ij} = \left(\sum_{k=1}^{d} \lvert x_{ik}, x_{jk} \rvert^{2}\right)^{\frac{1}{2}}$
City-block 距离	$D_{ij} = \sum_{k=1}^{d} \lvert x_{ik} - x_{jk} \rvert$
切比雪夫距离	$D_{ij} = \max\limits_{1 \leqslant k \leqslant d} \lvert x_{ik} - x_{jk} \rvert$
Mahalanobis 距离	$D_{ij} = (\boldsymbol{x}_i - \boldsymbol{x}_j)^{\mathrm{T}} \boldsymbol{S}^{-1} (\boldsymbol{x}_i - \boldsymbol{x}_j)$，$\boldsymbol{S}$ 为协方差矩阵
点对称距离	$D_{ij} = \min\limits_{\substack{j=1,2,\cdots,N \\ j \neq i}} \dfrac{\lVert (\boldsymbol{x}_i - \boldsymbol{x}_r) + (\boldsymbol{x}_j - \boldsymbol{x}_r) \rVert}{\lVert \boldsymbol{x}_i - \boldsymbol{x}_r \rVert + \lVert \boldsymbol{x}_j - \boldsymbol{x}_r \rVert}$

表中的第 2、3、4 行这三个定义都是 Minkowski 距离在 n 取特定值的结果。例如，当

$n=1$时的 Minkowski 距离退化为 City-block 距离，也称为绝对距离；当 $n=2$ 时的 Minkowski 距离退化为 Euclidean 距离；当 $n=\infty$时的 Minkowski 距离就是切比雪夫距离。Minkowski 距离是在聚类分析中使用最多的距离，但是其存在着两个明显的缺点：第一，各个指标和单位相关；第二，没有考虑指标之间的关联。

Mahalanobis 距离是 1936 年由印度统计学家 Mahalanobis 引入的。这种距离在多元统计分析中有十分重要的作用。Mahalanobis 距离克服了 Minkowski 距离的缺点，它可以排除各个指标之间的相关性干扰，也不受指标单位的影响。同时，Mahalanobis 距离具有线性变换下的不变性。也就是说，在对原始数据做线性变换后，得到的 Mahalanobis 距离与原来一样。但是 Mahalanobis 距离需要计算协方差矩阵，由于计算量较大，这使得其不适用于处理大规模的数据。

相似系数可以作为数理度量的另一种方法，两个数据越相近，那么相似系数越接近 1，否则越接近 0。相似系数应该满足以下条件：

(1) 自反性，即 $\forall \boldsymbol{x}_i \in \boldsymbol{D}$，有

$$\mathrm{Sim}(\boldsymbol{x}_i, \boldsymbol{x}_i) = 1 \tag{8-16}$$

(2) 对称性，即 $\forall \boldsymbol{x}_i, \boldsymbol{x}_j \in \boldsymbol{D}$，有

$$\mathrm{Sim}(\boldsymbol{x}_i, \boldsymbol{x}_j) = \mathrm{Sim}(\boldsymbol{x}_j, \boldsymbol{x}_i) \tag{8-17}$$

(3) 归一化，即 $\forall \boldsymbol{x}_i, \boldsymbol{x}_j \in \boldsymbol{D}$，有

$$0 \leqslant \mathrm{Sim}(\boldsymbol{x}_i, \boldsymbol{x}_j) \leqslant 1 \tag{8-18}$$

(4) 满足三角不等式，即 $\forall \boldsymbol{x}_i, \boldsymbol{x}_j, \boldsymbol{x}_k \in \boldsymbol{D}$，有

$$\mathrm{Sim}(\boldsymbol{x}_i, \boldsymbol{x}_j) + \mathrm{Sim}(\boldsymbol{x}_j, \boldsymbol{x}_k) \geqslant \mathrm{Sim}(\boldsymbol{x}_i, \boldsymbol{x}_k) \tag{8-19}$$

设需要聚类分析的数据对象为 $\boldsymbol{x}_1, \boldsymbol{x}_2, \cdots, \boldsymbol{x}_n$，$s_{ij}$ 表示 $\boldsymbol{x}_i, \boldsymbol{x}_j$ 的距离，则可以将数据对象的相似性写成如下矩阵：

$$\boldsymbol{S} = \begin{bmatrix} s_{11} & s_{12} & \cdots & s_{1n} \\ s_{21} & s_{22} & \cdots & s_{2n} \\ \vdots & \vdots & \ddots & \vdots \\ s_{n1} & s_{n2} & \cdots & s_{nn} \end{bmatrix} \tag{8-20}$$

由于聚类分析中，根据相似性系数的性质，易知矩阵 $\boldsymbol{S}$ 是一个对称矩阵，且对角线上的元素为 1。

Pearson 距离和余弦距离都属于相似系数，定义如表 8.2 所示。

表 8.2　Pearson 系数和余弦系数的定义

Pearson 系数	$S_{ij} = \dfrac{\sum_{k=1}^{d}(x_{ik}-\bar{x}_i)(x_{jk}-\bar{x}_j)}{\sqrt{(\sum_{k=1}^{d} x_{ik}-\bar{x}_i)^2 \sum_{k=1}^{d}(x_{jk}-\bar{x}_j)^2}}$
余 弦 系 数	$S_{ij} = \cos\alpha = \dfrac{\boldsymbol{x}_i^{\mathrm{T}} \boldsymbol{x}_j}{\lVert \boldsymbol{x}_i \rVert \lVert \boldsymbol{x}_j \rVert}$

8.2.3 二元变量与标称变量的相似性度量

二元变量就是布尔变量，其取值只能取0和1。例如，一个二元变量的分布律如下：

	1	0	sum
1	a	b	$a+b$
0	c	d	$c+d$
sum	$a+c$	$b+d$	p

其中，每个对象有 p 个二元变量，且

$$p=a+b+c+d$$

对于对称的情况，也就是如果一个二元变量的两个状态是同等价值的，具有相同的权重。即可以任取其中一种状态编码为1或者0。可以采用简单匹配系数来评价两个对象之间的相异度：

$$d(i,j)=\frac{b+c}{a+b+c+d}$$

对于非对称的情况，即变量的两个状态不是同样重要的。根据惯例，将相对重要通常也是出现概率比较小的状态编码为1，将另一种状态编码为0。对于非对称的二元变量，采用Jaccard系数来评价两个对象之间的相异度：

$$d(i,j)=\frac{b+c}{a+b+c}$$

下面举一个简单的例子，假设有三条数据，每条数据表明一个人的一些属性。每条数据有性别(Gender)、是否发烧(Fever)等7个属性，表明了他们三个人临床症状和检测的结果，如表8.3所示。

表8.3 三个人临床症状和检测的结果

名　字	Gender	Fever	Cough	Test-1	Test-2	Test-3	Test-4
Jack	M	Y	N	P	N	N	N
Mary	F	Y	N	P	N	P	N
Jim	M	Y	P	N	N	N	N

Gender是一个对称的二元变量，其他的都是非对称的二元变量。将值 Y 和 P 编码为1，值 N 编码为0，根据Jaccard系数计算得：

$$d(\text{jack},\text{mary})=\frac{0+1}{2+0+1}=0.33$$

$$d(\text{jack},\text{jim})=\frac{1+1}{1+1+1}=0.67$$

$$d(\text{jim},\text{mary})=\frac{1+2}{1+1+2}=0.75$$

由结果可知，Jim和Mary的相异度最大，所以他们两个不太可能有相同的疾病。而

Jack 和 Mary 最有可能有相同的疾病。

标称变量(nominal variables)是二元变量的推广,它可以具有多于两个的状态,例如变量 map_color 可以有 red、yellow、blue 和 green 4 种状态。有两种计算相异度的方法。

方法 1:简单匹配方法,m 是匹配的数目,p 是全部变量的数目,那么相异度可以定义如下:

$$d(i,j)=\frac{p-m}{p}$$

方法 2:使用二元变量,为每一个状态创建一个新的二元变量,可以用非对称的二元变量来编码标称变量。

8.2.4 序数和比例标度变量的相似性度量

一个序数型变量可以是离散的,也可以是连续的。离散的序数型变量类似于标称变量,除了它的 M 个状态是按照有意义的序列排序的,例如职称。连续的序数型变量类似于区间标度变量,但是它没有单位,值的相对顺序是必要的,而其实际大小并不重要。

序数型变量相异度的计算与区间标度变量的计算方法相类似。这种相异度的计算分为如下几个步骤:首先将第 i 个对象 f 值 x_{if} 用它对应的秩 $r_{if}\in\{1,\cdots,M_f\}$ 代替。再将每个变量的值域映射到[0.0,1.0]上,使得每个变量都有相同的权重。这是通过用 z_{if} 替代 r_{if} 来实现。最后用前面所述的区间标度变量的任一种距离计算方法来计算。

所谓比例标度型变量,就是总是取正的度量值,有一个非线性的标度,近似的遵循指数标度,例如 Ae^{Bt} 或者 Ae^{-Bt}。比例标度型变量计算相异度的方法如下:首先采用与处理区间标度变量相同的方法,再进行对数变换,对变换得到的值再采用与处理区间标度变量相同的方法:

$$y_{if}=\ln(x_{if})$$

最后将其作为连续的序数型数据,将其秩作为区间标度的值来对待。

8.2.5 混合类型变量的相似性度量

一个数据库可能包含了所有上述这几种类型的变量,那么可以用以下公式计算对象 i,j 之间的相异度:

$$d(i,j)=\frac{\sum_{f=1}^{p}\delta_{ij}(f)\,d_{ij}(f)}{\sum_{f=1}^{p}\delta_{ij}(f)}$$

其中,p 为对象中的属性变量个数。如果 x_{if} 或 x_{jf} 缺失(即对象 i 或对象 j 没有变量 f 的值),或者 $x_{if}=x_{jf}=0$,且变量 f 是不对称的二元变量,则指示项 $\delta_{ij}(f)=0$;否则,$\delta_{ij}(f)=1$。当 f 是二元变量或标称变量,当 $x_{if}=x_{jf}$ 时,$d_{ij}(f)=0$;否则,$d_{ij}(f)=1$。若 f 是区间标度变量,$d_{ij}(f)=\frac{|x_{if}-x_{jf}|}{\max_h x_{hf}-\min_h x_{hf}}$。当 f 是序数型或比例标度型时,首先要计算秩 r_{if},进而计算 $z_{if}=\frac{r_{if}-1}{M_f-1}$,其中,$r_{if}\in\{1,\cdots,M_f\}$。

8.3 基于分割的聚类

基于分割的聚类方法的基本思路如下，首先将一个包含 n 个数据对象的数据库完成 k 个划分（$k \leqslant n$）。其中每个划分代表一个数据簇（cluster），使得在这种划分下，某个事先制定的准则最优，从而达到聚类的目的。这个准则在最优的情况下表明每个簇中的对象相似，而不同簇中的对象不相似。由于这个过程会遇到组合爆炸的问题，因此不可能对实际中的数据采用穷举的方法。一般设计的算法都采用启发式方法，例如经典的 k-均值（k-Means）和 k-中心点算法。这两种算法的主要区别是如何选取代表每个簇的点，k-均值用当前簇的对象的平均值来代表这个簇，而在 k-中心点算法中由这个簇中离中心最近的数据对象来代表这个簇。

k-均值算法的主要流程是：首先从 n 个数据对象中随机选出 k 个对象作为初始聚类的中心，对余下的每个对象，根据其与中心的距离和相似度分配各个对象。再重新计算每个聚类的均值，这个过程不断重复直到标准测试函数收敛。这个标准测试函数为：

$$E = \sum_{i=1}^{k} \sum_{p \in C_i} |p - m_i|^2$$

其中，E 为聚类对象的平均误差总和，p 为给定的数据对象，m_i 为 i 类对象的平均值，定义如下：

$$m_i = \sum_{p \in C_i} \frac{p}{|C_i|}$$

算法的描述如下：

算法 8.1 k-均值算法

输入：包含 n 个对象的数据库以及聚类的个数 k，最小误差 ε。
输出：满足方差最小标准的 k 个聚类。
(1) 从 n 个数据对象中随机选出 k 个对象作为初始聚类的中心。
(2) 将每个簇中的平均值作为度量基准，重新分配数据库中的数据对象。
(3) 计算每个簇的平均值，更新平均值。
(4) 循环(2)、(3)，直到每个簇不再发生变化或者平均误差小于 ε。

例如，有如下几个二维平面上的数据点，k 取 2。首先，随机选取两个数据点作为初始聚类的中心，如图 8.1 中所示的两个圆点。

计算每个数据与当前簇中心的相似度，并将这个点分配到最相似的簇中，如图 8.2 所示。

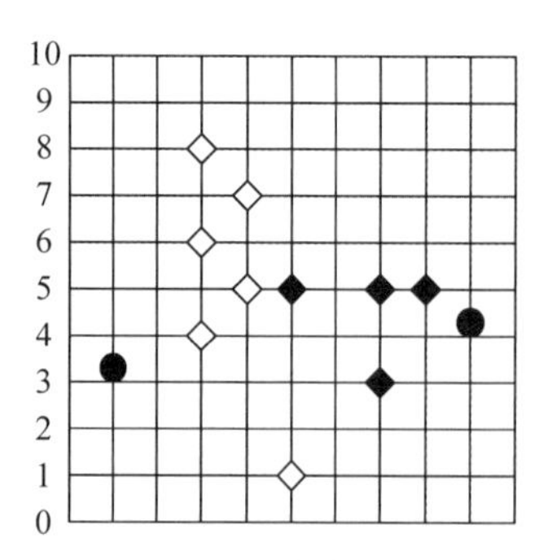

图 8.1 k-均值聚类算法示意图一

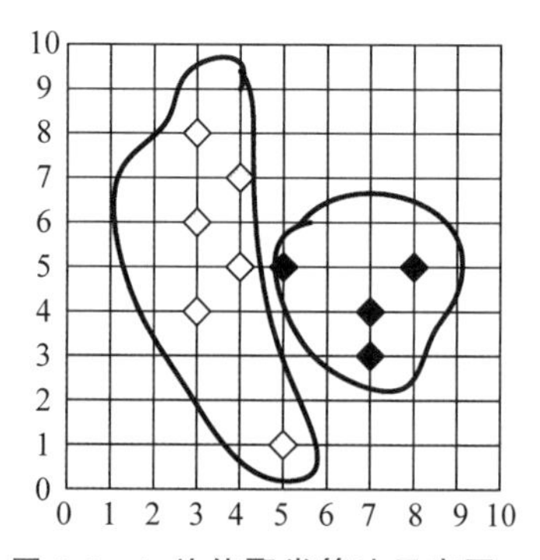

图 8.2 k-均值聚类算法示意图二

第一轮计算结束后，形成数据聚类结果，如图 8.3 所示。

重新计算每个簇的均值，如图 8.4 所示。

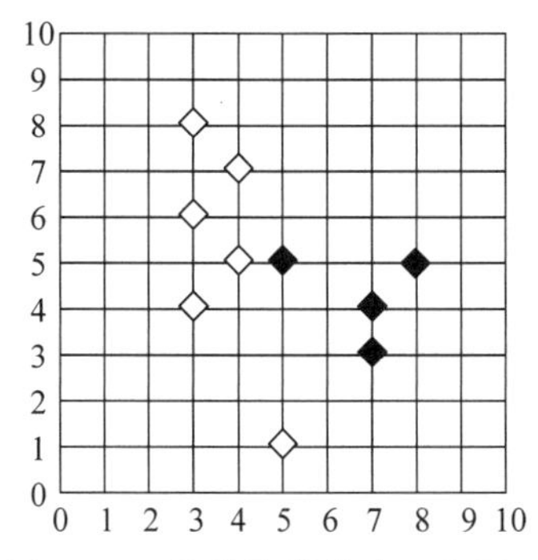

图 8.3　k-均值聚类算法示意图三

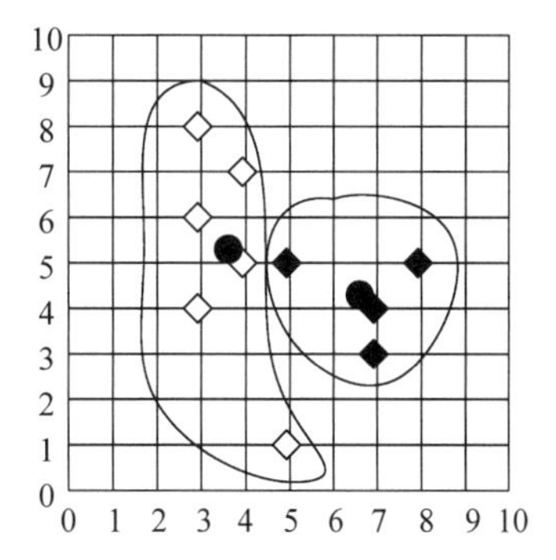

图 8.4　k-均值聚类算法示意图四

以均值为新的基准，对所有点重新分配其所属簇，如图 8.5 所示。

第二轮计算结束后，形成新的数据簇中心和聚类结果，如图 8.6 所示。如此迭代下去，直至满足算法终止条件。

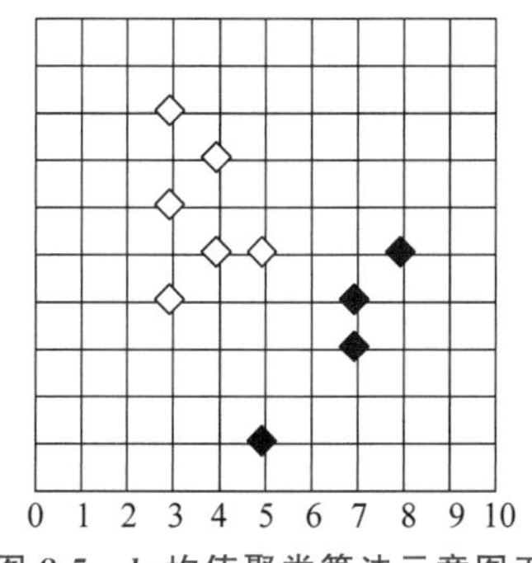

图 8.5　k-均值聚类算法示意图五

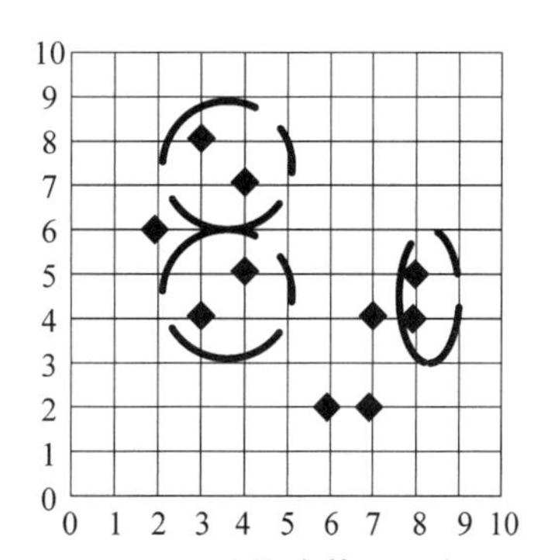

图 8.6　k-均值聚类算法示意图六

k-均值算法是解决聚类问题的一种经典算法。这种算法简单高效，算法的复杂度为 $O(tkn)$，其中 n 是数据对象的个数，k 是簇的个数，t 是迭代的次数，$k \ll n$ 并且 $t \ll n$。而相比之下，k-中心点算法的复杂度为 $O(t(n-k)^2)$，CLARA 的算法复杂度为 $O(ks^2+k(n-k))$。

k-均值算法也存在很多的不足。首先，这种算法在计算过程中使用了一个簇的均值概念，这就要求均值本身对于这个数据是有意义的。这就限制了算法使用范围，例如涉及分类属性的数据，均值是没有定义的。其次，算法的结果与初始值的选取有关。算法使用了梯度下降的方法，那么一些初始值会使算法得到的聚类结果都是近优的。如果要得到最优解，需要使用诸如模拟退火算法或者遗传算法等方法。第三，算法的输入要求给出聚类的个数，k 的选择常常是一个比较困难的问题，如与涉及的具体问题有关，用户在使用 k-均值算法时需要尝试不同的 k 所计算得到的结果。第四，算法对噪声值和异常数据敏感。如果某个异常值具有很大的数值，那么会严重影响数据分布。最后，k-均值算法不能处理非凸形状的数据分布聚类问题。

自从 k-均值算法被提出以来，已被广泛地进行了研究。目前，提出了很多对 k-均值算法的改进算法。这些改进型的算法在算法的不同计算阶段上有所改变。这些区别主要有初

始 k 个平均值的选择方法、相异度的计算、簇均值的计算策略等。例如，k-模算法为了处理分类数据，对于均值的计算改用模来替代计算均值；用新的相异度计算方法来处理类别字段；用基于频率的方法来修改簇的模。k-原型算法综合 k-均值和 k-模算法，能同时处理类别字段和数值字段。

k-中心点算法是一类算法，与 k-均值算法不同的是，这类算法用真实的数据对象来代表簇中心。具有代表性的是最早提出的 k-中心点算法——PAM 算法，即围绕中心的划分算法。它选用每个簇中位置最中心的对象，即中心点来代表这个簇，尝试对 n 个对象给出 k 个划分。这个最中心的对象也成为中心点或者代表对象。算法首先随机选择 k 个初始代表点，然后反复用非代表对象来代替代表对象，试图找到更好的中心点，以改进聚类的质量。更好的中心点将使非中心点与中心点之间的距离总和变小，即代价 TC 变小。在每次迭代中，所有可能的“对象对”将被分析，每个“对象对”中的一个对象将作为代表点，另一个作为非代表性对象。对可能的各种对象，估算聚类的质量。算法描述如下：

算法 8.2　k-中心点算法

输入：包含 n 个对象的数据库以及聚类的个数 k。

输出：k 个聚类，且每个聚类中所有对象与其中心点的相异度总和最小。

(1) 随机选择 k 个对象作为初始的中心点。

(2) 对由非代表对象 h 和代表对象 j 组成的每一对对象，计算 j 被 h 代替的总代价 TC_{jh}。

(3) 对每个测试对：

① 如果 $TC_{jh}<0$，用 h 代替 j；

② 将每一个非代表点对象根据与代表点的距离分配给离它最近的中心点。

(4) 重复第(2)、(3)步，直到不发生变化。

PAM 算法比 k-均值算法要健壮，这主要是由于 PAM 算法使用实际数据点作为聚类中心点，而噪音和离群点对中心点影响较小。但是 PAM 算法对小规模的数据效果较好，对大规模的数据则表现较差。算法每次迭代的复杂度为 $O(k(n-k)^2)$，其中 k 是聚类的数量，n 是数据对象的数量。

为了处理大规模的数据，可以采用 CLARA 算法，CLARA 算法的主要思想是用整个数据的一个样本来代表整个数据，再使用上面提到的 k-中心点算法计算代表对象。在实践中，可以采样多个样本分别计算，选取其中最好的结果作为最终的结果。

CLARA 算法的优点是能处理比 PAM 算法大的数据集，但是有效性取决于样本的大小，如果样本的选取不合适，那么这种得到聚类结果会很不好。在 CLARA 的基础上还提出了一种改进算法 CLARANS。这种方法将采样技术和 k-中心点算法结合起来。CLARA 算法在计算过程中，由原数据采样出的样本数据是不变的，而 CLARANS 方法在计算过程中不断改变采样的样本，这种方法增强了代表点的局部搜索过程，可以发现更好的解。聚类的过程可以被描述为对一个图的搜索，图中的每一个结点是一个潜在的解，即 k 个中心点的集合。如果发现局部最优，CLARANS 从新的随机选择的结点开始，继续寻找新的局部最优解。聚焦技术和空间访问结构可以进一步改善它的性能。

8.4 基于层次的聚类

基于层次的聚类方法采用距离作为衡量聚类的标准。该方法不再需要指定聚类的个数,但用户可以指定希望得到的数据簇的数目作为一个结束条件。

基于层次的方法主要分为两种,从聚类的过程来看,分为自底向上的聚类方法和自顶向下的聚类方法。自底向上的聚类方法首先将每个对象作为一个簇,通过不断合并这些基本的簇从而形成较大的簇,直到满足某个条件为止。大多数基于层次的方法属于这一类,而自顶向下的聚类方法首先将所有的对象看成是一个簇中的对象,通过一定准则不断分割这个簇形成更小的簇,从而完成聚类。

例如,对于a、b、c、d、e这5个数据对象,聚集的方法将各个对象作为原子簇,在计算过程中不断合并,形成最终的结果。而划分方法过程和聚集方法相反。图8.7是AGNES和DIANA聚类方法示意图。

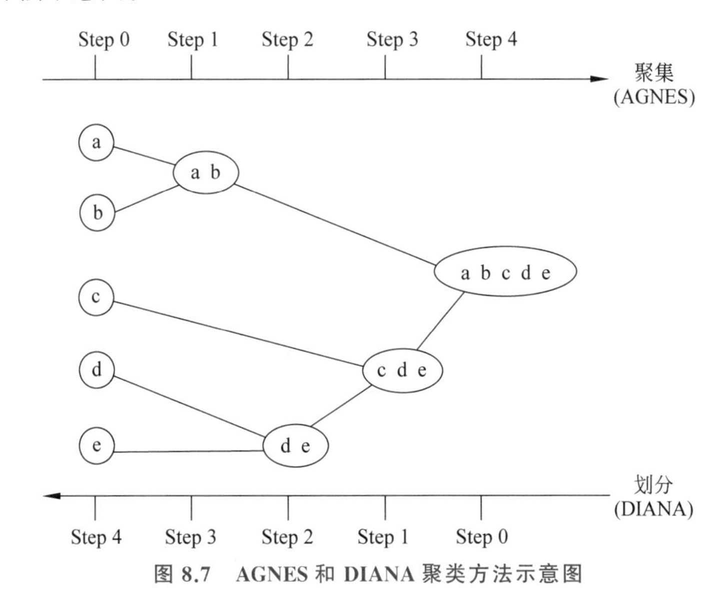

图 8.7 AGNES 和 DIANA 聚类方法示意图

AGNES算法由Kaufmann的Rousseeuw首先提出,AGNES算法使用单链接方法和差异度矩阵。首先将每个对象作为一个簇,然后合并那些具有最小差异度的结点,最后所有的对象合并形成一个簇。

在初始状态下,每个对象作为一个单独的簇。首先将距离最近的对象合并为一个簇,再将临近的簇进一步合并,当满足一定条件时算法终止。AGNES算法示意图如图8.8~图8.10所示。

DIANA算法首先由Kaufmann的Rousseeuw提出,是AGNES算法的逆过程,最终每个新的簇只包含一个对象。DIANA算法示意图如图8.11~图8.13所示。

一个树状图可以作为分层合并的过程直观显示,如图8.14所示。

其中每个叶结点表示一个对象,称为一个单独的簇。层次越高表明在不断合并后,这些簇包含更多对象的数据簇。而一次完整的聚类就是根据终止条件,在某一层剪断这棵树,从而得到聚类结果。

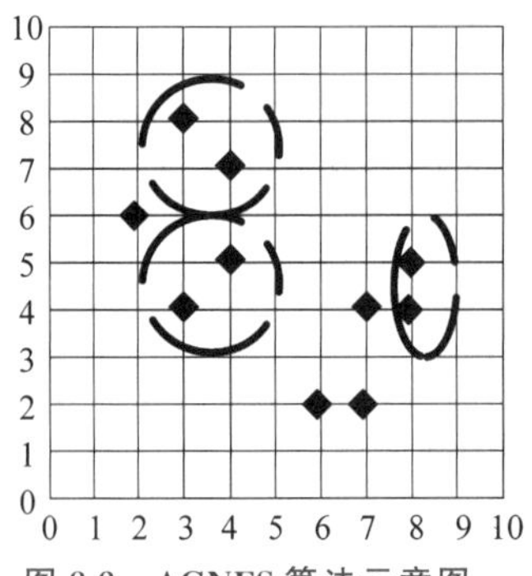

图 8.8　AGNES 算法示意图一

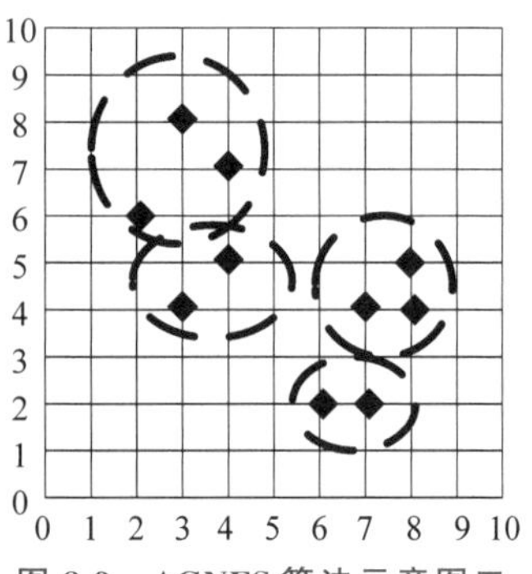

图 8.9　AGNES 算法示意图二

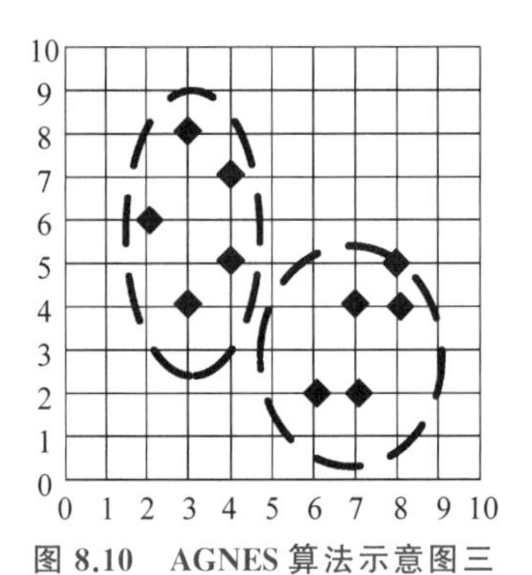

图 8.10　AGNES 算法示意图三

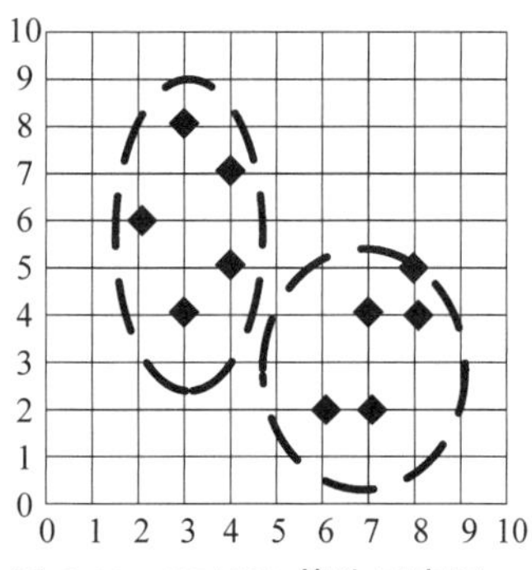

图 8.11　DIANA 算法示意图一

图 8.12　DIANA 算法示意图二

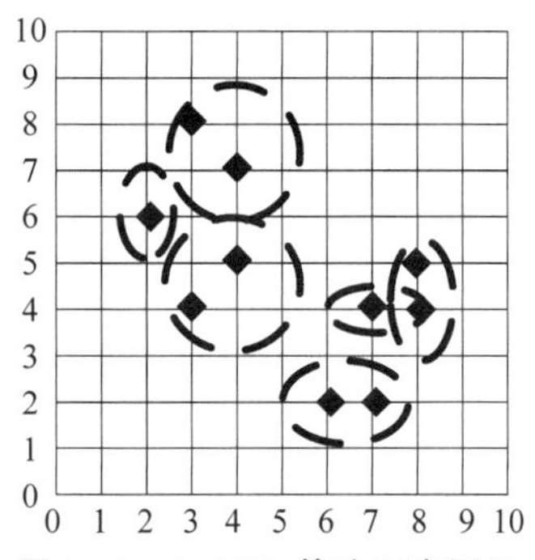

图 8.13　DIANA 算法示意图三

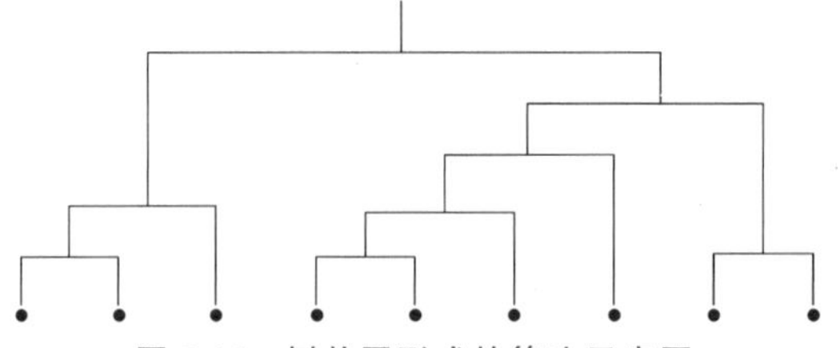

图 8.14　树状图形式的算法示意图

对于层次聚类常用的距离度量方法主要有最小距离、最大距离、均值距离和平均距离。用$|p-p'|$表示两个对象p和p'之间的距离，n_i是簇C_i中对象的数目，m_i是簇C_i的均值。距离的定义如下。

最小距离：$d_{\min}(C_i,C_j)=\min\limits_{p\in C_i,p'\in C_j}|p-p'|$

最大距离：$d_{\max}(C_i,C_j)=\max\limits_{p\in C_i,p'\in C_j}|p-p'|$

均值距离：$d_{\text{mean}}(C_i,C_j)=|m_i-m_j|$

平均距离：$d_{\text{avg}}(C_i,C_j)=\dfrac{1}{n_i n_j}\sum\limits_{p\in C_i}\sum\limits_{p'\in C_j}|p-p'|$

如果算法使用的是最小距离，则这种聚类方法称作临近聚类算法。当簇的距离超过某个阈值的时候算法停止，称为单链接法。使用最小距离度量的聚合增长算法也称为最小生成树算法。当一个算法使用最大距离度量距离的时候，称为最远邻聚类算法。若当最近簇的距离超过某个阈值时算法停止，称为全连接算法。最大最小算法代表了簇间距离度量的两个极端。均值距离和平均距离是对最大最小距离度量的折中，可以有效克服噪音和离群点(奇异值)的不良影响。

层次方法存在几个方面的缺点：扩展性较差，时间复杂度至少是$O(n^2)$，而且层次聚类过程是不可逆的，也就是一旦一个合并或分裂被执行就不能修复。还有一些算法综合了层次聚类和其他的聚类技术，主要有 BIRCH、CURE 和 CHAMELEON 等。BIRCH 算法增量地构造一个 CF-树，并不断调整子簇以得到更好的结果。CURE 算法是一种针对大型数据库的高效聚类算法，采用了多个点代表一个簇的方法，能有效减少噪音和异常值的影响。CHAMELEON 通过动态建模的层次化方法进行聚类。

BIRCH 是 1996 年由 Tian Zhang 首先提出来的。BIRCH 的最大特点是能利用有限的内存资源完成对大数据集的高质量聚类，可以最小化系统的输入与输出的代价。BIRCH 采用了一种多阶段聚类技术，通过对数据集的单遍扫描产生了一个基本的聚类，一遍或多遍的额外扫描可以进一步改进聚类质量，提高算法在大型数据集合上的聚类速度及扩展性。BIRCH 同时是一种增量的聚类方法，它对每一个数据点的聚类的决策都是基于当前已经处理过的数据点，而不是基于全局的数据点。它用到了聚类特征(Clustering Feature,CF)和聚类特征树(CF Tree)两个概念。BIRCH 算法是基于距离的层次聚类，综合了层次凝聚和迭代的重定位方法。算法首先采用自底向上的层次算法，然后用迭代的重定位来提高聚类结果。但是算法也存在缺点，那就是算法只能处理数值型数据；由于算法中使用了半径这个概念来控制边界，对于非球状的簇不能得到良好的结果。

BIRCH 聚类算法的核心是聚类特征 CF，用来记录子簇的信息。CF 树就是由 CF 组成的，CF 本身是一个三元组：

$$\text{CF}=(N,\text{LS},\text{SS})$$

其中，N表示这个簇中数据对象的数目，LS 是N个结点的线性和，SS 是N个结点的平方和，x_{ij}表示第i个数据对象的第j个分量，具体的定义如下：

$$\text{LS}=(l_1,l_2,\cdots,l_d)=\left(\sum_{i=1}^{N}x_{i1},\sum_{i=1}^{N}x_{i2},\cdots,\sum_{i=1}^{N}x_{id}\right)$$

$$\text{SS}=(s_1,s_2,\cdots,s_d)=\left(\sum_{i=1}^{N}x_{i1}^2,\sum_{i=1}^{N}x_{i2}^2,\cdots,\sum_{i=1}^{N}x_{id}^2\right)$$

例如，假设有5个二维数据对象，分别是(3,4)、(2,6)、(4,5)、(4,7)和(3,8)，则对应的LS和SS计算如下：

$$LS=(l_1,l_2)=(3+2+4+4+3,4+6+5+7+8)=(16,30)$$

$$SS=(s_1,s_2)=(3^2+2^2+4^2+4^2+3^2,4^2+6^2+5^2+7^2+8^2)=(54,190)$$

对应的CF向量为：

$$CF=(N,LS,SS)=(5,(16,30),(54,190))$$

聚类特征树的结构类似于一棵B-树，它有三个参数：内部结点平衡因子B，叶结点平衡因子L，簇半径阈值T。树中每个结点最多包含B个孩子结点，第i个结点记为(CF_i，$CHILD_i$)，其中$1\leqslant i\leqslant B$，CF_i是这个结点中的第i个聚类特征，$CHILD_i$指向结点的第i个孩子结点，对应于这个结点的第i个聚类特征。例如，一棵高度为3，B值为7，L值为6的CF树的例子如图8.15所示。

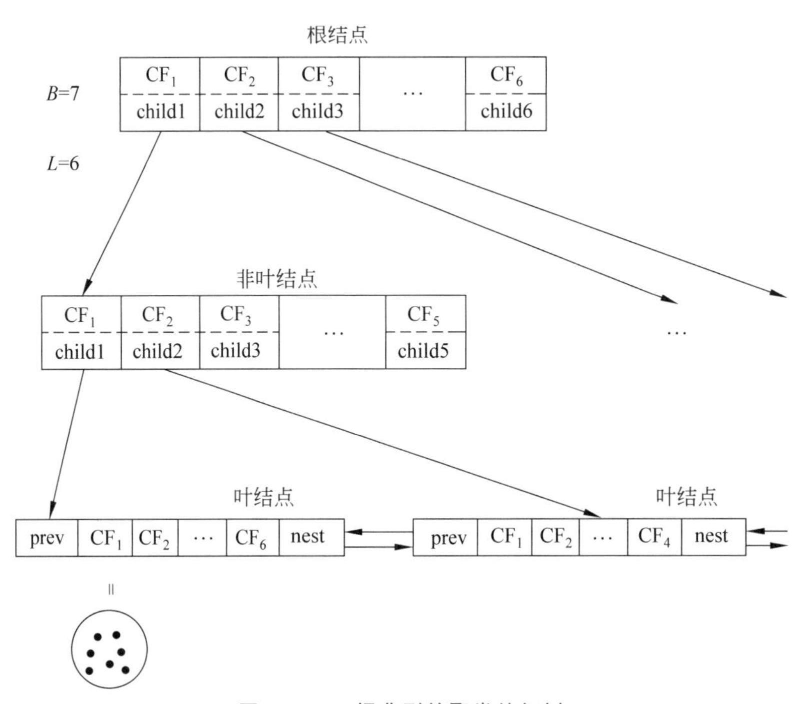

图8.15 一棵典型的聚类特征树

算法步骤如下：

算法8.3 BIRCH算法

(1) 扫描数据库，动态的建立一棵存放在内存的CF树。若内存不够，则增大阈值，在原树基础上构造一棵较小的树。

(2) 对叶结点进一步利用一个全局性的聚类算法，改进聚类质量。由于CF树的叶结点代表的聚类结果可能不是自然的聚类结果，原因是给定的阈值限制了簇的大小，并且数据的输入顺序也会影响到聚类结果。因此，需要对叶结点进一步利用一个全局性的聚类算法，改进聚类质量。

CURE是由Guha等人于1998年提出的聚类方法。这种方法有两个主要特点：首先，算法检测每层聚类的簇数量，当簇的数量达到k的时候，算法停止创建新的簇；其次，CURE算法在每个簇中选择了多个代表点用于计算与其他簇的距离，对形状有良好的自适应性。

算法 8.4　CURE 算法流程

(1) 从数据库的对象中随机采样出一个样本 s。
(2) 将样本 s 分割为 p 组,每组包含有 s/p 个数据对象。
(3) 对每个划分局部地进行聚类。
(4) 通过随机采样剔除离群点。如果一个簇增长过慢,则去除这个簇。
(5) 对局部的簇进行聚类。
(6) 记录数据的聚类结果。

8.5　基于密度的聚类

分割方法有利于发现球形簇,层次划分的方法有利于发现链状簇。为了发现任意形状的簇,提出了基于密度的聚类方法。该类方法将每个簇看作数据空间中被低密度区域分割开的高密度对象区域,也就是将簇看作密度相连的点最大集合。具有较大的优越性和灵活性,有效地克服噪声的影响,并且只需要对数据进行一次扫描。但是算法需要一个密度参数作为终止条件。主要的算法有 DBSCAN、OPTICS、DENCLUE 和 CLIQUE 等。

基于密度的聚类算法常涉及两个参数 ε 以及 M。ε 表示邻域半径,M 表示邻域中数据对象数目阈值。对基于密度的聚类主要有几个核心概念,分别是中心对象、直接密度可达、密度可达和密度相连。概念介绍如下。

(1) 中心对象,也称为核心对象。是指在半径 ε 之内存在超过 M 个数据对象的数据对象。也就是核心对象的 ε 邻域之内存在多于 M 个数据对象。这表明这个数据对象所在位置的密度较大。

(2) 直接密度可达。体现了两个数据对象的关系,设存在两个数据对象 x、y,其中 x 是中心对象,若 y 在 x 的 ε 邻域之内,则称 y 直接密度可达 x。

(3) 密度可达。对于两个数据对象,若存在从 x 到 y 的一条由直接密度可达点组成的链时,称作密度可达。假设存在一个对象链 $p_1, p_2, \cdots, p_n$, $p_1=q$, $p_n=p$,如果 p_{i+1} 是从 p_i 直接密度可达的,那么 p 是从 q 密度可达的,如图 8.16 所示。

(4) 密度相连。对于两个数据对象 p、q,若存在另一个数据对象 O 且 p、q 分别密度可达 O,那么就称为 p 和 q 密度相连,如图 8.17 所示。

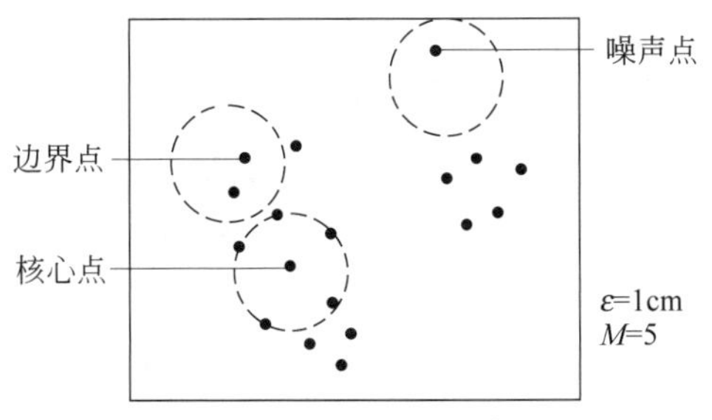

图 8.16　密度可达示意图

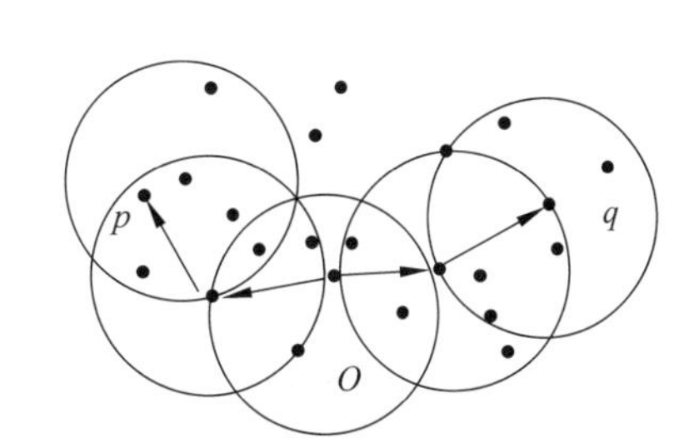

图 8.17　密度相连示意图

Mester 等人提出了 DBSCAN 算法是一种基于密度的聚类算法。使用基于中心的方法,数据集中特定点的密度通过对该点的特定半径之内的点计数来估计。这样就将数据对象划分为核心点(cor)、边界点(border)和噪声点(outlier)。其中核心点表明其是密度较大区域的点，噪声点是密度较小区域的点，介于核心点和噪声点之间的是边界点，如图 8.18 所示。

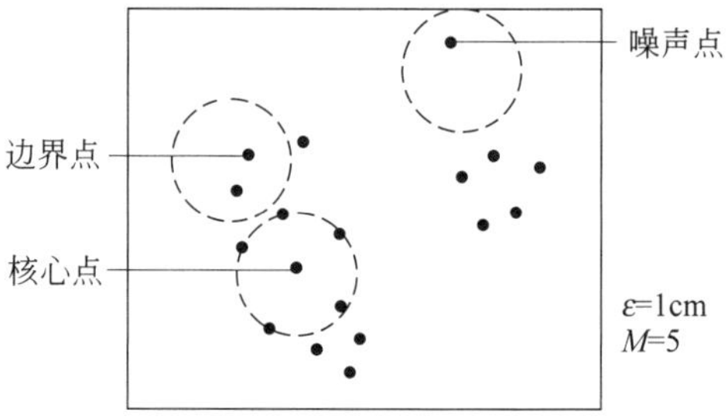

图 8.18 DBSCAN 算法概念示意图

算法流程如下：

算法 8.5 DBSCAN 算法

输入：数据集 D，邻域半径 ε，邻域中数据对象数目阈值 M。
输出：密度连通类。
算法描述：
(1) 任意选取一个点 p。
(2) 在参数 ε 数和 M 的条件下，检索所有密度可达 p 的数据对象。
(3) 如果 p 是中心点，则形成了一个聚类。
(4) 如果 p 是边界点，且没有密度可达 p 的数据对象，算法访问数据库中下一个数据对象。
(5) 算法循环直到所有的点被访问过为止。

如果采用空间索引的方法，DBSCAN 算法的计算复杂度为 $O(n\log n)$，n 为数据对象的数目；若不采用空间索引，计算复杂度为 $O(n^2)$。这种算法对于用户输入的两个参数 ε 以及 M 是敏感的，而且对于整个数据库只采用了一组 ε 以及 M。如果数据库中存在不同密度的簇或者嵌套簇，则算法不能处理。为了解决这个问题，人们提出了 OPTICS 算法。

8.6 基于网格的聚类

基于网格的聚类方法是利用多维网格数据结构，将空间划分为有限数目的单元。这些单元可以作为聚类分析的基础。因为将网格作为处理单元，可以避免数据对象数量增多的影响，使算法的处理时间仅仅依赖于量化空间中每一维上的单元数。常用的基于网格的方法主要有 STING、WaveCluster 和 CLIQUE。这种方法的缺点是只能发现边界是水平或者垂直的聚类，而不能检测到斜边界。基于网格的方法也不适用于处理高维数据集，因为网格单元的数目随着维数的增加而呈指数级增长。所有基于网格的聚类方法都会遇到网格单元数目和大小与计算精度和复杂度之间的平衡问题。

STING 是 Wang 等人于 1997 年提出的一种基于网格的多分辨率聚类技术。它将空间划分为矩形单元，不同层次的矩形单元代表不同的分辨率。这样就形成了一种层次结构，每个高层单元被划分为低一层的单元。因此，高层的网格信息可以通过下一层的网格信息得到。为了有效地进行查询操作，需要事先计算每个矩形单元的属性和相应的统计信息。聚类网格如图 8.19 所示。

这些统计信息主要包括技术参数 Count、均值 Means、标准差 S、最小值 Min、最大值 Max 以及相应单元中的分布，包括正态分布、均匀分布等。

基于网格的聚类算法使用自顶向下的方法处理查询。首先，在层次结构中选定一层作为查询处理的起始结点，一般情况下，通常选用单元数量较少的一层。通过对当前层每个单元计算与给定查询的相关程度的置信度值，进而只处理相关的单元，重复下去直到最低层。

算法的主要优点是网格的计算是独立查询的，这是因为计算和存储的统计信息是根据数据独立计算出来的。其次，网格结构有利于并行处理以及增量更新。该方法的计算复杂度为 $O(K)$，K 是最低层网格单元的数量。其缺点主要是只能发现边界是水平或者垂直的聚类，而不能检测到斜边界。

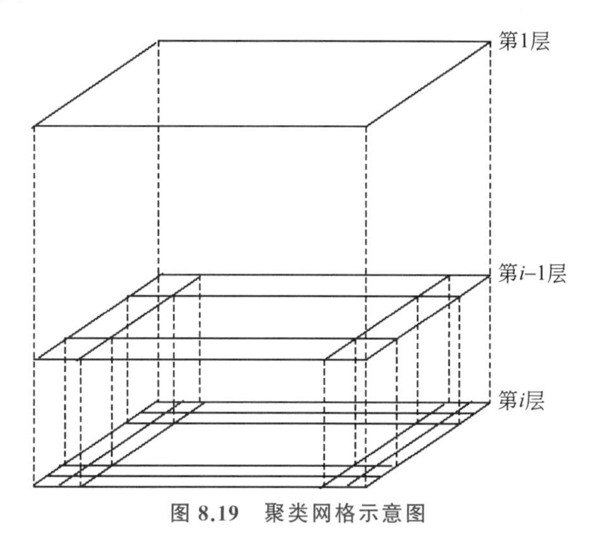

图 8.19 聚类网格示意图

8.7 基于模型的聚类

基于模型聚类方法的基础假设是：数据符合某一种潜在的概率分布。这种方法将聚类问题看作是数据拟合某一种分布的优化问题。基于模型的聚类方法主要有神经网络方法和统计学方法。

概念聚类是一种基于统计学和人工智能的方法，是机器学习中的一种聚类方法，通过对一组未标记的对象产生对象的一个分类模式，为每组对象发现特征描述。COBWEB 是一种简单的增量概念聚类算法。通过分类树(如图 8.20 所示)的形式创建层次聚类，每个结点代表一个概念，包含对概念的概率描述，概述被分在该结点下的对象。概率描述包括概念的概率和形如 $P(A_i=V_{ij}|C_k)$ 的条件概率，这里 $A_i=V_{ij}$ 是属性-值对，C_k 是概念类。这个条件概率用来表示类内的相似性。该值越大，共享该属性-值对的类成员比例就越大。概率 $P(C_k|A_i=V_{ij})$ 表示类间相异性。该值越大，在对照类中共享该属性-值对的类成员比例就越大。COBWEB 采用了一种启发式的指标，那就是分类效用，定义如下：

$$C_f=\frac{\sum_{k=1}^{n}P(C_k)\left\{\sum_i\sum_j[P(A_i=V_{ij}\mid C_k)]^2-\sum_i\sum_j[P(A_i=V_{ij})]^2\right\}}{n}$$

其中，n 是在数据点的某个层次上形成的一个划分 $\{C_1,C_2,\cdots,C_n\}$ 的结点，概念或者种类的数目。

将对象暂时置于每个结点，并计算这种对应划分的分类效用。产生最高分类效用的位置是对象结点的一个好的选择。同时计算为给定对象创建一个新的结点所产生的分类效用，与基于现存结点的计算相比较。根据产生最高效用的划分，对象被置于一个已存在的

类，或者为它创建一个新类。

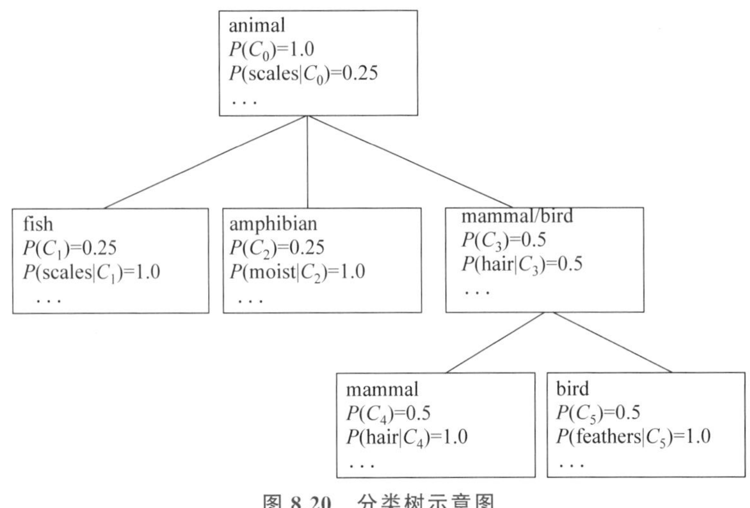

图 8.20 分类树示意图

COBWEB 的主要缺点：算法假设每个属性上的概率分布是彼此独立的。用概率分布表示聚类使得更新和存储聚类代价相当高。时间和空间复杂度取决于属性的数目、每个属性值的数目。对偏斜的数据输入不是高度平衡的，可能导致空间和时间复杂性的剧烈变化；不适合大数据库。

8.8 离群点检测

在数据的分析过程中会有一些数据明显不同于其他数据，这样的数据称为离群点或奇异值。离群点的产生原因有很多，有可能是由错误产生的，也可能是由于数据本身的特点。在数据挖掘过程中，离群点有可能蕴含着重要的信息，分析离群点是一个重要的挖掘任务。其主要应用包括信用卡欺诈分析，电信欺诈的检测以及医疗检测。

离群点检测的任务就是在所有数据中找到最异常的 n 个离群点。离群点检测的基本方法主要有基于统计的方法、基于距离的方法和基于偏移的方法。

基于统计的方法主要思想是首先假设数据是由某种分布的模型产生的，然后根据这一概率模型通过不一致性检验来确定离群点。那么问题主要分为三个过程，首先是判断数据的分布，也可假设数据的分布。在此基础上通过数据求得分布的参数，例如均值、方差等。再通过不一致检测分析离群点。基于统计的检测主要缺点是检测是针对数据某一个属性的，而实际的问题需要在高维空间中检测离群点。而且这类方法要求知道对象的分布模型，在真实情况下很难知道数据分布，并且数据往往不符合任何一种理想的数学分布。

为了克服基于统计方法的两个主要缺点：只能分析单一属性，并且需要了解数据的分布，从而提出了基于距离的离群点分析方法。基于距离的离群点定义如下：如果一个数据集 T 中至少有 $p\times100\%$的对象和对象 O 的距离大于 D，那么 O 是一个基于 p 和 D 的离群点，用 $DB(p,D)$表示。常用的基于距离方法的离群点分析算法常常基于索引的分析算法、嵌套-循环的分析算法以及基于单元格的分析算法。

基于偏移的离群点检测方法是通过检查一组对象的主要特征来识别离群点，如果一个数据对象给出的描述偏移过大，则认为这个数据对象是离群点。有两种常见的检测技术，分别是序列异常技术以及 OLAP 数据立方体分析技术。序列异常技术模拟了人类在识别异常事物的方式。OLAP 数据立方体分析技术使用数据立方在高维数据中识别异常区域。

8.9 小　结

聚类方法是一类重要的无监督学习分类方法。聚类方法主要包括基于划分的方法、基于分层的方法、基于密度的方法、基于网格的方法和基于模型的方法。在基于划分的聚类方法中，本章重点讨论了 k-均值聚类方法与 k-中心点的聚类方法，这类算法在执行聚类分析之前需要提前设定 k 值，对于中小规模球形簇分布的数据聚类效果相对较好。在层次化聚类方法中，本章主要讨论了自顶向下的分裂式层次聚类方法与自底向上的凝聚式层次聚类方法，针对聚类过程中分裂对象与合并对象的选择问题，讨论了不同的层次化聚类方法。基于网格的方法将对象空间划分为有限数目的网格单元以形成网格结构，所有的聚类都是在网格上完成的。基于模型的方法就是假设每个聚类数据属于某种模型，寻找符合模型规律的数据对象，从而完成聚类。

参考文献

[1] AGRAWAL R, GEHRKE J, GUNOPULOS D, et al. Automatic subspace clustering of high dimensional data for data mining applications[C]. Proceedings of the 1998 ACM SIGMOD international conference on Management of data. 1998: 94-105.

[2] ANDERBERG M R. Cluster Analysis forApplications[M]. Pittsburgh: Academic Press, 1973.

[3] ANKERST M, BREUNIG M M, KRIEGEL H P, et al. OPTICS: Ordering points to identify the clustering structure[J]. ACM SIGMOD record, 1999, 28(2): 49-60.

[4] ARABIE P, HUBERT L J, DE SOETE G. Clustering and classification[M]. Singapore City: World Scientific, 1996.

[5] BEIL F, ESTER M, XU X. Frequent term-based text clustering[C]. Proceedings of the eighth ACM SIGKDD international conference on Knowledge discovery and data mining. 2002: 436-442.

[6] BREUNIG M M, KRIEGEL H P, NG R T, et al. LOF: identifying density-based local outliers[C]. Proceedings of the 2000 ACM SIGMOD international conference on Management of data. 2000: 93-104.

[7] ESTER M, KRIEGEL H P, SANDER J, et al. A density-based algorithm for discovering clusters in large spatial databases with noise[C]. KDD. 1996, 96(34): 226-231.

[8] ESTER M, KRIEGEL H P, XU X. Knowledge discovery in large spatial databases: Focusing techniques for efficient class identification[C]. International Symposium on Spatial Databases. Springer, Berlin, Heidelberg, 1995: 67-82.

[9] FISHER D H. Knowledge acquisition via incremental conceptual clustering[J]. Machine learning, 1987, 2(2): 139-172.

[10] GIBSON D, KLEINBERG J, RAGHAVAN P. Clustering categorical data: An approach based on dynamical systems[J]. The VLDB Journal, 2000, 8(3): 222-236.

[11] GANTI V, GEHRKE J, RAMAKRISHNAN R. CACTUS—clustering categorical data using summaries[C]. Proceedings of the fifth ACM SIGKDD international conference on Knowledge discovery and data mining. 1999: 73-83.

[12] GIBSON D, KLEINBERG J, RAGHAVAN P. Clustering categorical data: An approach based on dynamical systems[J]. The VLDB Journal, 2000, 8(3): 222-236.

[13] GUHA S, RASTOGI R, SHIM K. CURE: An efficient clustering algorithm for large databases[J]. ACM SIGMOD record, 1998, 27(2): 73-84.

[14] GUHA S, RASTOGI R, SHIM K. ROCK: A robust clustering algorithm for categorical attributes [J]. Information systems, 2000, 25(5): 345-366.

[15] HINNEBURG A, KEIM D A.An efficient approach to clustering in large multimedia databases with noise[C]. KDD. 1998, 98: 58-65.

[16] JAIN A K, DUBES R C. Algorithms for clustering data[M]. New York: Prentice-Hall, Inc., 1988.

[17] KNOX E M, NG R T. Algorithms for mining distance-based outliers in large datasets[C]. Proceedings of the international conference on very large data bases.Citeseer, 1998: 392-403.

[18] MCLACHLAN G J, BASFORD K E. Mixture models: Inference and applications toclustering[M]. New York: M. Dekker, 1988.

[19] MICHAUD P. Clustering techniques[J]. Future Generation Computer Systems, 1997, 13(2-3): 135-147.

[20] PARSONS L, HAQUE E, LIU H. Subspace clustering for high dimensional data: areview[J]. ACM SIGKDD explorations newsletter, 2004, 6(1): 90-105.

[21] SCHIKUTA E. Grid-clustering: An efficient hierarchical clustering method for very large data sets [C]. Proceedings of 13th international conference on pattern recognition. IEEE, 1996, 2: 101-105.

[22] SHEIKHOLESLAMI G, CHATTERJEE S,ZHANG A. Wavecluster: A multi-resolution clustering approach for very large spatial databases[C]. VLDB. 1998, 98: 428-439.

[23] TUNG A K H, HAN J, LAKSHMANAN L V S, et al. Constraint-based clustering in large databases[C]. International Conference on Database Theory. Springer, Berlin, Heidelberg, 2001: 405-419.

[24] TUNG A K H, HOU J, HAN J. Spatial clustering in the presence of obstacles[C]. Proceedings 17th International Conference on Data Engineering. IEEE, 2001: 359-367.

[25] WANG H, WANG W, YANG J, et al. Clustering by pattern similarity in large data sets[C]. Proceedings of the 2002 ACM SIGMOD international conference on Management of data. 2002: 394-405.

[26] WANG W, YANG J, MUNTZ R. STING: A statistical information grid approach to spatial data mining[C]. VLDB.1997, 97: 186-195.

[27] ZHANG T, RAMAKRISHNAN R, LIVNY M. BIRCH: an efficient data clustering method for very largedatabases[J]. ACM SIGMOD record, 1996, 25(2): 103-114.

第9章　数据可视化

9.1　引　　言

数据可视化(Data Visualization)是数据挖掘中的重要分析方法,是揭示数据潜在规律的重要关键步骤,其旨在利用计算机自动分析能力,充分挖掘可视化信息的认知能力优势。通过各种可视化手段将复杂的数据以形象生动的方式表现出来,借助人机交互式分析方法和交互技术,辅助人们更为直观和高效地洞悉数据背后的信息,以促进人们与数据的沟通和交流。本章主要从应用角度对数据可视化的各个方面进行简要介绍,包括参考模型、基本准则和特性、以及多种典型数据的可视化方法。

本章的内容安排如下:9.2 节介绍数据可视化的参考模型;9.3 节介绍数据可视化的基本准则;9.4 节介绍了 4 种常见数据的可视化方法,包括统计数据、文本数据、网络关系数据和时空数据;9.5 节是本章小结。

9.2　数据可视化的参考模型

数据可视化是对抽象数据直观的图形化展示,任何一种通过创建图像、图标或者动画进行信息沟通的技术都可被称为可视化。因此,数据可视化并不是一种特定的算法,而是一种问题分析的方法流程。图 9.1 展示了经典的 Card 数据可视化参考模型,在此模型中,Card 等人认为数据可视化是从原始数据到可视化形式再到人类感知认知系统的可调节的一系列转换过程。其中涉及三个重要的转换步骤。

(1) 数据处理:将采集到的原始数据转换为抽象数据,此过程首先借助各种数据清洗手段对数据进行清洗,去除数据中的噪声,保留和提取有用信息,然后将无结构数据转换为结构化数据。

(2) 可视化映射:即可视化编码与布局,此步骤将抽象数据映射为由空间基、标记、以及标记的图形属性等可视化表征组成的可视化结构,以确定数据的基本展现形式,是整个可视化流程的核心步骤。

(3) 视图渲染:根据上一步的可视化设计和布局(包括对象位置、尺寸、灰度值、纹理、色彩、方向、形状等参数设置),将可视化结果显示在输出设备上。

通常情况下,原始数据难以直接映射到可视的几何物理空间中,而是需要人为构造特征数值来代表数据本身的含义,并进一步转换成易于操作的抽象数据形式,如将社交关系数据转化为树图类型的抽象数据。接着,通过可视化映射得到的可视化结构是数据的表征形式,其结合数据特点将数据编码为列表式结构、空间坐标式结构、时间流结构、层级结构或者网络结构等。可视化结构表示应该包含两个要点:一是真实地保持了数据的原始面貌,没有随意新增或者删除任何信息;二是能够被用户感知和理解,同时又能够充分地表达数据中的

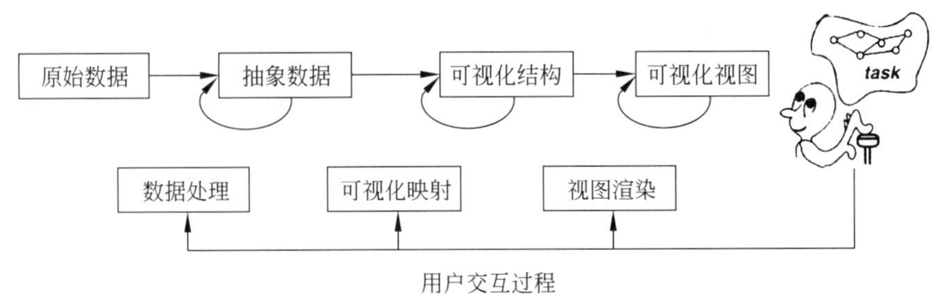

图 9.1 Card 可视化参考模型图

相似性、趋势性、差别性等特征，即具有丰富的表达能力。在数据可视化多年来的发展历程中，如何创造新型并且有效的可视化表征以达到一眼洞穿的效果，一直是该领域追求的目标和难点，也是数据可视化领域的关键所在。最后，结构表征通过视图变换形成了更为直观的图像，清晰地展示在用户视角中。用户从中能够更容易地挖掘出数据的潜在规律和隐含的信息价值。特别地，当数据规模较大或者数据本身存在一定的操作逻辑时，输出设备上无法展示完整的可视化视图，此时便需要用到可视化的交互式设计——用户通过简单的交互式操作更改上述三个转换步骤，以得到不同的可视化输出。

需要指出的是，上述可视化参考模型在 1999 年便被 Card 等人提出，后续也有很多新的参考模型。但是此模型是目前应用最广泛的可视化流程模型，后续几乎所有主流的可视化系统和工具都支持、兼容这个模型。

9.3 数据可视化的基本准则

9.2 节介绍了数据可视化的参考模型，但是在进行可视化设计之前，还需要清楚什么样的可视化是好的可视化，即可视化的设计准则。关于这个问题，Edward 等人提出了一种广受认同的看法——“一个出色的可视化设计是能够在最短的时间内，使用最少的空间，最少的笔墨为用户提供最多的信息内容”。这段话实质上将可视化设计转化成了一个最优化问题，为了实现最优化的设计，需要同时考虑时间效率、空间效率和内容质量。在此基础上，本节将数据可视化的基本准则归纳为正确性、高效性和可观性。下面进行详细的介绍。

9.3.1 正确性

数据的可视化设计本质上是对人类视觉感官的调动，而有研究表明，人类的视觉非常容易受到其他信息因素干扰，导致产生错误的判断，即“眼见不一定为实”，如图 9.2 所示。因此，在进行可视化设计时首先要保证结果的正确性。此处的正确性既包括数据正确性，也包括感官正确性。

数据正确性指所有呈现的数据必须是真实可靠的。虚假的数据更容易达到设计者的预设目标，但是却是没有任何实际意义，严重情况下会带来时间和物质的多重损失。为了保证这点，设计者应该认真核查数据来源，以及保证数据处理和转换等各个阶段的准确性。

感官正确性则指数据的呈现方式应该客观真实。在艺术设计中，经常会妙用人类的感官错觉达到令人惊叹的视觉效果。但是，在可视化设计中要尽量避免这种“投机取巧”的做

图 9.2　错觉示例

法，即不能夸大可视化中所表达的数据量和数据之间的度量关系。为了衡量这种关系，有一个评价指标是“谎言因子(Lie Factor，LF)”。

$$\mathrm{LF}=\frac{\text{数据中所对应的图形元素的相对变化量}}{\text{数据的真实变化量}}$$

当 LF＝1 时，可以认为图表中没有对数据进行扭曲，是一种可以信任的可视化设计。在实际应用中，应该确保各个图形元素的 LF 值在[0.95，1.05]范围内。图 9.3 展示了一个错误夸大数据对比关系的可视化示例，经过计算，可以得出其 LF＝14.8，是一个可信度极低的数值，严重夸大了数据的变化量。

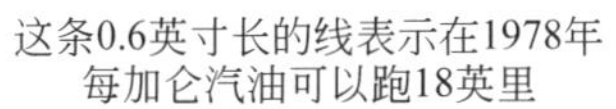

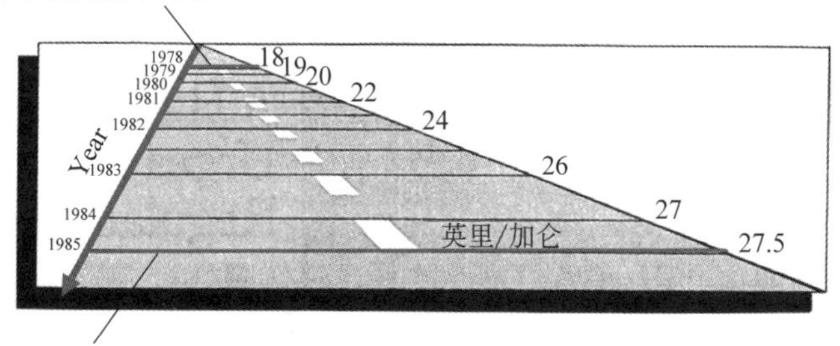

图 9.3　可视化设计中的错觉示例

9.3.2　高效性

高效性指展示的可视化信息应该具有明确指向性，尽量精简不相关内容。任何一种可视化视图都会伴随设计者的原始动机，即目的性。因此，可视化的结果呈现应该与设计目的紧密结合，不要让次要因素干扰了主要因素的表达。除了特殊目的外，不要在设计中掺杂推理性因素。可视化设计传递的信息应该是直观的，而不是需要观看者花费大量的时间去推理设计者的真实意图。

9.3.3 可观性

可观性指呈现的数据可视化效果应该是赏心悦目的，能够激发观看者的主动性。因为视觉类信息带有很强的个人因素，在实际评价中自然也容易受到人类主观因素的干扰。为了达到好的视觉效果，需要设计者从图形大小、比例、颜色等局部和全局因素进行综合考虑。

但是，可观性与高效性之间往往存在一定的设计冲突，二者难以兼得。因此，实际设计中，在保证正确性的基础上，需要在高效性和可观性之间寻求一个最佳的平衡点，从而实现最佳的可视化效果。

9.4 4类典型数据的可视化

此节将对4类典型数据的可视化方法进行简要介绍，包括统计数据、文本数据、网络关系数据和时空数据。

9.4.1 统计数据可视化

统计数据是最常见的一类基础数据，比如人口普查结果、各类销售数据等等。它们有个共同特点——是典型的结构化数据，能够以数据表格的形式进行存储和转移。这类数据的可视化方法相对简单，目前已经出现了很多种展现方法。图9.4中列举了最常用的9种统计数据可视化形式，包括柱状图、折线图、组合图、散点图、气泡图、饼状图、雷达图、箱线图和小提琴图。下面对这9种视图进行简要介绍。

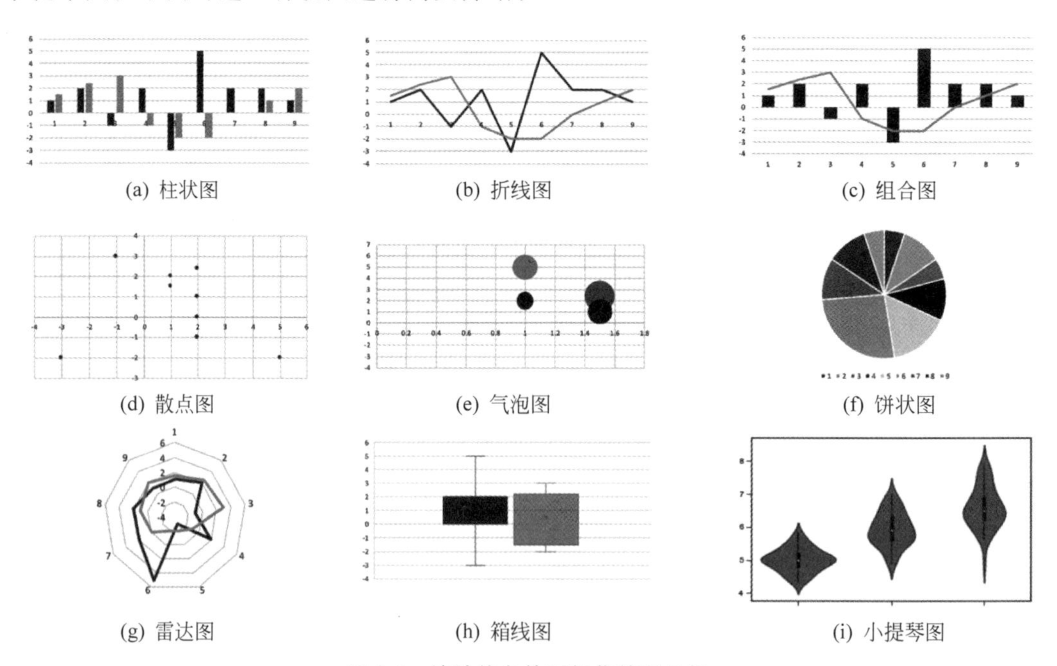

图9.4 统计信息的可视化结果示例

(1) 柱状图：又称长条图，是一种以长方形的长度为度量指标的统计图表。柱状图用来比较两个或两个以上的数据列，但只有一个变量，通常用于较小的数据集分析。柱状图亦可横向排列，或用多维方式表达。

(2) 折线图：通过将一系列数据点之间用线段连接，可以直观呈现数据的变化趋势。常用于随时间等单向性变量而变化的离散数据，例如某年每个月的汽车销售数据。另外，与柱状图类似，还可以很方便地进行多列数据的对比，如展现今年和去年每个月的销售数据变化差异。

(3) 组合图：顾名思义，将多个基本图形进行组合，充分发挥不同图形表达的优势。最常用的是柱状图和折线图的组合。

(4) 散点图：直接将数据以点的形式绘制在坐标图中，不同坐标轴代表不同的变量含义。此类图的一个典型应用场景是在聚类或者分类任务中观察不同数据点之间的空间距离，进而分析出数据的聚合性或者分散性。

(5) 气泡图：在散点图的基础上增加了"点大小"的概念。利用点的大小表达多个维度的数值关系，但是气泡图不适用于数据点过多的场景。

(6) 饼状图：在一个容器内按照数值大小划定对应的比例，常用于数据占比分析，能够很方便得到不同数据变量占总体的比例大小。

(7) 雷达图：从同一点开始的数轴上表示的3个或更多个定量变量的二维图表的形式显示多变量数据的图形方法。轴的相对位置和角度通常是无信息的。通常用于评判某个对象的属性或者能力大小。

(8) 箱线图：一种用作显示一组数据分散情况资料的统计图，因形状如箱子而得名。箱线图主要用于反映原始数据分布的特征，还可以进行多组数据分布特征的比较。箱线图的绘制方法是：先找出一组数据的上边缘、下边缘、中位数和两个四分位数；然后，连接两个四分位数画出箱体；再将上边缘和下边缘与箱体相连接，中位数在箱体中间。

(9) 小提琴图：用于显示数据的形状分布及其概率密度，可以视为箱线图的改进版。

上面可视化图还可以有多种变体，例如，由二维变到三维，坐标轴转换等。此外，还有很多类型的可视化图可用于统计数据分析，例如：密度图、直方图等等。

9.4.2 文本数据可视化

与统计数据不同的是，文本信息是大数据时代非结构化数据类型的典型代表，是互联网中最主要的信息类型，也是物联网各种传感器采集后生成的主要信息类型，人们日常工作和生活中接触最多的电子文档也是以文本形式存在。文本可视化的意义在于，能够将文本中蕴含的语义特征(例如词频与重要度、逻辑结构、主题聚类、动态演化规律等)直观地展示出来。

如图9.5所示，典型的文本可视化技术是词云(word clouds)，将关键词根据词频或其他规则进行排序，按照一定规律进行布局排列，用大小、颜色、字体等图形属性对关键词进行可视化。目前，大多用字体大小代表该关键词的重要性，在互联网应用中，多用于快速识别网络媒体的主题热度。当关键词数量规模不断增大时，若不设置阈值，将出现布局密集和重叠覆盖问题，此时需提供交互接口允许用户对关键词进行操作。

文本中通常蕴含着逻辑层次结构和一定的叙述模式，为了对结构语义进行可视化，研究者提出了文本的语义结构可视化技术。图9.6展示的是常见的文本语义可视化方法。将文本的叙述结构语义以树的形式进行可视化，同时展现了相似度统计、修辞结构、以及相应的

图 9.5 词云可视化

文本内容。上述文本语义结构可视化方法仍建立在语义挖掘基础上，与各种挖掘算法绑定在一起。

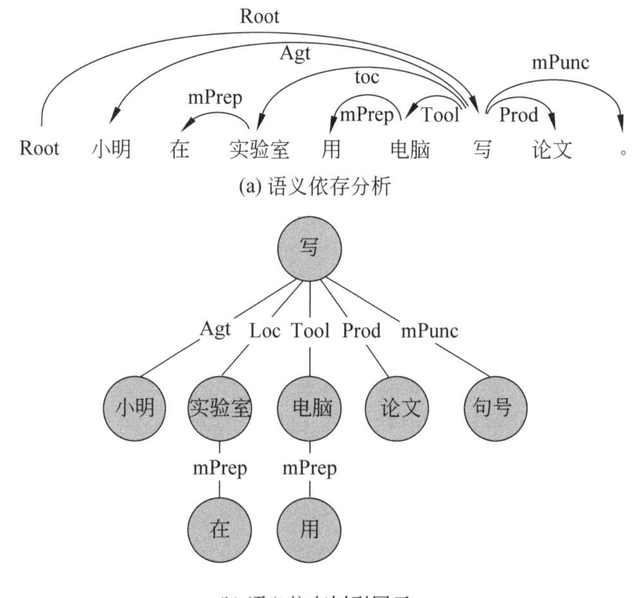

图 9.6 文本语义可视化

此外，文本的形成与变化过程与时间属性密切相关。因此，如何将动态变化的文本中时间相关的模式与规律进行可视化展示，是文本可视化的重要内容。引入时间轴是一类主要方法，如图 9.7 所示，用河流作为隐喻，河流从左至右的流淌代表时间序列，将文本中的主题按照不同的颜色的色带表示，主题的频度以色带的宽窄表示，同时展示了主题的合并和分支关系以及演变。

9.4.3 网络关系数据可视化

网络关联关系是大数据中最常见的关系，例如互联网与社交网络。层次结构数据也属于网络信息的一种特殊情况。基于网络结点和连接的拓扑关系，直观地展示网络中潜在的模式关系，例如结点或边聚集性，是网络可视化的主要内容之一。对于具有海量结点和边的大规模网络，如何在有限的屏幕空间中进行可视化，将是大数据时代面临的难点和重点。除

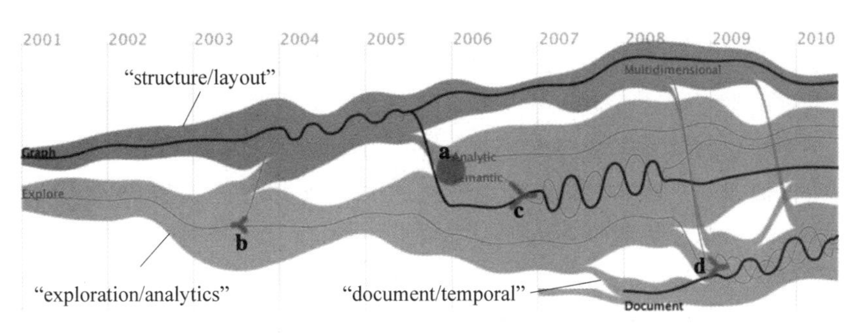

图 9.7 动态文本时序信息可视化

了对静态的网络拓扑关系进行可视化，大数据相关的网络往往具有动态演化性，因此，如何对动态网络的特征进行可视化，也是不可或缺的研究内容。

研究者提出了大规模网络可视化或图可视化技术，Herman 等人综述了图可视化的基本方法和技术，如图 9.8 所示。经典的基于结点和边的可视化是图可视化的主要形式。图中主要展示了具有层次特征的图可视化的典型技术，例如多叉树布局、H 状树(H-tree)、圆锥树(cone tree)、气球图(balloon view)、放射图(radial graph)等。对于具有层次特征的图，空间填充法也是常采用的可视化方法，例如树图技术及其改进技术。这些图可视化方法技术的特点是直观表达了图结点之间的关系，但算法难以支撑大规模(如百万以上)图的可视化，并且只有当图的规模在界面像素总数规模范围以内时效果才较好(例如百万以内)，因此面临大数据中的图，需要对这些方法进行改进，例如计算并行化、精简的图聚类可视化、多尺度交互等。

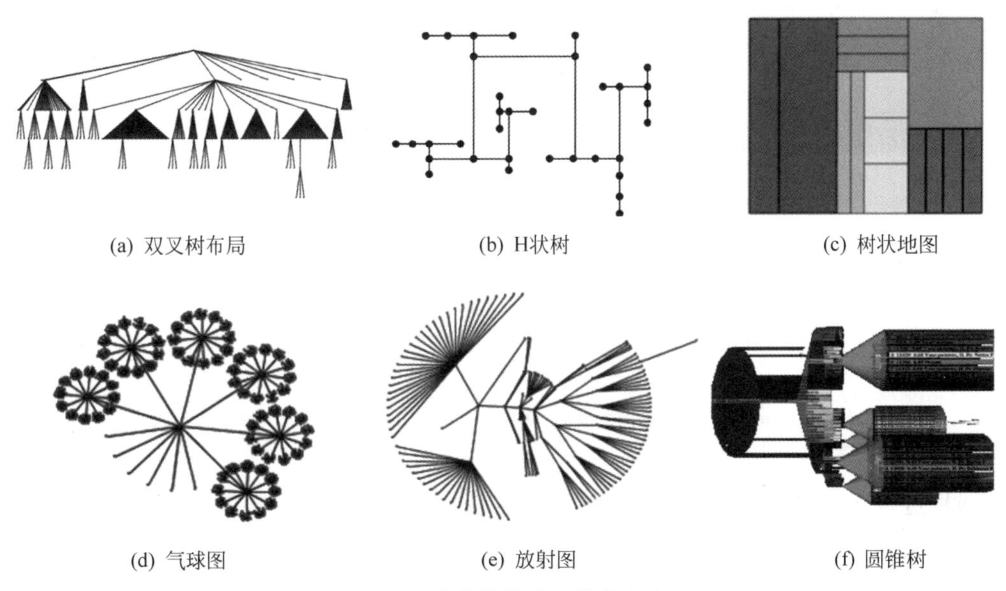

图 9.8 网络图关系可视化方法

9.4.4 时空数据可视化

时空数据是指带有地理位置与时间标签的数据。传感器与移动终端的迅速普及，使得时空数据成为大数据时代典型的数据类型。时空数据可视化与地理制图学相结合，重点对时间与空间维度以及与之相关的信息对象属性建立可视化表征，对与时间和空间密切相关的模式及规律进行展示。大数据环境下时空数据的高维性、实时性等特点，也是时空数据可视化的重点。

为了反映信息对象随时间演进与空间位置所发生的行为变化，有两种常见做法：①以时间或者空间为变量，通过多张图展示单一时间或者空间下的可视化视图，如图 9.9 所示；②采用动态交互式操作，允许用户主动选择时间或者空间信息。对比之下，前者能够在一个页面中看出所有信息，但是占用了大量的空间，当时间或者空间维度很长时，将难以完整展示；而后者则可以很方便地进行维度扩展，也能在单一维度下展示更多细节化的信息。因此，当视图数量不多时，可以采用第一种方式，否则首选第二种方法。

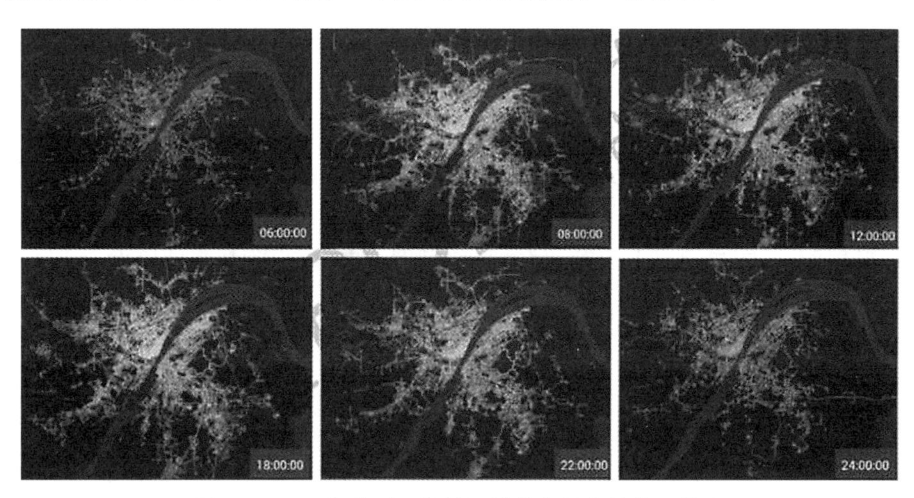

图 9.9　2017 年典型日期的江城共享单车的使用热度

此外，也可以对上述两种方法进行变形，例如，将第一种方法中多张二维图的形式改成三维的立体结构；将第二种方法中的用户点击操作去掉，直接以视频流的形式展示动态变化信息。但各种方法都有自身特点，在实际应用实践中需要结合自身数据特点进行选择。

9.5 小　结

数据可视化是当今数据挖掘行业领域人员必备的一项分析技能，也是与非行业人员进行交流和沟通的最佳方式。本章首先介绍了数据可视化参考模型中各个步骤的内容和特点，接着介绍了数据可视化的三大基本准则——正确性、高效性和可观性，最后谈到 4 类典型数据的可视化方法，包括基本统计数据、文本数据、网络关系数据和时空数据。历经多年的发展，数据可视化方法多种多样，并不存在“一招鲜”的通用做法，还是要结合挖掘与分析工作的目的和数据特点进行选择和设计。限于笔者能力和本文内容有限，本章仅为数据可视化做一个概要性介绍和梳理，其实际内容远不止此，感兴趣的读者可以自行查阅相关文献进行扩展阅读。

参考文献

[1] CARD M. Readings in information visualization：using vision to think[M]. San Mateo：Morgan Kaufmann，1999.

[2] 宋美娜，崔丹阳，鄂海红等. 一种通用的数据可视化模型设计与实现[J]. 计算机应用与软件，2017，34(9)：38-42.

[3] 任磊，杜一，马帅等. 大数据可视分析综述[J]. 软件学报，2014，25(9).

[4] TUFTE E R. The visual display of quantitative information[J]. The Journal for Healthcare Quality (JHQ)，1985，7(3)：15.

[5] 刘宏，李哲媛，许超. 视错觉现象的分类和研究进展[J]. 智能系统学报，2011,6(01):1-12.

[6] 基于语义树的短文本相似度算法研究与应用[D]. 湘潭大学，2019.

[7] CUI W，LIU S，TAN L，et al.Textflow：Towards better understanding of evolving topics in text[J]. IEEE transactions on visualization and computer graphics，2011，17(12)：2412-2421.

[8] HERMAN I，MELANÇON G，MARSHALL M S. Graph visualization and navigation in information visualization：Asurvey[J]. IEEE Transactions on visualization and computer graphics，2000，6(1)：24-43.

[9] 任磊，杜一，马帅，等. 大数据可视分析综述[J]. 软件学报，2014，25(9).

第 10 章　数据挖掘应用

10.1　引　　言

皮肤状况测试是日用化妆品研发企业进行产品研发过程中的一项重要工作。传统的皮肤状况测试一般情况下采用医学临床实验完成。此类实验不仅需要统计大量信息，过程烦琐，而且需要采用专门的设备，实验成本非常高。化妆品企业产品研发需要基于已有的实验数据，采用信息技术的方法实现对于皮肤状况的预测。这种新的预测方式具有如下三个主要特点。

(1) 节省时间。只需要填写调查问卷即可，不需要复杂的人工测试。

(2) 节省成本。可以由计算机立即给出结果，不需要复杂的人工分析。

(3) 简单易行。可以远程进行，受试者可以自己在家里完成。这种新的方式将使用户更简便直接地了解自己的皮肤状况，并将使对用户皮肤状况的调查研究工作变得更加方便。

为了实现对皮肤状况预测这一目标，需要解决三个方面的主要难题。

(1) 对现有实验数据与调查问卷结果进行预处理，将其转化为可以由计算机处理的数据。

(2) 基于上述数字化数据，提取与皮肤状况相关的关键特征。

(3) 进一步基于上述关键特征，构建皮肤状况的预测模型。针对上述问题，当前主要采用数据挖掘领域的数据预处理、特征提取与预测方法来加以解决。

本章首先针对肤色白度、色斑比例与皮肤水润程度三个与皮肤相关的预测目标进行讨论。对于这三项指标，对实验样本数据及其关于指标的分布情况进行初步的分析。在此基础上讨论三种数据预处理的方式，并介绍研究所采用的关键特征提取方法。本章还以等宽法为例，针对北京数据、广州数据以及北京和广州的综合数据给出了实验结果。此外，本章针对与这三项指标相关的关键特征抽取结果进行讨论与分析。基于所抽取出的关键特征，本章进一步介绍对回归预测模型的研究成果。本章还对不同类型的回归预测模型得到的结果进行比较，并以 BP 神经网络的结果为例进行了深入分析。最后，根据对不同皮肤状况指标建立预测模型过程中面临的具体问题，讨论了相应的解决方法。

本章共分为 6 节。10.1 节对本章应用性研发工作的背景及意义进行介绍。10.2 节介绍本应用实践中采用预测模型的总体思路，并对调研工作的结果进行总结。10.3 节介绍本项应用工作中的数据预处理的实现，包括对实验数据以及数字化方法的介绍等。10.4 节讨论所采用的特征提取方法以及特征提取的结果，并对不同方法、不同地区数据的提取结果进行比较与分析。基于 10.4 节提取关键特征的结果，10.5 节讨论所建立的预测模型，并对不同的模型效果进行对比分析。10.6 节对整个皮肤指标预测工作进行总结，并对未来工作做出展望。

10.2 应用研发思路

本章首先对原始的调查问卷数据进行数字化处理和进一步的数据预处理工作，将问卷数据转化成可以直接用于特征选择工作和建立预测模型的数据形式；然后采用特征提取的方法选取出与预测指标关联性强的特征，并与专家核实验证后将这些特征作为预测模型的输入；最后根据预处理得到的数据和特征提取阶段得到的特征构建回归模型，完成预测工作。所得到的预测模型将会投入使用，并在此过程中进一步完善。这个过程的总体思路如图 10.1 所示。

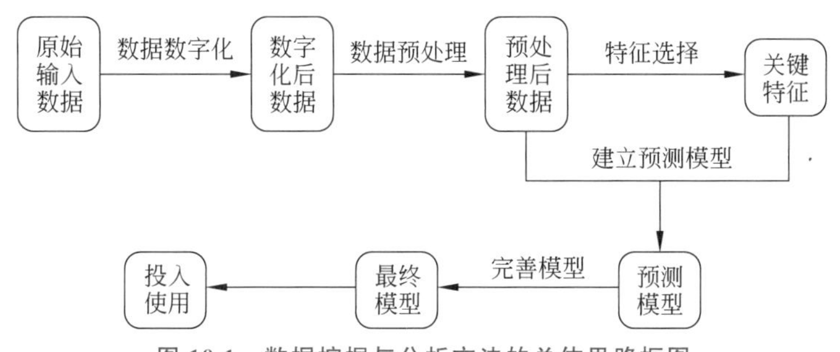

图 10.1 数据挖掘与分析方法的总体思路框图

10.3 预处理方法

10.3.1 基础数据说明

本项研究的原始实验数据主要基于两类调查问卷的调查结果。这两类调查问卷分别为《问卷——志愿者信息调查问卷》和《问卷——防晒品问卷调查》。前者对志愿者的基本信息，如年龄、学历及工作情况进行了调查；后者主要是针对志愿者使用防晒品的习惯以及对防晒品的了解程度进行调查。对于被调查者，合作方采用临床医学的方法对其皮肤状况（如肤色、色斑比例、皮肤水润程度等）进行了测试。

上述两类调查问卷一共有 49 道题，包含单选题、多选题、判断题及填空题多种题型。调查对象主要为居住在北京市与广州市的中国女性，受试者年龄平均分布在 10～70 岁。数据共包含约 900 个实例，其中有 605 组数据用于现阶段建模，剩余数据将分 3 次用于对模型的测试与完善。在这一阶段，所使用的 605 组数据中，有 299 组为北京数据，另外 306 组为广州数据。本章需要基于这 605 组数据选出与皮肤状况相关的关键特征并构建预测模型。

10.3.2 数字化方法说明

在实验前期，经过反复推敲，并与专业领域专家讨论，确定了调查问卷的数字化方法。本章主要采用 4 种方法处理调查问卷的结果数据，分别描述如下。

1. 问题合并

对于信息冗余的问题，本章会将其进行合并。例如表 10.1 中两个问题，分别询问受试者的年龄与出生日期。可以将它们进行合并，只考虑受试者的年龄，并在提取关键特征时以

10 年为一档对年龄进行划分。

表 10.1 问题合并型数字化方法示例

1. 年龄：________岁 2. 出生日期： ________年________月________日	合并两个问题： 1. 年龄：________岁 以 10 年为一档对年龄划分。 原因：问题重复。

2. 问题拆分

对于一些可多选且选项之间没有直接联系的题目，本章会将其拆分为多道判断题，每道判断题代表是否有选择一个原来的对应选项。如表 10.2 所示的一道题询问受试者是否存在一些疾病。本章将其拆分为多个问题，每题对应于一种疾病的询问。

表 10.2 问题拆分型数字化方法示例

13. 您的皮肤是否存在下述任何状况？ （可多选） □ 牛皮癣 □ 湿疹 □ 脂溢性皮炎 … □ 遗传过敏性皮炎 □ 其他________	将该题拆分为多道判断题： 13.1 您的皮肤是否有牛皮癣？ 13.2 您的皮肤是否有湿疹？ … 回答为是/否。 删除“其他”选项。 原因：多选题，选项之间无关联。

3. 问题转化

对于一些组织结构不适合直接数字化的题目，会对其做转化工作，将其转化为便于计算机处理的数据形式。如表 10.3 所示的问题对受试者的吸烟情况进行调查，尝试了两种转化方法对其进行数字化，并对结果进行了比较。

表 10.3 问题转化型数字化方法示例

19. 您现在或以前曾经吸烟吗？ □ 不，从不吸烟。 □ 是的，目前的吸烟情况：________支/天 开始吸烟年龄：________岁 喜欢香烟的类型： □ 强烈型（焦油含量＞8mg） □ 中等型（焦油含量 3mg～8mg） □ 温和型（焦油含量＜3mg） □ 是的，曾吸烟但现在戒掉了：____支/天 开始吸烟年龄：________岁 停止吸烟年龄：________岁 喜欢香烟的类型： □ 强烈型（焦油含量＞8mg） □ 中等型（焦油含量 3mg～8mg） □ 温和型（焦油含量＜3mg）	法 1：只考虑一级选项，即不吸烟、吸烟、曾经吸烟。 法 2：转化为两个题目如下。 19.1 总吸烟量，数值型。 计算公式：日吸烟量×烟龄×焦油含量。其中焦油含量按 8、5.5、3 对应强烈、中等、温和三个档次。 19.2 戒烟至今的时间。 如果不吸烟或正在吸烟则为 0。 原因：总吸烟量用来表示被调查者的焦油积累含量；戒烟至今时间用来区分现在吸烟和曾经吸烟。

4. 问题舍弃

对于一些回答选项单一，或与本预测任务不相干的题目，本文直接在数字化阶段将其舍弃。下面给了两个例子，如表10.4所示。

表10.4 问题舍弃型数字化方法示例

17. 您现在正在用激素替代疗法治疗更年期症状吗？ □ 不是	删除此题 原因：没有使用过激素替代疗法的实例。
□ 是 开始用激素替代疗法的年龄：________	
20. 你是如何知道怎样做过敏性测试的？ A. 柜台小姐介绍的 B. 产品说明书上注明的 C. 朋友介绍的 D. 从电视、杂志、网络等其他媒体渠道了解到的 E. 其他	删除此题 原因：与预测项目不相关。

采用上述4种数据处理方式，本章得到了对整个调查问卷的数字化结果。该数字化结果包含51个属性，除去编号外，共有50个特征属性。对于该结果，本章将进一步做数据预处理工作，以用于完成关键特征提取的任务。在后续的讨论中，将采用属性的名称来指代相关属性，具体的属性名称与其含义对照表在附录B中有详细的说明。

10.3.3 深入一步的预处理方法

本章采用的数据预处理方法包括处理缺失数据、去除无效特征、数据离散化以及数据规范化。本章采用均值填补缺失数据，并删除了蕴含信息量少的特征。数据离散化和数据规范化分别被用于关键特征提取任务和预测任务。在关键特征提取任务中，本章主要采用了三种数据离散化方式处理连续型数据。在预测任务中，采用最小-最大规范化方法处理连续型数据。这些方法具体的应用情况在接下来的小节中有详细的论述。

1. 处理缺失数据

在合并了北京与广州的数据后，发现有数据缺失的属性达19个。缺失最严重的情况是属性缺失10个实例数据(缺失率约为2%)。对于数据缺失的情况，本章采用均值填充法进行了处理。例如属性Weight表示受试者体重，共有3个实例缺失该属性的数据。本章采用被调查者的体重均值56.98kg填补了该属性缺失的数据。

2. 去除无效特征

本章将无效特征定义如下：如果对于一个特征，取值为同一值的实例数占总实例数超过97%，则这一特征被认为是无效特征。由于无效特征蕴含信息量太少，而且比较容易受到干扰，在预处理阶段会将其删除。例如特征Seborrhea表示受试者是否患过脂溢性皮炎，共有 8 个受试者表示曾经患过，剩余 597 个受试者都没有患过。由于超过 97%的受试者都选择了相同的选项，这个特征会被删除。在删除无效特征后，余下的数据集共有特征（特征属性）40 个。

3. 数据离散化

在完成特征提取任务时，为了计算不同属性对预测指标的区分能力，本章需要对连续型属性进行离散化，将其划分为不同的区间。对于年龄属性，本章采用等宽法将其进行 6 等分，使得划分间隔为 10 年。本章发现每个等分中的数据大致相当，即被调查对象的年龄分布比较平均。对于预测属性，此处尝试了 5 等分、10 等分两种划分方式。

对于其他连续型特征属性，本章尝试了等宽法、等频法与人工法 3 种方法进行离散化。在等宽法中，本章将属性划分到 5 个区间，并使每个区间的跨度大小相等。这样做有一定的不合理之处：有的属性取值范围跨度比较大，但是数据分布却比较集中。对于这样的属性，如果采用等宽法进行划分，会导致某几个间隔内数据特别多，而有的间隔中数据特别少。例如，属性 Weight 表示受试者体重，在采用等宽法进行划分后，其分布如图 10.2 所示。

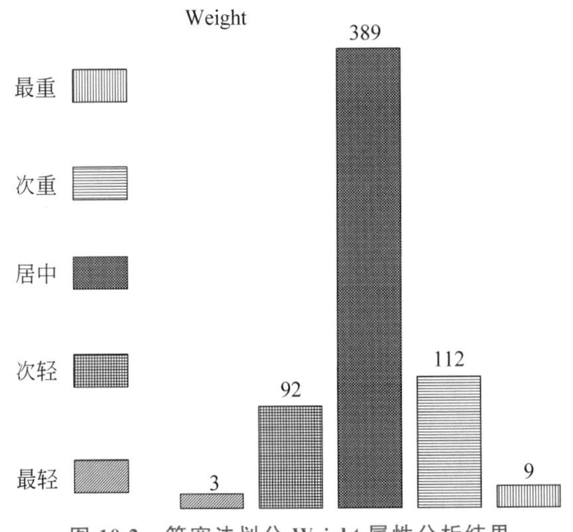

图 10.2　等宽法划分 Weight 属性分析结果

针对上述情况，又尝试采用等频法对连续型属性进行划分。用等频法处理连续型数据需要寻找合适的划分点，将数据分布在不同的间隔内并使每个间隔中的数据大致相当。仍然将属性划分到 5 个区间，可以看出采用等频法划分对于一些属性的处理结果比等宽法更好，如 Weight 属性的处理结果如图 10.3 所示。

等频法在大多数情况下解决了等宽法不同间隔内数据个数悬殊较大的问题，但对于单个值占数据比例较大的情况，依然不能很好地解决。另外，等宽法和等频法的划分点往往不具有具体的物理意义。因此研发过程中进一步提出了人工处理法，根据实际物理意义以及数据分布情况进行划分，这样做也简化了对一些问题的处理方法。人工法综合了等宽法与等频法的优点，给出了合理的划分点。它不仅提出了连续值的离散化方法，而且对原始数据的数字化方法也有所改动。

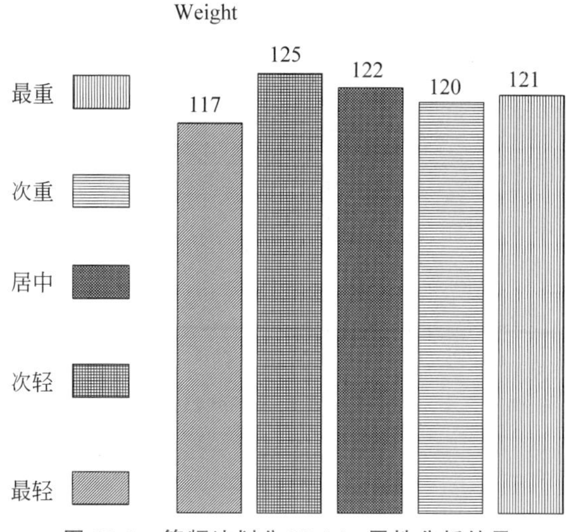

图 10.3　等频法划分 Weight 属性分析结果

4. 数据规范化

在实现预测任务时，使用连续值作为回归模型的输入，因此可以不做离散化工作。但本章对输入的连续值做了简单的规范化操作，使其规范化到范围[0，1]中。将 0 和 1 代入最小-最大规范化转换公式，得到转换公式如下：

$$v' = \frac{v - \min_A}{\max_A - \min_A} \tag{10-1}$$

其中，$\min_A$ 和 $\max_A$ 分别代表属性 A 的最小值、最大值，v 和 v' 分别代表原数据值和映射后的新数据值。

10.3.4　基本数据分布情况说明

经过上述数据预处理后得到的数据将直接用于特征提取工作。在此，先对该数据预测属性值的分布情况，以及预测属性对于不同特征属性的分布情况做一个说明。

1. 皮肤白度实验数据

合并北京、广州两地数据得到的 605 组数据中，皮肤白度最大值为 69.21，最小值为 49.83，均值为 60.67，标准偏差为 3.26。其分布如图 10.4 所示。

从图 10.4 可以看出，皮肤白度值接近正态分布。从皮肤白度的实际意义上来讲，这个分布比较合理。为了能够计算不同属性对于皮肤白度的影响能力，需要对皮肤白度做以下划分，采用了等频法划分皮肤白度属性，并分别对皮肤白度做 5 划分、10 划分来对关键特征进行评价。

2. 色斑比例实验数据

由北京、广州两地数据得到的 605 组皮肤色斑比例情况的分布如图 10.5 所示（图中数字表示组数）。

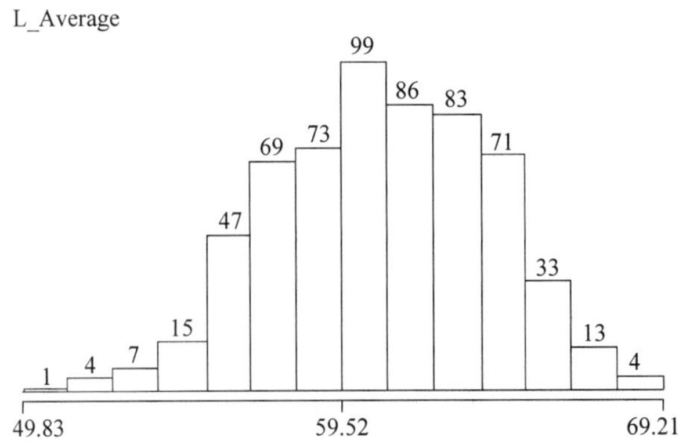

图 10.4　北京、广州两地人群皮肤白度情况的分布图

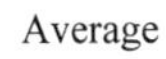

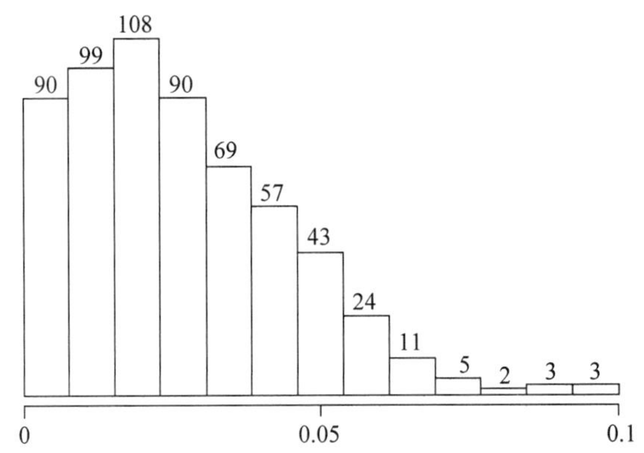

图 10.5　北京、广州两地人群皮肤色斑比例情况的分布图

从色斑比例的实际意义上来讲，这个分布比较合理。但是数据都分布在较小的范围内可能会对预测工作有所影响。仍采用等频划分法，分别对色斑比例属性做 5 划分、10 划分来对不同特征进行评价。

3. 皮肤水润实验数据

由北京、广州两地数据得到的 605 组皮肤水润程度的分布如图 10.6 所示。

从图 10.6 可以看出，皮肤水润程度接近正态分布，数据比较合理。采用了等宽划分法，分别对皮肤水润属性做 5 划分、10 划分来对不同特征进行评价。

10.3.5　初步分析结果

对于上面的结果分布图，可以进行初步直观的分析，评价不同特征对于预测属性的区分能力。本章发现特征属性对于皮肤白度和色斑比例的区分能力比较好一些，对皮肤水润程度的区分能力比较弱。

1. 皮肤白度实验数据初步分析

受试者的测试数据与其皮肤白度的关系比较明显。例如图 10.7 表示受试者年龄与其皮

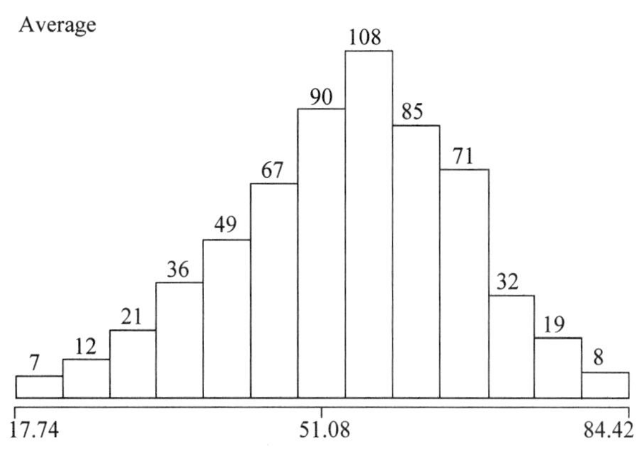

图 10.6 北京、广州两地人群皮肤水润程度的分布图

肤白度情况的关系。图 10.7 中的 6 个块分别表示 10～20 岁、20～30 岁、30～40 岁、40～50 岁、50～60 岁、60～70 岁的人群。白度最低表示皮肤白度指标值最低，白度最高表示皮肤白度指标值最高。

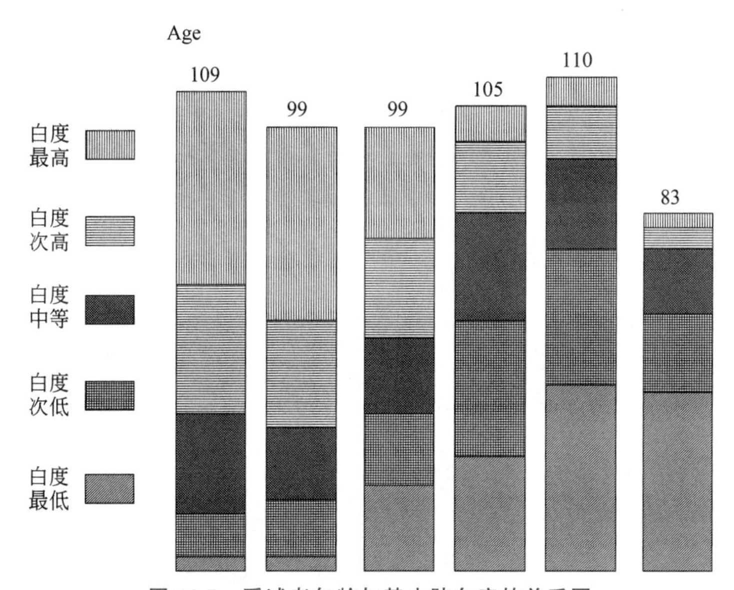

图 10.7 受试者年龄与其皮肤白度的关系图

可以看出，年轻的受试者皮肤白度明显高于年老的受试者。对于 10～20 岁的受试者，白度最低人数所占比例更低，白度最高人数所占比例更高，这表示她们皮肤白度比较高。而对于 60～70 岁的受试者，白度最高人数所占比例更低，白度最低人数所占比例更高，这表示她们皮肤白度比较低。

2. 色斑比例实验数据初步分析

受试者的测试数据与其皮肤色斑程度的关系也比较明显。例如图 10.8 表示受试者年龄与其色斑比例情况的关系。图 10.8 中的 6 个块与图 10.7 中说明相同。色斑最低表示皮肤的色斑比例最低，色斑最高表示皮肤的色斑比例最高。

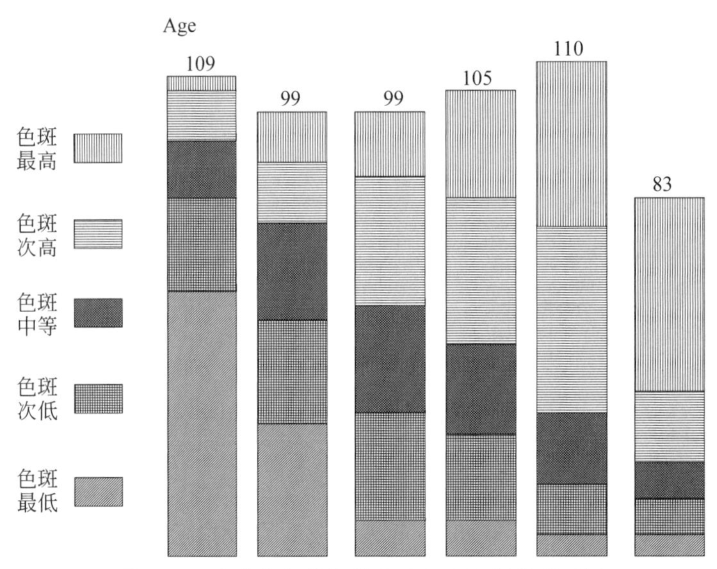

图 10.8　受试者年龄与其皮肤色斑比例的关系图

可以看出，年轻的受试者色斑情况明显好于年老的受试者。对于 10～20 岁的受试者，色斑最低人数所占比例更高，色斑最高人数所占比例更低，这表示她们色斑所占比例比较低。而对于 60～70 岁的受试者，色斑最高人数所占比例更高，色斑最低人数所占比例更低，这表示她们色斑所占比例比较高。

3. 皮肤水润实验数据初步分析

不同的属性值对其皮肤水润程度的高低有一定影响，但是区分能力并不明显。例如图 10.9 表示“今天是否在脸上涂抹了润肤霜”与受试者脸部水润程度的关系。其中有 342

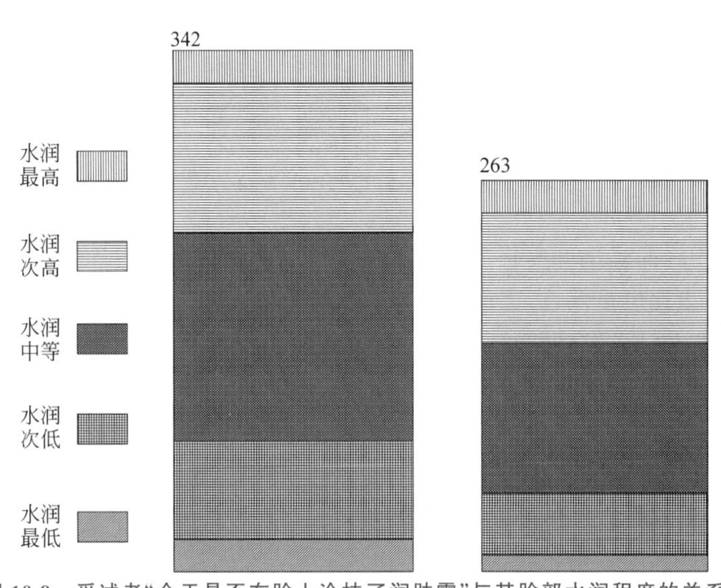

图 10.9　受试者“今天是否在脸上涂抹了润肤霜”与其脸部水润程度的关系图

个受试者表示今天没有在脸部涂抹润肤霜,另外 263 个受试者表示今天在脸部涂抹了润肤霜。水润最低表示皮肤水润指标最低,水润最高表示皮肤水润指标最高。

可以看出,涂抹了润肤霜的受试者脸部水润程度的整体水平高于没有涂抹润肤霜的受试者。其水润最高人数所占比例更高,而水润最低人数、水润次低人数所占比例更低。但是,从另一方面,无论是涂抹了润肤霜的受试者还是没有涂抹润肤霜的受试者,她们脸部的水润程度都跨越了整个水润程度的范围,而且都接近水润程度等宽分类的先验概率分布。

从上述分析可以看出,对于皮肤水润程度提取关键特征可行,但是提取出的关键特征尚需验证。

10.3.6 小结

本节对问卷数据、预处理方法及结果进行了介绍。所采用的原始实验数据为两类调查问卷,分别对受试者使用化妆品情况与个人信息进行调查。基于对这两份调查问卷数据的研究,本章提出了一套数字化方法,并提出了进一步的数据预处理方法。在对数据进行预处理后,本章对数据的分布情况做了宏观介绍,并分析了完成关键特征提取任务的可行性。在 10.4 节会对采用的特征提取方法与提取结果进行介绍。

10.4 特征提取方法

为了提取出与皮肤状况相关的关键特征,以便于专家分析,并用于进一步预测模型的建立,对于等宽法、等频法及人工法这 3 种预处理方法得到的数据,采用了 8 种特征提取方法筛选关键特征,并综合其中 6 种方法得到特征的总排序结果。然后通过对比 3 个排序结果,选出重要的特征作为与皮肤状况相关的关键特征。在分析阶段,对预测目标进行了 5 划分和 10 划分两种尝试。在最后选取关键特征时,采用的是 10 划分的结果。分别针对皮肤白度、色斑比例和皮肤水润程度这 3 个皮肤状况指标进行特征提取工作,得到不同的关键特征。

10.4.1 8 种特征提取方法

本章一共采用了 8 种特征提取方法,下面对其进行简单的说明。

1. 基于相关性的特征子集评价法(CfsSubsetEval)

该方法综合考虑单个特征的预测能力与特征之间的冗余性两个方面给出关键特征子集。所选出的特征与预测属性相关度较高且彼此间的相关性较低。

2. 基于一致性的特征子集评价法(ConsistencySubsetEval)

该方法通过评估一致性来选取特征子集,常用于随机搜索算法,以选取与原特征集一致性相同的最小特征子集。

3. 基于卡方值的特征评价法(ChiSquaredAttributeEval)

该方法通过计算特征关于类别的卡方值来评估特征的重要程度,可以根据卡方值对特征的重要程度进行排序。

4. 基于信息增益比例的特征评价法(GainRatioAttributeEval)

该方法通过计算特征的信息熵增益比例来评估特征的重要程度,可以根据信息熵增益比例值对特征的重要程度进行排序。

5. 基于信息增益的特征评价法(InfoGainAttributeEval)

该方法通过计算特征的信息熵增益来评估特征的重要程度,可以根据信息熵增益值对特征的重要程度进行排序。

6. 基于 OneR 分类器的特征评价法(OneRAttributeEval)

该方法通过 OneR 分类器分类结果评估特征的重要程度,可以根据分类结果对特征的重要程度进行排序。

7. 基于 ReliefF 方法的特征评价法(ReliefFAttributeEval)

该方法使用 ReliefF 算法评估特征的重要程度,可以根据 ReliefF 算法运行结果对特征的重要程度进行排序。

8. 基于对称原理不确定性的特征评价法(SymmetricalUncertAttributeEval)

该方法采用对称原理的不确定性来评估特征的重要程度,可以根据不确定性的大小对特征的重要程度进行排序。

这 8 种方法的前 2 种方法可以直接选出特征子集,后 6 种方法可以计算特征的重要程度,并对其进行排序。本项目研究中综合了后 6 种方法,对所有特征给出了一个总的排序,并使用前两种方法的结果作为参考。

10.4.2 特征总体排名策略

针对每一种关键特征提取方法,按照采用该方法得到的特征重要程度排序结果,对每个特征赋予归一化的权值。排在第一的特征赋值为 1,排在末位的特征赋值为 0,未被列入排序表中的特征也赋值为 0。对于排在中间的特征,按照等分法均匀赋值。这样便得到了所有特征在不同抽取方法下的权值。然后对于每个特征,将按照不同关键特征提取方法所赋予的权值相加,即得到该特征的总权值。采用这个总权值对特征进行排序,权值越大,则特征的重要性越大。

例如,表 10.5 中给出 3 种评价方法对 A、B、C、D 这 4 个特征重要程度的排序结果。在评价方法 1 中,A、B、C、D 的重要程度依次下降。根据这个排序结果,在归一化时,它们分别被赋予权值 1、2/3、1/3、0。对于评价方法 2、评价方法 3 得到的结果也如此根据排序赋值。最后将特征在不同方法下获得的权值求和,即得到该特征的总权值。根据这个总权值得到的排名即为总排名。如 A、B、C、D 这 4 个特征的总权值分别为 7/3、2、5/3、0,因此重要程度的总排名即为 A>B>C>D。

表 10.5　特征总体排名策略说明表

评价方法 1		评价方法 2		评价方法 3	
特征 A	1	特征 B	1	特征 C	1
特征 B	2/3	特征 A	2/3	特征 A	2/3
特征 C	1/3	特征 C	1/3	特征 B	1/3
特征 D	0	特征 D	0	特征 D	0

10.4.3　最终关键特征

采用等宽法、等频法和人工法处理特征属性，对每个预测指标都得到了 3 种特征排名。主要采用人工观察的方式从这 3 个特征排名中得到最终的关键特征。在人工观察时，会考虑同时出现在 3 种特征排名前几位的特征。此外，会根据分布图选出一些没有被 3 种排名同时排在前列的特征。最终选取的特征会交给皮肤研究专家核实，并可能用于其他研究。

1. 皮肤白度的特征提取结果

表 10.6 和表 10.7 分别给出不同数据特征的提取情况。

表 10.6　等宽法处理总数据，对皮肤白度进行 10 划分得到的总排序结果

排序	属性名称	排序	属性名称
1	MenstruationStoped	11	Income
2	Age	12	Smoking2Degree
3	Pregnant	13	Weight
4	MenstruationStatus	14	Activity
5	MenstruationRegular	15	Occupation1
6	Education	16	When
7	Habit	17	Showers
8	Correctness	18	DoTestOrNot
9	Season	19	AllergicChoice
10	PartsOfBody	20	SunProtection

表 10.7　等频法处理总数据，对皮肤白度进行 10 划分得到的总排序结果

排序	属性名称	排序	属性名称
1	Age	5	MenstruationRegular
2	Pregnant	6	Education
3	MenstruationStoped	7	Correctness
4	MenstruationStatus	8	Smoking2Degree

续表

排序	属性名称	排序	属性名称
9	Weight	15	SPFbeingUsed
10	Occupation1	16	Income
11	Season	17	When
12	PartsOfBody	18	DoTestOrNot
13	Habit	19	AllergicChoice
14	Activity	20	SunProtection

可以看出，这个结果与等宽法得到的结果有所不同，但大体上还是相近的。上述仅给出了基于10划分数据预处理方法的关键特征提取的总排序结果。

采取与等宽法相同的关键特征提取方法，得到最终关键特征的总排序结果如表10.8所示。

表10.8 人工法处理总数据，对皮肤白度进行10划分得到的总排序结果

排序	属性名称	排序	属性名称
1	Age	11	Activity
2	Pregnant	12	Occupationl
3	MenstruationStoped	13	DoTestOrNot
4	MenstruationRegular	14	SunProtection
5	MenstruationStatus	15	AllergicChoice
6	Education	16	FaceCleansingProduct
7	Weight	17	Melasma
8	Habit	18	When
9	PartsOfBody	19	SPFbeingUsed
10	Season	20	HowWashFace

这个结果与等宽法、等频法得到的结果也比较相近。上述仅给出了基于10划分数据预处理方法的关键特征提取的总排序结果。

2. 色斑比例的特征提取结果

对于色斑比例指标，采用了等宽法、等频法和人工法这3种方法处理特征属性。在等宽法中，分别研究了北京地区数据、广州地区数据以及总数据的情况，得到了相关的特征提取结果。在等频法和人工法中，仅采用总数据进行分析。同时对色斑比例指标采用等频法做5划分、10划分，分别研究了特征提取结果。表10.9和表10.10分别给出不同数据的特征提取情况。

表 10.9　等宽法处理总数据,对色斑比例进行 10 划分得到的总排序结果

排序	属性名称	排序	属性名称
1	Age	11	Season
2	MenstruationStoped	12	Habit
3	Pregnant	13	AllergicChoice
4	Weight	14	PartsOfBody
5	Education	15	Smoking2Degree
6	MenstruationStatus	16	Occupation1
7	Activity	17	Correctness
8	MenstruationRegular	18	SPFbeingUsed
9	MenstruationStarted	19	Showers
10	Melasma	20	Sleep

表 10.10　等频法处理总数据,对色斑比例进行 10 划分得到的总排序结果

排序	属性名称	排序	属性名称
1	Age	11	Season
2	Pregnant	12	DrinkingDegree
3	MenstruationStoped	13	Habit
4	Activity	14	Occupation1
5	Education	15	AllergicChoice
6	Weight	16	SPFbeingUsed
7	MenstruationStatus	17	Showers
8	MenstruationRegular	18	PartsOfBody
9	MenstruationStarted	19	Sleep
10	Melasma	20	Smoking2Degree

从表 10.10 可以看出,这个结果与等宽法得到的结果有所不同,但大体上还是相近的。上述仅给出了基于 10 划分数据预处理方法的关键特征提取的总排序结果如表 10.11 所示。

表 10.11　人工法处理总数据,对色斑比例进行 10 划分得到的总排序结果

排序	属性名称	排序	属性名称
1	Age	5	Education
2	Pregnant	6	MenstruationStatus
3	MenstruationStoped	7	Weight
4	Activity	8	MenstruationRegular

续表

排序	属性名称	排序	属性名称
9	MenstruationStarted	15	Showers
10	Melasma	16	Income
11	Habit	17	Sleep
12	AllergicChoice	18	SPFbeingUsed
13	Season	19	Smoke
14	PartsOfBody	20	Smoke2

这个结果与等宽法、等频法得到的结果也比较相近。上述仅给出了基于10划分数据预处理方法的关键特征提取的总排序结果。

3. 水润度的特征提取结果

对于皮肤水润指标，采用了等宽法、等频法和人工法这3种方法处理特征属性。在等宽法中，分别研究了北京地区数据、广州地区数据以及总数据的情况，得到了相关的特征提取结果。在等频法和人工法中，仅采用总数据进行分析。同时对皮肤水润指标采用等宽法做5划分、10划分，分别研究了特征提取结果。表10.12和表10.13分别给出不同数据的特征提取情况。

表10.12 等宽法处理总数据，对皮肤水润进行10划分得到的总排序结果

排序	属性名称	排序	属性名称
1	SPFbeingUsed	11	DoTestOrNot
2	Education	12	Smoking2Quityears
3	Activity	13	Age
4	Season	14	Height
5	PartsOfBody	15	MenstruationStatus
6	Habit	16	When
7	FaceCleansingProduct	17	MoisturizerFace
8	Correctness	18	Smoking2Degree
9	Pregnant	19	Income
10	SunProtection	20	MoisturizerArms

表 10.13 等频法处理总数据，对皮肤水润进行 10 划分得到的总排序结果

排序	属性名称	排序	属性名称
1	Education	11	Age
2	Activity	12	MenstruationStatus
3	Season	13	Showers
4	Habit	14	When
5	SPFbeingUsed	15	Correctness
6	PartsOfBody	16	YoungerOlder
7	FaceCleansingProduct	17	Occupation1
8	SmokingDegree	18	DoTestOrNot
9	SunProtection	19	Smoking2Degree
10	DrinkingDegree	20	Pregnant

从表 10.12 和表 10.13 可以看出，这个结果与等宽法得到的结果有所不同，但大体上还是相近的。上述仅给出了基于 10 划分数据预处理方法的关键特征提取的总排序结果如表 10.14 所示。

表 10.14 人工法处理总数据，对皮肤水润进行 10 划分得到的总排序结果

排序	属性名称	排序	属性名称
1	SPFbeingUsed	11	Correctness
2	Education	12	Age
3	Activity	13	MoisturizerArms
4	Habit	14	MenstruationStatus
5	PartsOfBody	15	MenstruationStoped
6	Season	16	Pregnant
7	FaceCleansingProduct	17	When
8	SunProtection	18	MoisturizerFace
9	Drinking	19	MenstruationRegular
10	DoTestOrNot	20	MenstruationStarted

这个结果与等宽法、等频法得到的结果也比较相近。上述仅给出了基于 10 划分数据预处理方法的关键特征提取的总排序结果。

10.4.4 特征提取与分析结论

1. 皮肤白度

采用 3 种方法得到的排名结果虽然有所区别，但是排名在前 15 名的因素有 12 个是相

同的（10 划分）。这 12 个属性为 Age、Season、Activity、PartsOfBody、Habit、Weight、MenstruationRegular、MenstruationStoped、MenstruationStatus、Pregnant、Education 和 Occupationl。它们分别代表受试者年龄、使用防晒品的季节、在何种活动下使用防晒品、在哪些部位使用防晒品、使用防晒品习惯、体重、月经是否正常、月经是否停止、月经周期状况、怀孕次数、受教育程度、室内外工作情况。对预测目标采用等频法进行划分，可以很明显地看出这些属性都是比较有区分度的。

2. 色斑比例

采用三种方法得到的排名结果虽然有所区别，但是排名在前 15 名的因素有 13 个是相同的（10 划分）。这 13 个属性为 Age、Pregnant、MenstruationStoped、Activity、Education、MenstruationStatus、Weight、MenstruationRegular、MenstruationStarted、Melasma、Habit、AllergicChoice 和 Season。它们分别代表受试者年龄、怀孕次数、月经是否停止、在何种活动下使用防晒品、受教育程度、月经周期状况、体重、月经是否正常、月经是否开始、是否有黑斑病、使用防晒品习惯、过敏时的做法和使用防晒品的季节。对预测目标采用等频法进行划分，可以很明显地看出这些属性都是比较有区分度的。

3. 水润度

采用三种方法得到的排名结果虽然有所区别，但是排名在前 10 名的因素有 8 个是相同的。这 8 个属性为 SPFbeingUsed、Education、Activity、Habit、Season、PartsOfBody、FaceCleansingProduct 和 SunProtection。它们分别代表受试者使用的防晒品 SPF 指数、受教育情况、在何种活动下会使用防晒品、使用防晒品习惯、使用防晒品季节、使用防晒品部位、洗脸使用的物品和使用防晒品习惯。这些指标都有实际合理的物理意义。对预测目标采用等频法进行划分，可以很明显地看出这些属性都是比较有区分度的。

10.4.5 小结

本节主要针对预测模型的关键输入特征提取，讨论了关键特征提取策略与结果，以及结果的处理与分析等方面的内容。本节列举了采用的 8 种关键特征提取方法，并给出综合这些方法得到总特征排序的策略。针对北京数据、广州数据与合并后数据的关键特征分别进行关键特征的提取，并采用了等宽法、等频法和人工法三种方式。在结果处理与分析方面，对不同地区数据情况、不同划分方法和不同预处理方法得到的结果进行了简单的分析，并讨论了所提取的关键特征。

10.5 皮肤特征预测模型

预测模型主要采用关键特征提取阶段得到的特征作为输入属性，并根据人工观察的结果添加了一些新的属性。在建立预测模型阶段，本文直接将连续型属性的值规范化后作为输入值，而没有进行离散化操作。接下来的小节将针对皮肤白度、色斑比例和皮肤水润的情况做具体说明。

10.5.1 预测方法回顾

本节一共尝试了5种方法建立回归模型来完成预测任务，并对这5种模型的结果进行了比较与分析。文中采用了4种评测方式，并参考了多种评价标准的评价结果。本小节将分别介绍采用的回归模型、评测方式和评价标准。

1. 回归模型介绍

本章尝试的5种模型分别介绍如下。

(1) 最小平方误差中数法(LeastMedSq)。

该方法采用线性回归方法，并将平方误差的中数作为评价标准。具有最低平方误差中数的最小平方回归结果将会被作为最终的预测模型。

(2) 线性回归法(LinearRegression)。

该方法采用线性回归方法，并将赤池准则(Akaike Criterion)作为评价标准。该方法可以使用整个特征集，或者采用贪心法/最好优先法自动选择参与回归的特征集。

(3) 神经网络(MultilayerPerceptron)。

该方法为BP型神经网络，中间的结点为Sigmoid单元，最后的结点为线性单元。

(4) 支持向量机(SVMRegression)。

该方法采用支持向量机进行预测，可以设置核与优化方法。

(5) M5 Rule。

该方法采用分而治之的方法为回归问题生成决策列表。每次迭代时用M5方法生成模型树，并将最好的叶结点作为生成规则。

2. 测试方法说明

本节使用了4种测试方法来评价预测模型，这4种测试方法分别说明如下：

(1) Training set。该方法使用整个数据集作为训练集并用整个数据集作为测试集进行测试。

(2) 10-folds。该方法使用10交叉验证法训练与评测模型，即每次使用90%的数据作为训练集，剩余10%的数据作为测试集，如此重复10次。

(3) 66%。该方法使用2/3的数据作为训练集，剩余数据作为测试集。

(4) 80%。该方法使用4/5的数据作为训练集，剩余数据作为测试集。

3. 评价标准说明

本节主要参考了5种评价标准，包括相关系数、平均绝对误差、均方根误差、相对绝对误差和相对平方误差根值。这5种评价标准说明如下。

(1) 相关系数(Correlation coefficient)：

$$\frac{S_{PA}}{S_P S_A}=\frac{\sum_i (p_i-\bar{p})(a_i-\bar{a})/(n-1)}{\frac{\sum_i (p_i-\bar{p})^2}{n-1}\ \frac{\sum_i (a_i-\bar{a})^2}{n-1}} \tag{10-2}$$

（2）平均绝对误差(Mean absolute error)：

$$\mathrm{MAE}=\frac{|a_1-c_1|+|a_2-c_2|+\cdots+|a_n-c_n|}{n} \tag{10-3}$$

（3）均方根误差(Root mean squared error)：

$$\mathrm{RMSE}=\sqrt{\frac{(a_1-c_1)^2+(a_2-c_2)^2+\cdots+(a_n-c_n)^2}{n}} \tag{10-4}$$

（4）相对绝对误差(Relative absolute error)：

$$\mathrm{RAE}=\frac{|a_1-c_1|+|a_2-c_2|+\cdots+|a_n-c_n|}{|a_1-\bar{a}|+|a_2-\bar{a}|+\cdots+|a_n-\bar{a}|} \tag{10-5}$$

（5）相对平方误差根值(Root relative squared error)：

$$\mathrm{RRSE}=\sqrt{\frac{(a_1-c_1)^2+(a_2-c_2)^2+\cdots+(a_n-c_n)^2}{(a_1-\bar{a})^2+(a_2-\bar{a})^2+\cdots+(a_n-\bar{a})^2}} \tag{10-6}$$

对于使用 Training set 作为测试方法的情况，本节还尝试使用平均相对误差作为评价标准。该标准说明如下：

$$\mathrm{Err}=\frac{|a_1-c_1|/|a_1|+|a_2-c_2|/|a_2|+\cdots+|a_n-c_n|/|a_n|}{n} \tag{10-7}$$

这几项指标，第一项为相关系数，越大说明预测模型越准确；后 5 项为误差，越小越好。使用这些指标已经足以完成对不同回归模型性能的研究任务了。

10.5.2 预测结果分析与结论

1. 皮肤白度预测结果分析

1）回归模型性能比较

采用上述建模方法，在设置比较不同参数后，建立了相应的预测模型，得到的测试结果如表 10.15 所示。表中给出了采用 4 种评测方式和 5 种评价标准对预测模型进行评估的结果。

表 10.15　5 种方法对皮肤白度建模的预测效果对比表

皮肤白度预测效果对比		Least MedSq	Linear Regression	Multilayer Perceptron	SVM Regression	M5 Rule
Training set	相关系数	0.6601	0.6582	0.6985	0.6545	0.6582
	平均绝对误差	1.9466	1.9543	1.852	1.9211	1.9543
	均方根误差	2.4478	2.4497	2.3286	2.4642	2.4497
	相对绝对误差	73.57%	73.86%	70.00%	72.61%	73.86%
	相对平方误差根值	75.22%	75.28%	71.56%	75.73%	75.28%

续表

皮肤白度预测效果对比		Least MedSq	Linear Regression	Multilayer Perceptron	SVM Regression	M5 Rule
10-folds	相关系数	0.6155	0.6181	0.6253	0.6042	0.6271
	平均绝对误差	2.0485	2.0405	2.0163	2.0804	2.0241
	均方根误差	2.571	2.5618	2.5493	2.611	2.5372
	相对绝对误差	77.29%	76.99%	76.08%	78.50%	76.37%
	相对平方误差根值	78.85%	78.57%	78.19%	80.08%	77.82%
66%	相关系数	0.6389	0.6405	0.647	0.6353	0.6402
	平均绝对误差	1.9752	2.0195	1.9762	2.0143	2.0172
	均方根误差	2.4678	2.4954	2.4948	2.5337	2.4984
	相对绝对误差	77.93%	79.68%	77.97%	79.47%	79.58%
	相对平方误差根值	77.39%	78.26%	78.24%	79.46%	78.35%
80%	相关系数	0.6086	0.5998	0.6064	0.5941	0.6304
	平均绝对误差	1.9846	2.0112	1.9433	2.0229	1.9701
	均方根误差	2.4562	2.4687	2.4846	2.5252	2.39
	相对绝对误差	82.00%	83.11%	80.30%	83.59%	81.40%
	相对平方误差根值	80.62%	81.03%	81.55%	82.88%	78.45%

由于不同测试方法所选的数据集不同，评测指标可能有相违背的地方。例如，在Training set方法中，采用LeastMedSq预测方法得到的平均绝对误差小于LinearRegression得到结果的误差，而在10-folds方法中结果正好相反。这个结果图表示，5种分类器的预测效果相差不大，神经网络略优于其他4种线性方法。这可能是因为线性拟合的准确度有限所造成的。使用Training set作为测试方法时，这5种模型的平均相对误差如表10.16所示。

表10.16　5种方法对皮肤白度建模得到平均相对误差对比表

模　型	Least MedSq	Linear Regression	Multilayer Perceptron	SVM Regression	M5 Rule
平均相对误差	0.0324	0.0325	0.0308	0.0319	0.0325

上面的结果也表示，神经网络方法优于其他方法。该方法的绝对误差约为1.85，相对误差约为0.03，这个结果还是比较令人满意的。

2）回归模型相关性分析

采用上述5个回归模型，使用整个集合作为训练集，得到5组预测值，如表10.17所示。表中第一列为数据标号，第二列为皮肤白度的准确值，后面5列依次为采用最小平方误差中数法（LeastMedSq）、线性回归法（LinearRegression）、神经网络（MultilayerPerceptron）、支持向量机（SVMRegression）以及 M5 Rule 方法得到的预测结果。

表 10.17　5 种回归模型对皮肤白度的预测结果对比分析表

数据标号	Actual（真实值）	Least MedSq	Linear Regression	Multilayer Perceptron	SVM Regression	M5 Rule
1	62.38	63.57964275	63.05382003	64.61825771	62.85772755	63.05382003
2	64.29	63.60008527	62.99393047	63.71943957	63.31243611	62.99393047
3	65.81333333	63.62019033	63.07400777	63.73862419	63.02651059	63.07400777
4	65.16333333	62.47448712	62.04764744	62.50322597	62.28319256	62.04764744
5	63.04333333	62.57077385	61.95881619	62.29719631	61.96161717	61.95881619
6	63.9	62.72862939	62.76891494	63.6197427	62.25133447	62.76891494
7	60.87666667	63.19174456	63.4551372	63.84175351	63.0373693	63.4551372
8	61.32666667	61.93020455	61.84385106	62.36974059	61.4129478	61.84385106
9	64.60666667	63.14061545	63.00381658	63.37511624	63.10119028	63.00381658
10	59.94666667	62.85954884	62.52268024	62.78491113	62.507881	62.52268024
11	66.43333333	63.22760753	62.95888524	63.50648635	62.74422069	62.95888524
12	64.85666667	62.65508873	61.68839224	62.13253607	62.04240321	61.68839224
13	61.18666667	63.19654962	63.39947103	64.13952266	63.15136746	63.39947103
14	57.29666667	60.14478306	59.88146546	60.0758087	60.41877192	59.88146546
15	61.18	62.77128093	63.3622799	61.88637094	63.00522858	63.3622799
16	62.59	60.01825958	60.02479935	60.23864969	60.00011024	60.02479935
17	60.21666667	62.34236911	61.90752319	62.37429927	62.15039373	61.90752319
18	57.86333333	58.69880012	57.75659057	58.71438579	58.26623743	57.75659057
19	59.24	59.7745845	59.29043611	58.75053654	59.62809511	59.29043611
20	64.01	62.28418839	62.0628452	62.22567787	62.5531586	62.0628452

对于这 5 组预测结果，将其与采用临床医学实验得到的皮肤白度值放在一起做相关性分析，得到相关分析结果如表 10.18 所示。

表 10.18　5 种模型对皮肤白度预测结果与真实值的相关性分析结果

		Actual	LeastMedSq	LinearRegression	NN	SVMRegression	M5 Rule
Actual	Pearson Correlation	1	.660**	.658**	.699**	.654**	.658**
	Sig.(2-tailed)		.000	.000	.000	.000	.000
	N	605	605	605	605	605	605

续表

		Actual	LeastMedSq	LinearRegression	NN	SVMRegression	M5 Rule
LeastMedSq	Pearson Correlation	.660**	1	.983**	.956**	.986**	.983**
	Sig.(2-tailed)	.000		.000	.000	.000	.000
	N	605	605	605	605	605	605
LinearRegression	Pearson Correlation	.658**	.983**	1	.954**	.980**	.1000**
	Sig.(2-tailed)	.000	.000		.000	.000	.000
	N	605	605	605	605	605	605
NN	Pearson Correlation	.699**	.956**	.954**	1	.946**	.954**
	Sig.(2-tailed)	.000	.000	.000		.000	.000
	N	605	605	605	605	605	605
SVMRegression	Pearson Correlation	.654**	.986**	.980**	.946**	1	.980**
	Sig.(2-tailed)	.000	.000	.000	.000		.000
	N	605	605	605	605	605	605
M5 Rules	Pearson Correlation	.658**	.983**	.1000**	.954**	.980**	1
	Sig.(2-tailed)	.000	.000	.000	.000	.000	
	N	605	605	605	605	605	605

**.Correlation is significant at the 0.01 level (2-tailed)

表 10.18 中，Actual 表示采用临床医学实验得到的皮肤白度结果，后 5 种为回归模型得到的结果。表 10.18 中给出了 3 个指标，其中，Pearson Correlation 表示两个数组间的相关系数，Sig.(2-tailed)表示相关显著性，N 表示每个数组的元素个数。表 10.18 表明，准确值与预测值的相关性都在 0.65 以上，并在 0.01 显著水平上可以接受。另外还可以看出，这 5 个回归模型的预测结果相互之间的相关性都在 0.95 以上，这说明它们本身也是比较接近的。

3）预测结果展示

图 10.10 表示神经网络方法应用于 Training set 的预测结果，横轴表示预测目标的真实值，纵轴表示预测值。可以看出，预测分布接近于函数 $y=x$，个别点偏离较远。

2. 色斑比例预测结果分析

1）回归模型性能比较

采用与上面相同的方法，建立了针对色斑比例的预测模型，得到的测试结果如表 10.19 所示。表中给出了采用 4 种评测方式和 5 种评价标准对预测模型进行评估的结果。

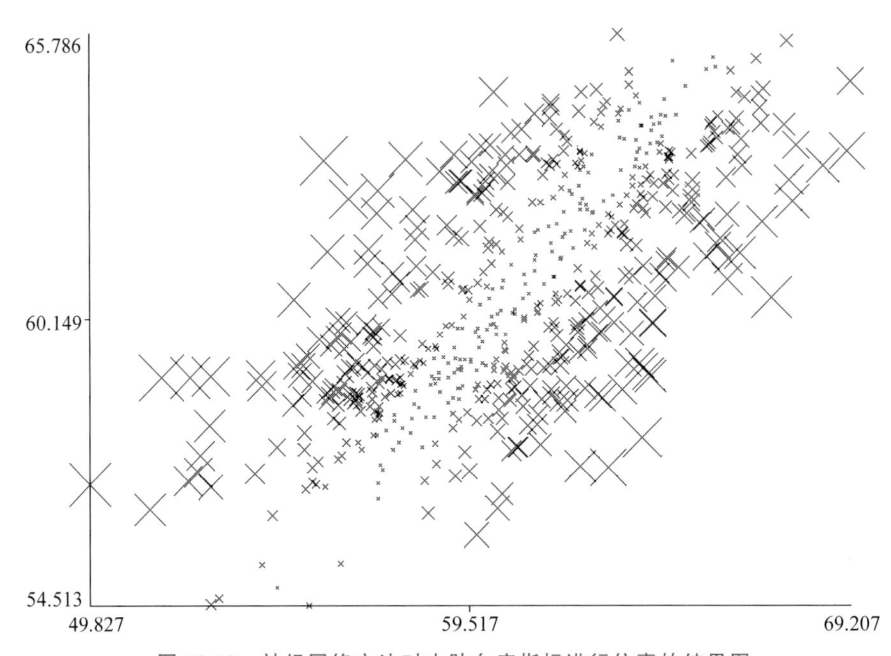

图 10.10 神经网络方法对皮肤白度指标进行仿真的结果图

表 10.19 5 种方法对色斑比例建模的预测效果对比表

色斑比例预测效果对比		Least MedSq	Linear Regression	Multilayer Perceptron	SVM Regression	M5 Rule
Training set	相关系数	0.6006	0.6091	0.6534	0.5966	0.6903
	平均绝对误差	0.0109	0.0111	0.0105	0.0107	0.0102
	均方根误差	0.0149	0.0145	0.0139	0.015	0.0133
	相对绝对误差	74.45%	75.66%	71.82%	72.56%	69.59%
	相对平方误差根值	81.27%	79.31%	75.71%	81.63%	72.36%
10-folds	相关系数	0.5702	0.5634	0.5923	0.5693	0.5413
	平均绝对误差	0.0114	0.0116	0.0114	0.0112	0.0118
	均方根误差	0.0153	0.0152	0.0148	0.0154	0.0156
	相对绝对误差	77.40%	78.77%	77.27%	76.25%	79.93%
	相对平方误差根值	83.17%	82.65%	80.70%	83.73%	84.82%
66%	相关系数	0.5811	0.5814	0.6007	0.5575	0.5931
	平均绝对误差	0.0115	0.0116	0.0115	0.0118	0.0113
	均方根误差	0.0156	0.0153	0.0152	0.0161	0.0151
	相对绝对误差	76.74%	77.27%	76.60%	78.85%	75.38%
	相对平方误差根值	82.57%	80.99%	80.21%	85.05%	79.82%

续表

色斑比例预测效果对比		Least MedSq	Linear Regression	Multilayer Perceptron	SVM Regression	M5 Rule
80%	相关系数	0.5089	0.5024	0.5218	0.498	0.5193
	平均绝对误差	0.0118	0.012	0.0117	0.012	0.0117
	均方根误差	0.0162	0.016	0.0158	0.0165	0.0158
	相对绝对误差	82.26%	84.11%	82.10%	83.67%	82.21%
	相对平方误差根值	88.32%	87.59%	86.19%	90.00%	86.54%

由于不同测试方法所选的数据集不同，评测指标可能有相违背的地方。例如，在 Training set 方法中，采用 LeastMedSq 预测方法得到的平均绝对误差小于 LinearRegression 得到结果的误差，而这两种方法得到的平均平方根误差结果正好相反。这个结果表示，5 种分类器的预测效果有一定差别，M5 Rule 方法应用于整个数据集的结果最优，但是其采用 10-folds 等测试方法时结果不如神经网络方法。而神经网络相对比较稳定，结果较其他 3 种方法更好。从表中可以看出，应用于训练集最优的 M5 Rule 方法，其绝对误差均值为 0.0102。由于色斑比例本身的绝对值均值为 0.027，故绝对误差均值与预测目标值均值的比达到 37.8%，这个比例比较高。

2）回归模型相关性分析

采用上述 5 个回归模型，使用整个集合作为训练集，得到 5 组预测值，如表 10.20 所示。表中第 1 列为数据标号，第 2 列为色斑比例的准确值，后面 5 列依次为采用最小平方误差中数法（LeastMedSq）、线性回归法（LinearRegression）、神经网络（MultilayerPerceptron）、支持向量机（SVMRegression）以及 M5 Rule 方法得到的预测结果。

表 10.20　5 种回归模型对色斑比例的预测结果对比分析表

数据标号	Actual（真实值）	Least MedSq	Linear Regression	Multilayer Perceptron	SVM Regression	M5 Rule
1	0.00381205	0.013800601	0.016456167	0.010902154	0.01166116	0.006746644
2	0.0888954	0.016378535	0.018985392	0.021846154	0.017705919	0.031185816
3	0.00957472	0.013341259	0.01990773	0.008436386	0.009184714	0.007148917
4	0.00520129	0.010129284	0.013870009	0.010351138	0.009329755	0.010765114
5	0.00801926	0.013272276	0.016652631	0.013695988	0.013539338	0.010821305
6	0	0.011608102	0.014787091	0.012375061	0.011179124	0.011817952
7	0.00722452	0.016390149	0.020339954	0.015712173	0.013764952	0.006245231
8	0.01605	0.012965924	0.016786125	0.014426341	0.012292532	0.011980263
9	0.00701813	0.010979045	0.01305959	0.01451026	0.010907666	0.010475045
10	0.0270356	0.0089642	0.012843478	0.009157867	0.007893895	0.010874076
11	0.0167873	0.016598127	0.017064769	0.009895816	0.016891603	0.006196172
12	0.0373727	0.030492156	0.030819836	0.029205619	0.027671984	0.034905049

续表

数据标号	Actual（真实值）	Least MedSq	Linear Regression	Multilayer Perceptron	SVM Regression	M5 Rule
13	0.0195898	0.017699201	0.017318856	0.012678414	0.015465398	0.01405866
14	0.0269785	0.029906776	0.032635554	0.030886058	0.031421069	0.030487404
15	0.0013314	0.008220741	0.012448349	0.005632428	0.007390481	0.005683413
16	0.0164406	0.018735519	0.018015091	0.023875607	0.02164497	0.026045124
17	0.00506233	0.010200031	0.013884304	0.01024268	0.00930349	0.010552143
18	0.0249868	0.031113861	0.037067673	0.040880504	0.035228734	0.032112295
19	0.0368328	0.027944724	0.030834131	0.029677875	0.026333544	0.029680699
20	0.0148715	0.023717396	0.02879808	0.031305781	0.021098246	0.030147231

对于这5组预测结果，将其与采用临床医学实验得到的色斑比例值放在一起做相关性分析，得到相关分析结果如表10.21所示。

表10.21　5种模型对色斑比例预测结果与真实值的相关性分析结果

		Actual	LeastMedSq	LinearRegression	NN	SVMRegression	M5 Rule
Actual	Pearson Correlation	1	.601**	.609**	.666**	.596**	.689**
	Sig.(2-tailed)		.000	.000	.000	.000	.000
	N	605	605	605	605	605	605
Least-MedSq	Pearson Correlation	.601**	1	.982**	.936**	.977**	.864**
	Sig.(2-tailed)	.000		.000	.000	.000	.000
	N	605	605	605	605	605	605
LinearRe-gression	Pearson Correlation	.609**	.982**	1	.943**	.971**	.874**
	Sig.(2-tailed)	.000	.000		.000	.000	.000
	N	605	605	605	605	605	605
NN	Pearson Correlation	.666**	.936**	.943**	1	.925**	.909**
	Sig.(2-tailed)	.000	.000	.000		.000	.000
	N	605	605	605	605	605	605
SVMRe-gression	Pearson Correlation	.596**	.977**	.971**	.925**	1	.857**
	Sig.(2-tailed)	.000	.000	.000	.000		.000
	N	605	605	605	605	605	605
M5 Rules	Pearson Correlation	.689**	.864**	.874**	.909**	.857**	1
	Sig.(2-tailed)	.000	.000	.000	.000	.000	
	N	605	605	605	605	605	605

**.Correlation is significant at the 0.01 level (2-tailed)

表 10.21 中，Actual 表示采用临床医学实验得到的色斑比例结果，后 5 种为回归模型得到的结果。表 10.21 中给出了 3 个指标，其中，Pearson Correlation 表示两个数组间的相关系数，Sig.(2-tailed)表示相关显著性，N 表示每个数组的元素个数。表 10.21 表明，准确值与预测值的相关性都在 0.59 以上，并在 0.01 显著水平上可以接受。这 5 个回归模型中，M5 Rule 方法得到的结果与其他结果略有差别，而其他 4 种方法的预测结果比较相近。

3）预测结果展示

图 10.11 表示神经网络方法应用于 Training set 的预测结果，横轴表示预测目标的准确值，纵轴表示预测值。可以看出，真实值与预测值呈较强的正相关，但并没有精确的符合函数 $y=x$。

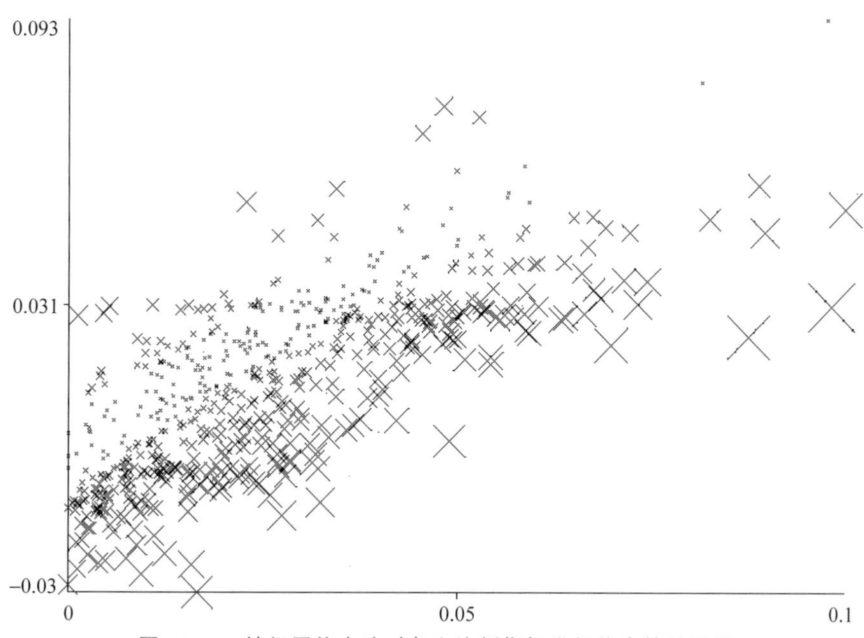

图 10.11　神经网络方法对色斑比例指标进行仿真的结果图

3. 皮肤水润预测结果分析

1）回归模型性能比较

采用与上面相同的方法，建立了针对皮肤水润的预测模型，得到的测试结果如表 10.22 所示。表中给出了采用 4 种评测方式和 5 种评价标准对预测模型进行评估的结果。

表 10.22　5 种方法对皮肤水润建模的预测效果对比表

皮肤水润预测效果对比		Least MedSq	Linear Regression	Multilayer Perceptron	SVM Regression	M5 Rule
Training set	相关系数	0.4223	0.4156	0.4419	0.4177	0.4156
	平均绝对误差	9.0448	9.1347	9.0248	8.9812	9.1347
	均方根误差	11.3859	11.4062	11.2502	11.4225	11.4062
	相对绝对误差	90.62%	91.53%	90.42%	89.99%	91.53%
	相对平方误差根值	90.79%	90.96%	89.71%	91.09%	90.96%

续表

皮肤水润预测效果对比		Least MedSq	Linear Regression	Multilayer Perceptron	SVM Regression	M5 Rule
10-folds	相关系数	0.3604	0.3607	0.3305	0.3477	0.3607
	平均绝对误差	9.3863	9.3959	9.5182	9.4938	9.3959
	均方根误差	11.7556	11.72	11.921	11.8486	11.72
	相对绝对误差	93.86%	93.95%	95.18%	94.93%	93.95%
	相对平方误差根值	93.60%	93.32%	94.92%	94.34%	93.32%
66%	相关系数	0.3403	0.3657	0.3319	0.2747	0.3657
	平均绝对误差	9.3248	9.2048	9.368	9.6227	9.2048
	均方根误差	11.5904	11.457	11.6441	11.9422	11.457
	相对绝对误差	93.40%	92.19%	93.83%	96.38%	92.19%
	相对平方误差根值	94.19%	93.11%	94.63%	97.05%	93.11%
80%	相关系数	0.3596	0.3667	0.3544	0.3899	0.3667
	平均绝对误差	9.1698	9.1384	9.188	9.1767	9.1384
	均方根误差	11.5979	11.4902	11.5768	11.4912	11.4902
	相对绝对误差	92.39%	92.07%	92.57%	92.46%	92.07%
	相对平方误差根值	94.16%	93.28%	93.99%	93.29%	93.28%

由于不同测试方法所选的数据集不同，评测指标可能有相违背的地方。例如，在 Training set 方法中，采用 LeastMedSq 预测方法得到的平均绝对误差小于 Linear Regression 得到结果的误差，而这两种方法得到的平均平方根误差结果正好相反。相关结果表明，5 种分类器的预测效果有一定差别，M5 Rule 方法应用于整个数据集的结果最优，但是其采用 10-folds 等测试方法时结果不如神经网络方法。而神经网络相对比较稳定，结果也较其他 4 种方法更好。从表中可以看出，应用于训练集最优的 M5 Rule 方法，其绝对误差均值为 0.0102。由于皮肤水润本身的绝对值均值为 0.027，故绝对误差均值与预测目标值均值的比达到 37.8%，这个比例比较高。

2）回归模型相关性分析

采用上述 5 个回归模型，使用整个集合作为训练集，得到 5 组预测值，如表 10.23 所示。表中第一列为数据标号，第二列为皮肤水润的准确值，后面 5 列依次为采用最小平方误差中数法（LeastMedSq）、线性回归法（LinearRegression）、神经网络（MultilayerPerceptron）、支持向量机（SVMRegression）以及 M5 Rule 方法得到的预测结果。

表 10.23　5 种回归模型对皮肤水润的预测结果对比分析表

数据标号	Actual（真实值）	Least MedSq	Linear Regression	Multilayer Perceptron	SVM Regression	M5 Rule
1	49.43333333	63.8658493	62.87526922	65.61725388	66.8824124	62.8752692
2	59.53333333	59.75786254	61.67764651	62.23464032	60.4140733	61.6776465
3	51.8	54.89659009	57.28592652	54.13206027	54.5330711	57.2859265
4	63.36666667	56.05581216	55.24483346	55.79950185	57.3136252	55.2448335
5	64.83333333	52.96725903	53.49443688	52.1133288	53.4726139	53.4944369
6	45.63333333	57.0904306	56.2134539	56.29231449	57.4286058	56.2134539
7	57.63333333	56.49690556	57.34953001	55.68516139	56.897645	57.34953
8	53.73333333	55.04963298	56.32090997	54.83732591	55.2125066	56.32091
9	54.56666667	54.83225984	55.89104697	55.17806004	54.7135092	55.891047
10	78.1	51.05640073	51.45334382	50.95722912	51.1033199	51.4533438
11	50.26666667	51.79164022	51.54477443	51.94062165	51.5895434	51.5447744
12	63.73333333	62.08036531	62.49138937	62.60454657	62.3445589	62.4913894
13	66.6	56.3807302	55.30843696	56.23113018	55.9878112	55.308437
14	64.36666667	58.9737516	58.99048755	60.60841737	60.0210987	58.9904876
15	54.63333333	45.00834039	45.1078386	44.80846954	44.8702118	45.1078386
16	64.16666667	60.01252271	57.93214002	56.78198567	64.1363198	57.93214
17	36	56.05581216	55.24483346	55.79950185	57.3136252	55.2448335
18	38.53333333	53.46047352	52.50566819	51.20856862	54.5534116	52.5056682
19	66.1	51.65015221	50.65585663	51.39872838	51.4549973	50.6558566
20	60.23333333	60.283564	58.2167047	59.70809393	60.6081525	58.2167047

对于这 5 组预测结果，将其与采用临床医学实验得到的皮肤水润值放在一起做相关性分析，得到相关分析结果如表 10.24 所示。

表 10.24　5 种模型对皮肤水润预测结果与真实值的相关性分析结果

		Actual	LeastMedSq	LinearRegression	NN	SVMRegression	M5 Rule
Actual	Pearson Correlation	1	.422**	.416**	.442**	.418**	.416**
	Sig.(2-tailed)		.000	.000	.000	.000	.000
	N	605	605	605	605	605	605
Least-MedSq	Pearson Correlation	.422**	1	.964**	.969**	.983**	.964**
	Sig.(2-tailed)	.000		.000	.000	.000	.000
	N	605	605	605	605	605	605

续表

		Actual	LeastMedSq	LinearRegression	NN	SVMRegression	M5 Rule
LinearRegression	Pearson Correlation	.416**	.964**	1	.955**	.952**	.1000**
	Sig.(2-tailed)	.000	.000		.000	.000	.000
	N	605	605	605	605	605	605
NN	Pearson Correlation	.442**	.969**	.955**	1	.961**	.955**
	Sig.(2-tailed)	.000	.000	.000		.000	.000
	N	605	605	605	605	605	605
SVMRegression	Pearson Correlation	.418**	.983**	.952**	.961**	1	.952**
	Sig.(2-tailed)	.000	.000	.000	.000		.000
	N	605	605	605	605	605	605
M5Rules	Pearson Correlation	.416**	.964**	.1000**	.955**	.952**	1
	Sig.(2-tailed)	.000	.000	.000	.000	.000	
	N	605	605	605	605	605	605

**.Correlation is significant at the 0.01 level (2-tailed)

表 10.24 中，Actual 表示采用临床医学实验得到的皮肤水润程度结果，后 5 种为回归模型得到的结果。表 10.24 中给出了 3 个指标，其中，Pearson Correlation 表示两个数组间的相关系数，Sig.(2-tailed)表示相关显著性，N 表示每个数组的元素个数。表 10.24 表明，准确值与预测值的相关性都在 0.4 以上，并在 0.01 显著水平上可以接受。另外还可以看出，这 5 个回归模型的预测结果相互之间的相关性都在 0.95 以上，这说明它们本身也是比较接近的。

3）预测结果展示

图 10.12 表示神经网络方法应用于 Training set 的预测结果，横轴表示预测目标的准确值，纵轴表示预测值。可以看出，预测分布呈函数 $y=x$ 型，但是带宽比较大，许多点偏离较远。另外，研究发现预测值并没有像真实值那样分布在区域[17,48]，而是集中在中间分布比较密集的区域[40,70]。这对实际预测的准确度影响比较大。

10.5.3 小结

本章主要采用上一阶段特征提取的结果作为预测任务的输入，对皮肤白度、色斑比例和皮肤水润程度 3 个指标建立了预测模型。研究发现，对皮肤白度指标建立的 5 种预测模型效果相近，以神经网络方法为最优。其应用于测试集的结果，绝对误差均值在 1.85 左右，相对误差均值约为 0.03，这个结果比较好。对色斑比例指标建立的预测模型中，前 4 种效果相近，M5 Rule 方法的结果略有差别。这 5 种方法应用于训练集的结果，M5 Rule 较好，但采用 10 交叉验证测试方法，神经网络的预测结果更优，绝对误差均值在 0.01 左右。但由于预测目标集中在比较小的范围内，而特征属性区分能力有限，预测结果并不能很好地拟合到准确值。对皮肤水润程度指标建立的 5 种预测模型效果也相近。它们预测的绝对误差均值在

9 左右,相对误差均值约为 0.2,这个结果不太理想。这主要是数据本身不太适合预测造成的。

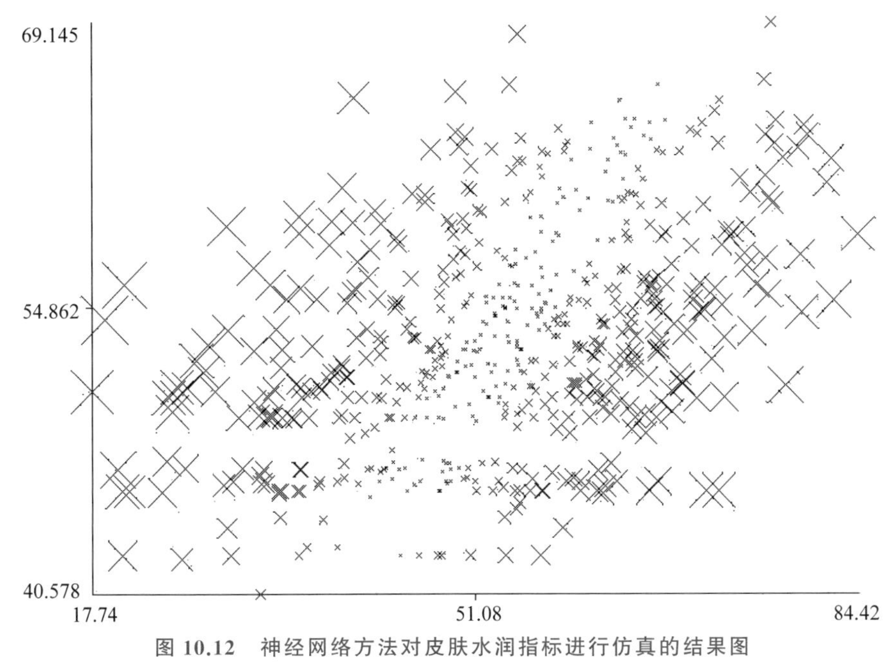

图 10.12　神经网络方法对皮肤水润指标进行仿真的结果图

10.6　小　　结

本章对日常生活中皮肤状况预测模型研究工作进行了比较详细的介绍。本章讨论了这一研究在实际日用化妆品企业的应用背景和重要意义,并介绍了采用数据挖掘方法进行研究的整体思路。本章基于数据挖掘的方法研究现状,介绍了研究所采用的实验方法与得到的结果,并进行了分析。

在研究过程中,本章对数据分布情况进行了介绍,并给出了数据预处理的结果。预处理结果表明,实验数据可以用于尝试建立预测模型。本章对于皮肤白度、色斑比例和皮肤水润程度 3 个指标分别提取了关键特征,并对不同地域数据、不同划分方法和不同特征提取方法得到的结果进行了对比分析。在此基础上,本章进一步尝试建立多种回归预测模型,并对各类模型的预测效果进行了比较和分析。研究发现,采用神经网络方法建立预测模型比较合适。此外,本章中对皮肤白度建立预测模型的结果比较好,对色斑比例和皮肤水润程度建立预测模型的结果尚有提高的空间。

本阶段针对不同指标提取了相关的关键特征,并根据这些关键特征尝试建立预测模型。在下一步工作中,会根据相关专家对所提取关键特征的反馈情况进一步完善数据预处理方法和关键特征提取算法。在确定关键特征后,会对预测模型进行选择和完善,以提高预测的准确程度。

现阶段研究表明,皮肤白度、色斑比例和皮肤水润程度 3 个预测指标的情况各有不同。本章由此提出 3 种不同的方式,作为对完善预测模型的展望:针对皮肤白度的预测,可以考虑采用调整模型参数的方法以提高性能；针对色斑比例的预测，可以考虑采用非线性变化的方法对预测属性值进行变换后再训练模型，以提高预测性能；针对皮肤水润程度的预测，可以考虑采用多种预测方式结合的方法，以提高预测性能。

参考文献

[1] JAIN A K，DUIN R P W，MAO J. Statistical pattern recognition：Areview[J]. IEEE Transactions on pattern analysis and machine intelligence，2000，22(1)：4-37.

[2] DASH M，LIU H. Feature selection for classification[J]. Intelligent data analysis，1997，1(1-4)：131-156.

[3] SCHLIMMER J C. Efficiently inducing determinations：A complete and systematic search algorithm that uses optimal pruning[C]. Proceedings of the 1993 International Conference on Machine Learning. 1993：284-290.

[4] KUDO M，SKLANSKY J. Comparison of algorithms that select features for pattern classifiers[J]. Pattern recognition，2000，33(1)：25-41.

[5] YU B，YUAN B. A more efficient branch and bound algorithm for feature selection[J]. Pattern Recognition，1993，26(6)：883-889.

[6] PUDIL P，NOVOVIČOVÁ J，KITTLER J. Floating search methods in feature selection[J]. Pattern recognition letters，1994，15(11)：1119-1125.

[7] KOHAVI R，JOHN G H. Wrappers for feature subset selection[J]. Artificial intelligence，1997，97(1-2)：273-324.

[8] KONONENKO I. Estimating attributes：Analysis and extensions of RELIEF[C]. European conference on machine learning. Springer，Berlin，Heidelberg，1994：171-182.

[9] BEN-BASSAT M. Pattern recognition and reduction ofdimensionality[J]. Handbook of Statistics，1982，2(1982)：773-910.

[10] YANG Y，PEDERSEN J O.A comparative study on feature selection in text categorization[C]. ICML. 1997，97(412-420)：35.

[11] KONONENKO I，HONG S J. Attribute selection for modelling[J]. Future Generation Computer Systems，1997，13(2-3)：181-195.

[12] 王娟，慈林林，姚康泽. 特征选择方法综述[J]. 计算机工程与科学，2005，27(12)：68-71.

[13] 华龙，夏静，韩俊波. 特征选择算法综述及进展研究[J]. 巢湖学院学报，2008 (6)：41-44.

[14] WAN W，XU H，ZHANG W，et al. Questionnaires-based skin attribute prediction using Elman neural network[J].Neurocomputing，2011，74(17)：2834-2841.

附　　录

附录 A　插图索引

附录 B 表格索引

附录 C 算法索引

附录 D 关键词索引

图书资源支持

感谢您一直以来对清华版图书的支持和爱护。为了配合本书的使用，本书提供配套的资源，有需求的读者请扫描下方的“书圈”微信公众号二维码，在图书专区下载，也可以拨打电话或发送电子邮件咨询。

如果您在使用本书的过程中遇到了什么问题，或者有相关图书出版计划，也请您发邮件告诉我们，以便我们更好地为您服务。

我们的联系方式：

地　　址：北京市海淀区双清路学研大厦A座714

邮　　编：100084

电　　话：010-83470236　010-83470237

客服邮箱：2301891038@qq.com

QQ：2301891038（请写明您的单位和姓名）

资源下载：关注公众号“书圈”下载配套资源。

资源下载、样书申请

书圈

获取最新书目

观看课程直播